高等学校
工程管理专业应用型本科规划教材

Gongcheng Ding

工程定额原理

主　编　李建峰
副主编　荀志远　徐学东
参　编　李晓钏　韩治国　潘丽霞
　　　　杨志娟　李　彬
主　审　赵世强

人民交通出版社
China Communications Press

内容提要

本书为高校工程管理专业系列教材之一，系统介绍了各类工程定额编制与应用的基本原理和方法。全书共分9章，主要内容包括工程定额概论、施工过程和工作时间研究、工程定额测定方法、企业定额和施工定额、基础定额和预算定额、概算定额和概算指标、工程费用定额、投资估算指标和建设工期定额、工程定额管理信息化技术。书中给出了整本书的学习导言，并于每章附有内容提要和学习要点、例题、复习思考题与习题，以供学习时参考。

本书依据最新法规，结合实际，本着"强化概念、突出重点、深化原理、示范引导、讲清编制、重在实用"的原则，在力求"新颖、务实、精练"的前提下编写而成。

本书不仅可作为高等院校工程管理、工程造价专业的教材或教学参考书，也可作为从事工程定额或工程造价工作人员的参考书。

高等学校工程管理专业应用型本科规划教材出版说明

工程管理专业自1998年设置以来，伴随着国民经济及工程建设的迅猛发展，已逐步成熟完善，目前已有近300所院校开设该专业。在这些院校里面，有相当一部分以“应用型”定位为主，各院校结合自身的专业特点，形成了各具特色的教学培养模式。为满足广大“应用型”本科院校的需要，加强特色方向教材的出版，人民交通出版社深入调研，周密组织，在高等学校工程管理专业指导委员会的热情鼓励和悉心指导下，蒙清华大学朱宏亮教授尽心主持，得到了国内七十余所高校的积极响应，邀请一大批各院校骨干教师参与，由国内一流专家审稿，组织、编写、出版了本套高等学校土建学科工程管理专业应用型本科规划教材。

本套教材以《全国高等学校土建类专业本科教育培养目标和培养方案及主干课程教学基本要求——工程管理专业》为纲，结合专业建设、课程建设和教学改革以及本学科的最新研究成果，设置了技术平台课程、管理平台课程、经济平台课程、法律平台课程，以及工程项目管理方向课程、房地产经营与管理方向课程、投资与造价管理方向课程、公路工程项目管理方向课程，进行了相应的教材开发，供各院校选用。

本套教材以“应用型”定位为出发点，结合教学实际，全面规划成系列开发近50个品种。教材编委会、审稿委员会、编写与审稿人员全力以赴，为打造精品教材做出了不懈努力，希望能够以此推动工程管理专业的教材建设。

本套教材适用于高等学校工程管理专业，各高校独立学院、成人教育学院及网络教育中的工程管理、房地产经营与管理、工程造价等相关专业亦可选用。

人民交通出版社

前　言

工程定额不仅是工程建设各有关方进行工程管理的基础，而且在工程投资和造价管理过程中起着关键作用。正因为如此，国内一些高校相继设置了《工程定额原理》这门课程，不仅作为工程造价专业和工程管理专业学生的必修课程，而且也是所有从事工程投资或工程造价执业人员的必修内容。尤其在当今市场经济的环境下，编制工程定额尤其是企业定额，不仅是政府和协会的事，而且更多、更重要的是企业和造价师事务所的事，这是完善我国招投标和造价管理的基础性工作。编写《工程定额原理》教材，是想切合建筑市场和造价管理的实际，为政府和企业科学编制定额提供一本指导性和实用性的教材。但目前，全国还很少出版专门的《工程定额原理》教材，更没有符合新法规、结合新形势、适应新专业培养要求的此类教材。针对这种现状，编者根据新的历史条件下我国工程造价专业和工程管理专业的培养目标和要求，并结合多年的教学经验与研究工作，本着"强化概念、突出重点、深化原理、示范引导、讲清编制、重在实用"的原则，在力求"新颖、务实、精练"的前提下，试探性地编写了此书，并想达到以下要求：

1. 本教材本着内容先进的原则，依据国家和地方最新法规、最新规范、最新基础定额及计价方法，尽量吸收国内外的最新动态和科研成果，以及类似和相关教材的精华，结合编者二十多年的工程造价与管理的教学经验、工程实践和科研成果进行编写，反映了国内外本学科的最新动态。

2. 本教材采用大量的典型工程实例和插图，同时也备有可供参考的技术经济资料，配合启发式的教学模式，具有较强的实用性和可操作性。在讲清、讲细、讲全工程定额的编制方法的同时，通过大量例题和习题引导学生逐步掌握所学的重点、难点，深入浅出，以提高学生实践能力。

3. 目前我国建筑市场正处于与国际接轨的转型期，建设工程具有多样性、可变性和工程计价的复杂性等特点，因而，本教材在深化原理、突出重点的同时，概念与内容也与时俱进，切实反映当前工程管理和工程造价专业学生的需求，教会学生"变的东西"与"不变的东西"，使学生能够更好地适应社会变化、发展和需求。

4. 在教材的知识结构上，以工程定额原理为基本主线，介绍了工程定额编制的原理和工程定额的测定方法，同时具体介绍了目前我国实用的各种定额，做到主线明确，层次分明，重点突出，结构合理。

5. 本教材在每章前增加学习要点，章后设置复习思考题及习题，以便于教师教学和学生自学，有助于尽快学习和领悟教材中的知识结构体系，加强对所学知识的综合应用。同时注意与相关课程的衔接，恰当处理本课程与价格学、经济学、建筑机械与设备、施工技术、工程招投标与合同管理、工程计量、工程估价等工程管理和工程造价相关专业课程的关系，避免重复，突出专业基础课的本质内容。

本教材包括工程定额概论、施工过程和工作时间研究、工程定额测定方法、企业定额和施工定额、基础定额和预算定额、概算定额和概算指标、工程费用定额、投资估算指标和建设工期定额、工程定额管理信息化技术等共9章内容。

本书由长安大学李建峰教授总体策划和统筹定稿。第1章由杨志娟、李建峰编写，第2章由山东农业大学徐学东编写，第3章由潘丽霞、李建峰编写，第4章由青岛理工大学荀志远编写，第5章由李彬、李建峰编写，第6章由西安外事学院韩治国编写，第7章由荀志远编写，第8章由荀志远、李建峰编写，第9章由西安邮电学院李晓钏编写。

在此特别感谢北京建筑工程学院赵世强教授对本书的精心审定和指导。

由于我国建筑行业管理体制正处于改革时期，很多问题还有待于探讨和研究，加之作者学识有限，书中难免有疏漏甚至错误之处，敬请各位专家、学者、同行批评指正。

编　者

2007年12月于长安大学建筑工程学院

学习导言

一、课程性质与地位

《工程定额原理》是工程管理专业（造价方向）和工程造价专业的主干专业基础课程，是工程投资和工程造价管理的基础。它以建设或承包的工程项目为研究对象，综合运用工程技术、经济、管理、法律等手段，以达到节约劳动消耗，提高生产效率的目的。此课程不仅是工程管理专业和工程造价专业学生的必修课程，而且是所有从事工程投资或工程造价工作人员的必修内容，是建筑企业进行现代化科学管理的基础。

本课程所研究的内容，不仅涉及工程技术，而且与社会性质、国家的方针政策、分配制度等都有密切的关系。在它所研究的对象中，既有生产力方面的课题，也有生产关系方面的课题；既有实际问题，又有理论问题；既有技术问题，又涉及方针政策问题。

二、本课程的研究对象和任务

建筑业是社会物质资料生产的重要部门之一，生产某种建筑产品基本构造要素或某种构配件时，必然要消耗一定数量的人工、材料和机械台班。完成合格的单位建筑产品基本构造要素或某种构配件应该消耗的人工、材料和机械台班，首先决定于社会生产力水平，同时也要考虑组织因素对生产消耗的影响，这就是说，在一定的生产力水平条件下，完成合格的单位建筑产品基本构造要素和构配件与生产消耗投入之间存在着一定的数量关系。如何客观、全面地研究这两者之间的关系，找出它们之间的构成因素和规律性，并采用科学的方法合理确定完成合格单位建筑产品基本构造要素或某种构配件所需活劳动与物化劳动的消耗标准，并用定量的形式把它表示出来，就是本课程所要研究的对象和任务。当上述定量形式一经权力机关批准颁发，就成为生产某种单位合格建筑产品基本构造要素或某种构配件的标准消耗额度。实际建设和生产管理过程中，如何正确地执行和运用这一标准消耗额度，又是定额要完成的另一主要任务。

本课程就是以建筑产品的基本生产过程与消费数量为研究对象，寻求生产与消耗之间的规律性，探讨合理测定和准确编制工程定额的原理与方法，给出正确应用工程定额的途径。

三、本课程的主要内容

本课程的内容共分9章，总体包括工程定额基本理论、工程定额编制的原理和方法、常用的工程定额编制及应用、工程定额信息化管理等四部分，具体表现为工程定额概论、施工过程和工作时间研究、工程定额测定方法、企业定额和施工定额、基础定额和预算定额、概算定额和概算指标、工程费用定额、投资估算指标和建设工期定额、工程定额管理信息化技术等相关章节。各章节内容之间的逻辑关系如下图所示：

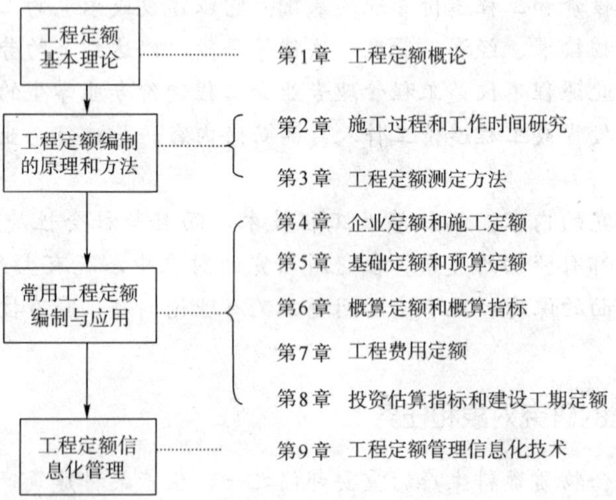

四、本课程与有关课程的关系

本学科涉及到相关的经济理论和经济政策，以及一系列的技术、组织和管理知识，因此，它是一门综合性的技术经济学科。政治经济学、建筑经济学、价格学和社会主义市场经济理论是本学科的理论基础；建筑识图、房屋构造、施工技术、建筑材料、建筑结构等则是学习本学科的基础知识；施工组织与计划、建筑企业管理学、建筑财务会计及建筑业统计等是本学科的相关知识；行为科学、管理工程学、工效学、人体工程学、劳动心理学、计算机运用等是研究建筑产品生产和消费的必备知识；运筹学、系统工程、数理统计学等，也已广泛应用到建设工程计价定价和工程造价管理中。

本课程是学习工程投资和工程造价管理的基础，是高校工程管理、土木工程、工程造价、房地产经营与管理等专业的一门主要课程，也可以作为建设主管部门、法律部门、审计部门、财政部门、建设单位、开发单位、施工单位、勘察设计单位、工程咨询单位、工程监理单位工程师、经济师、会计师、造价师、估价师、监理师、高层经营管理人员等工作和学习的参考。

五、课程的学习方法

由于本学科的综合性、原理性、实践性和操作性比较强，因此，在学习方法上，必须掌握相关的基础知识，应搞清工程定额的基本原理，坚持理论联系实际，边讲边练，学、练结合；要善于利用教材的例题与习题进行学习。在定额的编制过程中要坚持实事求是的科学态度，从实际出发，认真调查研究，在掌握大量数据信息的基础上，经过科学地整理、分析、研究和比较，制定出适合本地区、本企业的定额。

通过本课程的学习，应使学生全面掌握各种定额的编制原理，搞清楚各种定额之间的区别和有机联系，掌握与建设程序分阶段工作深度相适应、层次分明、分工有序的工程建设定额体系；同时，使学生掌握定额工时消耗与测定方法，具有编制和运用各种定额的能力，以培养学生成为合格的工程定额编制人员。

目 录

第1章 工程定额概论

学习要点

本章详细介绍了工程定额的概念、特点、分类和定额体系及其作用，介绍了工程定额的编制方案、原理和方法以及工程定额管理。通过本章的学习，应了解定额概念；掌握工程定额的特点、分类和定额体系及其作用；掌握工程定额的编制方案、原理和方法；熟悉工程定额管理的任务、内容、原则、组织和机构及定额管理人员的素质和专业要求。

1.1 工程定额的概念

1.1.1 定额的含义

1. 定额的概念

所谓定，就是规定；额，就是额度或数额。定额就是规定的额度或数额，即标准或尺度，是社会物质生产部门在生产经营活动中，根据一定时期的生产水平和产品的质量要求，为完成一定数量的合格产品所需消耗的人力、物力和财力的数量标准。生产任何一种合格产品，都要消耗一定数量的人工、材料、机械以及资金等，其消耗的数量由于受生产条件、作业对象等因素的影响而各不相同，定额就是规定的一个合理的消耗标准。由于不同的产品有不同的质量要求和安全规范要求，因此定额不单纯是一种数量标准，而是数量、质量和安全要求的统一体。

2. 工程定额的概念

工程定额是指按照国家有关的产品标准、设计、施工验收规范、相关质量和安全评定标准，颁发的用于规定完成某一单位建筑合格产品所必须消耗的人工、材料、机械等的消耗量标准。该标准是在一定的社会生产发展水平条件下，完成建设工程中的某项合格产品与各种生产消耗之间特定的数量关系，属于生产消费定额性质。它反映了在一定的社会生产力水平条件下建筑安装工程的施工管理和技术水平。

工程定额考虑的是在正常施工条件下，在合理的劳动组织、合理地使用材料和机械的条件下，完成建设工程单位合格产品所必须消耗的各种资源的数量标准。"正常施工条件"是指绝大多数施工企业和施工队组，在合理组织施工条件下所处的施工条件；"合理的劳动组织、合理地使用材料和机械"是指应该按照定额规定的劳动组织条件来组织生产，施工过程中应当遵守国家现行的施工规范、规程和标准等；"单位"是指定额子目中所规定的定额计量单位，因定额性质的不同而不同；"产品"指的是"工程建设产品"，称为工程定额的标定对象。

由以上分析可以看出，工程定额不仅规定了建设工程投入产出的数量标准，同时还规定了具体的工作内容、质量标准和安全要求。

3. 定额水平

工程定额的定额水平，反映了当时的生产力发展水平。人们一般把定额所反映的资源消耗量的大小称为定额水平，它是衡量定额消耗量高低的指标。定额水平受一定时期的生产力发展水平的制约。一般来说，生产力发展水平高，则生产效率高，生产过程中的消耗就少，定额所规定的资源消耗量应相应地降低，称为定额水平高；反之，生产力发展水平低，则生产效率低，生产过程中的消耗就多，定额所规定的资源消耗量应相应地提高，称为定额水平低。目前定额水平有平均先进水平和社会平均水平两类。

1.1.2 定额的产生和发展

定额的产生和发展与管理科学的产生和发展有着密切的关系。定额是管理科学的产物，伴随着管理科学的发展而发展。它的广泛应用，将会为现代经济管理做出更大的贡献。

1. 国外定额的产生与发展

定额管理成为科学是从泰勒制开始的。美国工程师泰勒（F. W. Taylor）通过科学试验，对工人的操作方法和工作时间的合理利用进行了细致研究。他把工作时间分成若干组成部分，记录下工人每一动作及其消耗时间，研究制定出工时定额，作为评价工人工作的尺度。同时，他把工人完成一项工作的过程分解成若干操作步骤和动作，取消那些不必要的操作动作和环节，制定出最能节省时间的操作方法。泰勒制的产生和推行显著提高了劳动生产率，也给资本主义企业管理带来了根本性变革。1911 年，泰勒发表了《科学管理原理》一书，由此被尊称为"科学管理之父"。

继泰勒之后，一方面管理科学从操作方法、作业水平的研究向科学组织的研究上扩展，另一方面它也利用现代自然科学和技术科学的新成果——运筹学、系统工程、电子计算机等作为科学管理的手段。20 世纪 20 年代出现的行为科学，从社会学和心理学角度研究管理，强调重视社会环境、人际关系对人的行为的影响。行为科学认为人的行为受动机的支配，因此主张用诱导的办法，鼓励劳动者发挥主动性和积极性。行为科学弥补了泰勒等人科学管理的某些不足，但并不能取代管理科学，更不能取消定额。

随着管理科学的发展，定额也有了进一步的发展。制定定额的范围突破了工时定额的内容。20 世纪 40 年代出现的事前工时定额，将工时定额的制定提前到工艺和操作方法的设计过程中，以加强预先控制。20 世纪 70 年代产生的系统论将管理科学和行为科学结合起来，从事物的整体出发进行研究以实现整体最优，为定额理论提供了更加广阔的发展空间。

2. 我国定额的产生与发展

我国定额的产生由来已久。早在北宋时期，著名的土木建筑学家李诫在公元 1100 年编修的《营造法式》。后来又有清工部的《工程做法则例》，其中有很多内容是说明工料计算方法的。但是直到新中国成立后，我国的工程定额才逐渐建立和日趋完善并成熟发展起来。最初我国吸取了前苏联定额工作的经验，20 世纪 70 年代后期，又参考了欧洲多国和美、日等国家有关定额方面的管理科学内容。在各个时期，结合我国建筑工程施工的实际情况，编制了适合我国国情的切实可行的定额。

(1) 劳动定额的发展过程

1949～1957 年，我国劳动定额创立阶段。1951 年，东北地区制定了统一劳动定额，随后，其他地区也相继编制了劳动定额或工料消耗定额，从此定额工作开始在我国试行。1953 年以后，伴随着大规模的社会主义经济建设的展开，定额工作也相应地获得发展。至 1957 年末，执行劳动定额的计件工人占生产工人总数的 70%，这时期的定额工作，在深度和广度方面，都有较快的发展，发挥了为生产和分配服务的双重作用。

1958～1976 年，劳动定额发展受限制阶段，定额管理逐渐被削弱。1958 年，受“左”倾错误思想影响，否定了社会主义按劳分配的原则，因而也否定了劳动定额和计件工资制。到 1960 年，建筑企业实行计件工资的工人占生产工人的比重不到 5%，劳动生产率大幅度下降。直到 1962 年原建筑工程部又正式修订、颁发《全国建筑安装工程统一劳动定额》时，才逐步恢复定额制度。1966 年“文化大革命”开始，将劳动定额看成“管、卡、压”，定额受阻。“文化大革命”时期也是定额工作遭破坏时间最长、损失最大的时期。

1979 年以后，劳动定额的恢复和发展阶段。1979 年国家重新颁发《建筑安装工程统一劳动定额》，它规定地方和企业可以针对统一劳动定额中的缺项，编制本地区、本企业的补充定额，并可在一定范围内结合地区的具体情况作适当调整。1995 年，建设部颁发《全国建筑安装工程统一劳动定额》，自此我国工程定额又重新走上了科学化、制度化、规范化的发展轨道。

(2) 计价定额的发展过程

1949～1965 年，计价定额创立。1956 年，国家建委颁发了《建筑工程预算定额》，为建筑工程预算、结算的编制和工程造价的确定提供了统一的、法定的依据，规范了全国建筑工程产品价格的计算。1963 年建工部又组织修编了《建筑工程预算定额》，作为编制地区统一建筑工程预算定额的基础。

1966～1976 年"文化大革命"期间，按定额计价受到了冲击，取而代之的是按实报销，造成了建筑工程造价的失控。

1977 年以后，计价定额恢复和发展。1978 年国家重新修编全国统一的建筑工程预算定额，1981 年对其进行了修订，将其作为各地编制地区统一建筑工程预算定额和行业统一定额的依据。1995 年建设部组织编制和颁发《全国统一建筑工程基础定额》(土建工程) 和《全国统一建筑工程预算工程量计算规则》，2002 年建设部组织编制和颁发《全国统一建筑装饰装修工程消耗量定额》，为实行量价分离、工程实体消耗和施工措施消耗定额提供了依据。2003 年建设部发布《建设工程工程量清单计价规范》，该规范对清单计价的适用范围、清单计价的原则、清单计价的依据、格式做出明确规定，对分部分项工程项目编码、项目名称、计量单位、工程量计算规则实行了四统一。

1.1.3 工程定额的研究对象及任务

完成任何一项产品的生产，所需消耗量的多少，在产品的品种、规格、质量、数量和生产条件相同的情况下，首先决定于生产力水平。在一定生产力水平条件下，生产出质量合格的产品与消耗的人力、物力和财力之间，存在着一种以质量为基础的数量关系。工程定额主要是在一定生产力水平条件下，研究建筑产品生产和生产消耗之间的数量关系，研究为完成一定建设产品的生产消耗的规律性，同时也分析研究技术和组织因素对生产消耗的影响。

工程定额的研究任务是从当前生产力水平出发，联系生产关系和上层建筑的影响、一切技术和组织因素的影响，科学、全面地研究完成一定建设产品的生产消耗的规律性，并合理确定单位建筑产品的消耗标准（定额）和建设工程造价，从而不断提高劳动生产率，提高经济效益，加速社会主义现代化建设。

1.1.4 工程定额的特点

在社会主义市场经济条件下，工程定额具有以下几个特点：

1. 科学性

工程定额的科学性包括两重含义。一是指工程定额和生产力发展水平相适应，反映工程建设中生产消费的客观规律；另一重含义是指工程定额管理在理论、方法和手段上适应现代科学技术和信息社会发展的需要。定额是采用科学的思想，运用科学的方法、科学的手段，在研究施工生产客观规律的基础上，通过长期观察、测定及广泛收集资料制定的。在编制过程中，对现场的工时、机具及现场生产技术和组织合理的配置等各种情况进行科学的综合分析、研究，因而定额具有科学性。

2. 统一性

工程定额的统一性，主要是由国家对经济发展有计划的宏观调控职能决定的。为了使国民经济按既定的目标发展，需要借助某些参数、定额、标准，对工程建设进行规划、组织、协调和控制。而这些参数、定额、标准只有在一定的范围内是一种统一的尺度，才能实现上述职能，才能利用它对项目的决策、设计方案、投标报价、成本控制进行比选和评价。于是定额在全国或编制工程定额的一定区域范围内是统一的。

3. 指导性

运用科学的方法编制的定额具有显著的指导性。定额一经颁布，在其执行范围内任何地区及部门的定额执行者和使用者必须严格执行，不得随意变更定额内容与水平，以保证全国或某一地区或企业范围内有一个统一的核算尺度，从而使比较、考核经济效果和有效的监督管理有了统一的依据。随着我国工程造价管理制度的改革，各企业可以根据市场的变化和自身情况，自主的调整自己的决策行为。

4. 群众性与实践性

制定定额与执行定额的过程都有广泛的群众性。定额的制定来源于广大工人群众的施工生产活动，是在广泛听取群众意见并在群众直接参加的基础上，通过广泛的测定、大量数据的综合分析、研究实际生产中的有关数据与资料的而制定出来的，因此它具有广泛的群众性。同时由于制定定额的基础资料广泛地来源于实践，定额又广泛地运用于实践，因此它又具有实践性。

5. 稳定性与时效性

任何一种工程定额都是一定时期技术发展和管理水平的反映，在一段时间内，其人、材、机的配置和消耗量均表现为相对稳定的状态，这是有效地执行定额所必需的。如果定额处于经常修改的变动状态中，势必造成执行过程中的困难与混乱。工程定额的不稳定也会给定额的编制工作带来极大的困难。不同的定额，稳定的时间有长有短，一般在3年至8年之间。

然而定额的稳定性又是相对的，当生产力向前发展了，定额水平就会与之不相适应，定额原有的作用就会逐步减弱以至消失，需要重新编制和修订。所以从长期过程来看，定额又是不断变动的，具有时效性。

1.2 工程定额体系和分类

1.2.1 工程定额种类

新中国成立以来，建筑安装行业发展迅猛，在生产经营管理中，各类工程定额担负着重要作用。这些工程定额经过多次修订，已经形成一个由全国统一定额、地方定额、行业定额、企业定额等组成的较完整的定额体系。这些定额同时也归属于工程经济标准化范畴。工程定额可按不同的标准进行划分，如表1-1所示。

工 程 定 额 分 类　　表1-1

序　号	分类依据	定额种类		备　注
1	生产要素	劳动定额	时间定额	基本定额
			产量定额	
		材料消耗定额		
		机械台班定额	时间定额	
			产量定额	
2	编制程序和用途	工序定额		由劳动定额、材料消耗定额、机械台班定额组成
		施工定额		
		预算定额		
		综合预算定额		
		概算定额		
		概算指标		
		估算指标		
		工期定额		

续上表

<table>
<tr><th>序 号</th><th>分类依据</th><th>定额种类</th><th>备 注</th></tr>
<tr><td rowspan="5">3</td><td rowspan="5">制定单位和执行范围</td><td>全国统一定额</td><td rowspan="5"></td></tr>
<tr><td>行业定额</td></tr>
<tr><td>地区定额</td></tr>
<tr><td>企业定额</td></tr>
<tr><td>临时定额</td></tr>
<tr><td rowspan="4">4</td><td rowspan="4">投资费用性质</td><td>直接费定额</td><td></td></tr>
<tr><td>建筑安装工程综合费用定额</td><td>由措施费定额、企业管理费、规费、利润、税金组成</td></tr>
<tr><td>工、器具定额</td><td rowspan="2"></td></tr>
<tr><td>工程建设其他费用定额</td></tr>
<tr><td rowspan="3">5</td><td rowspan="3">专业性质</td><td>全国通用定额</td><td rowspan="3"></td></tr>
<tr><td>行业通用定额</td></tr>
<tr><td>专业专用定额</td></tr>
</table>

1.按生产要素分类

按生产要素分类可分为劳动定额、材料消耗定额、机械台班定额等三类。

（1）劳动定额

劳动定额也称工时定额或人工定额，是指在合理的劳动组织条件下，工人以社会平均熟练程度和劳动强度在单位时间内生产合格产品的数量。它是反映建筑产品生产中活的劳动消耗量的标准。

劳动定额是工程定额的主要组成部分，反映建筑安装工人劳动生产率的社会平均先进水平。劳动定额按其表现形式的不同，可以分为时间定额和产量定额两种。

（2）材料消耗定额

材料消耗定额是指在正常的生产条件和合理使用材料的情况下，完成单位合格工程建设产品必须消耗的材料数量标准。

材料是工程建设中使用的原材料、成品、半成品、构配件、燃料以及水、电等动力资源的统称。材料作为劳动对象构成工程的实体，需要数量很大，种类繁多。所以材料消耗量多少、消耗是否合理，不仅关系到资源的有效利用，影响市场供求状况，而且对建设工程的项目投资、建设产品的成本控制都起着决定性作用。

材料消耗定额在很大程度上可以影响材料的合理调配和使用。在产品生产数量和材料质量一定的情况下，材料的供应计划和需求都会受材料消耗定额的影响。重视和加强材料消耗定额的管理、制定合理的材料消耗定额，是组织材料正常供应、保证生产顺利进行以及合理利用资源，减少积压、浪费的必要前提。

（3）机械台班定额

机械台班定额是指在正常的生产条件下，完成单位合格工程建设产品必须消耗的机械台班的数量标准。由于我国习惯上是以一台机械一个工作班（台班）为机械消耗的计量单位，所以又称机械台班定额为机械台班消耗定额。

机械台班是指一台机械工作 8 小时。按反映机械消耗的方式不同，可以分为产量定额和时间定额两种形式。

劳动定额、材料消耗定额、机械台班定额反映了社会平均必须消耗的水平，它是制定各种实用性定额的基础，因此也称为基础定额。三大基本定额都是计量性定额。

2. 按定额的编制程序和用途分类

按定额的编制程序和用途分类可分为工序定额、施工定额、预算定额、综合预算定额、概算定额、概算指标、估算指标及工期定额等八类。

（1）工序定额

工序定额是以个别工序为测定对象的定额。它是组成一切工程定额的基本元素，在施工中除了为计算个别工序的用工量外，很少采用，但它却是劳动定额形成的基础。按照某一专业平均劳动计算的工序定额是衡量工序劳动绩效的标准。

（2）施工定额

施工定额以同一性质的施工过程或工序为测定对象，确定建筑安装工人在正常的施工条件下，为完成某种单位合格产品的人工、材料和机械台班消耗的数量标准。施工定额由劳动定额、材料消耗定额、机械台班定额组成，是最基本的定额。

国家相关部门明确地赋予建筑安装企业编制施工定额以及对其进行管理的权限。建筑安装企业应根据本企业的生产力水平和管理水平制定施工定额，这是企业的内部定额。因此，同类企业和同一地区的建筑安装企业编制的施工定额水平可能存在差别，并且各企业之间一般对自己编制的施工定额及其水平保密。施工定额也是编制预算定额的基础。

（3）预算定额

预算定额是指在编制施工图预算时，以工程中的分项工程，即在施工图纸上和工程实体上都可以区分开的产品为测定对象，表示完成规定计量单位分项工程的人工、材料、机械台班消耗量。它是根据发生在整个施工现场的各项综合操作过程和各项构件的制作过程，以分部分项工程为对象制定的，是一种计价性定额。预算定额是统一预算工程量计算规则、项目划分、计量单位的依据，是编制地区单位估价表、确定工程造价、编制施工图预算的依据，也是编制概算定额（指标）的基础，还可以作为制定招标工程标底、企业定额和投标报价的基础。

（4）综合预算定额

综合预算定额适用于各省范围内施工的一般工业与民用建筑的新建、扩建和改建工程。综合预算定额具有概算定额和预算定额的双重作用。综合预算定额是编制单位工程初步设计概算和施工图预算、招标工程标底及投标报价的依据，也是承发包双方编制施工图预算、签订工程承包合同以及编制竣工结算的依据。

（5）概算定额

概算定额是编制扩大初步设计概算时，计算和确定工程概算造价、计算劳动和机械台班以及材料需要量所使用的定额。它的项目划分粗细，与扩大初步设计的深度相适应。它一般是在预算定额的基础上或根据历史的工程预、决算资料和价格变动等资料，以工程的扩大结构构件的制作过程甚至整个单位工程施工过程为对象制定的，是预算定额的综合扩大。概算定额是一种计价性的定额，其定额水平一般为社会平均水平。概算定额是编制初步设计概算的依据，也可作为编制概算指标的依据，还可以作为编制估算指标的基础。

（6）概算指标

概算指标是在三阶段（初步、技术、施工图）设计的初步设计阶段，编制工程概算，计算和确定工程的初步设计概算造价，计算人工、材料、机械台班需要量时所采用的一种定额。这种定额的设定和初步设计的深度相适应。概算指标一般是在概算定额和预算定额的基础上编制的，比概算定额更加综合扩大。概算指标是控制项目投资的有效工具，它所提供的数据也是计划工作的依据和参考。

（7）估算指标

估算指标是在项目建议书和可行性研究阶段编制投资估算、计算投资需要量时使用的一种定额。它比概算定额更为综合扩大，非常概略，往往以独立的单项工程或完整的工程项目为计算对象，是一种计价性定额。估算指标是在各类实际工程的概预算和决算资料的基础上通过技术分析和统计分析编制而成的，主要用于编制投资估算和设计概算，进行投资项目可行性分析、项目评估和决策，也可进行设计方案的技术经济分析，考核建设成本。估算指标是投资估算的依据，是合理确定项目投资的基础。

（8）工期定额

工期定额是指在一定生产技术和自然条件下，完成某个单位（或群体）工程平均需用的标准天数，包括建设工期和施工工期两个层次。建设工期是指建设项目或独立的单项工程在建设过程中耗用的时间总量，一般用月数或天数表示，它从开工建设时算起到全部完成投产或交付使用时停止，但不包括由于决策失误而停（或缓）建所延误的时间。施工工期一般是指单项工程或单位工程从开工到完工所经历的时间。施工工期是建设工期的一部分。工期定额是评价工程建设速度、编制施工计划、签订承包合同、评价全优工程的可靠依据，因此编制和完善工期定额有着积极意义。

工程定额中，常用施工定额、预算定额和概算定额。这三种定额之间的相互关系如图 1-1 所示。

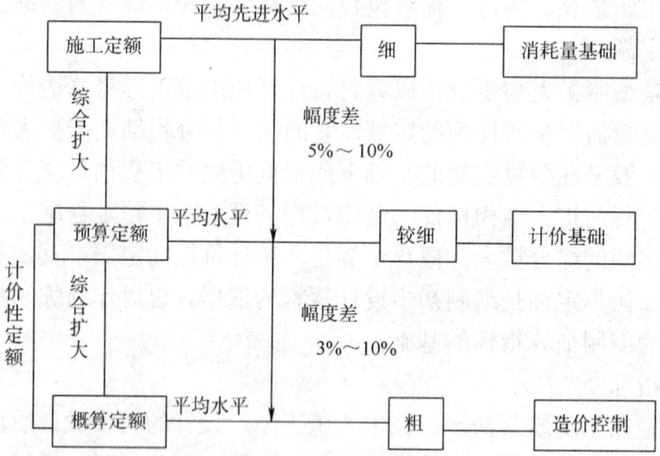

图 1-1　常用定额之间的关系

3. 按定额制定单位和执行范围分类

按定额制定单位和执行范围可分为全国统一定额、地区定额、行业定额、企业定额、临时定额等五类。

（1）全国统一定额

全国统一定额是指由国家建设行政主管部门组织，依据现行有关的国家产品标准、设计规范、施工及验收规范、技术操作规程、质量评定标准和安全操作规程，综合全国工程建设情况、施工企业技术装备水平和管理情况进行编制、批准、发布的，在全国范围内施行的定额。例如《全国统一建筑工程基础定额》、《全国统一安装工程预算定额》等。

（2）地区定额

地区定额是指各省、自治区、直辖市建设行政主管部门在国家建设行政主管部门统一指导下，考虑地区工程建设特点，对国家定额进行调整、补充编制并批准、发布的，只在规定的地区范围内使用的定额。它一般是考虑各地区不同的气候条件、资源条件和交通运输条件等编制的，如《陕西省建筑装饰工程预算定额》、《陕西省安装工程预算定额》等。

（3）行业定额

行业定额是指由行业行政主管部门组织，在国家行业行政主管部门统一指导下，依据行业标准和规范，结合本行业工程建设特点、本行业施工企业技术装备水平和管理情况进行编制、批准、发布的，一般只在本行业和相同专业性质的范围内使用的定额。这种定额往往是为专业性较强的工业建筑安装工程制定的，如《冶金工程定额》、《水利工程定额》、《铁路或公路工程定额》等。

（4）企业定额

企业定额是由企业根据本企业的人员素质、机械装备程度和企业管理水平，参照国家、行业或地区定额自行编制的，只限于本企业内部使用的定额。企业定额是企业从事生产经营活动的重要依据，也是企业不断提高生产管理水平和市场竞争能力的重要标志。企业定额水平应高于国家、行业或地区定额，才能适应投标报价，增强市场竞争能力的要求。

（5）临时定额

临时定额也称一次性定额，它是因上述定额中缺项而又实际发生的新项目而编制的。一般由施工企业提出测定资料，与建设单位或设计单位协商议定，并同时报主管部门备查，只作为一次使用，以后陆续遇到此类项目时，经过总结和分析，往往成为补充或修订正式统一定额的基本资料。

4.按投资的费用性质分类

按投资的费用性质可分为直接费定额、建筑安装工程综合费用定额、工、器具定额、工程建设其他费用定额等四类。

（1）直接费定额

包括建筑工程定额和设备安装工程定额两大类。

1）建筑工程定额。建筑工程一般理解为房屋和构筑物工程。具体包括一般土建工程、电气工程、管道工程、特殊构筑物工程等。广义上它也被理解为除房屋和构筑物外还包含道路、桥梁、隧道、港口等其他各类工程。广义的建筑工程概念几乎等同了土木工程的概念。从这一概念出发，建筑工程在整个工程建设中占有非常重要的地位。因此，建筑工程定额在整个工程定额中是一种非常重要的定额，在定额管理中占有突出的地位。

2）设备安装工程定额。设备安装工程是对需要安装的设备进行定位、组合、校正、调试等工作的工程。在工业项目中，机械设备安装和电气设备安装工程占有重要地位。因为生产设备大多要安装后才能运转，不需要安装的设备很少。在非生产性的建设项目中，由于社会生活和城市设施的日益现代化，设备安装工程量也在不断增加，所以设备安装工程定额也是工程定额的重要部分。

设备安装工程定额和建筑工程定额是两种不同类型的定额，一般要分别编制，各自独立。但是设备安装工程和建筑工程是单项工程的两个有机组成部分，在施工中有时间连续性，也有作业的搭接和交叉，需要统一安排，互相协调。在这个意义上通常把建筑和安装工程作为一个施工过程，即建筑安装工程来看待。所以在通用定额中有时把建筑工程定额和设备安装工程定额合二而一，称为建筑安装工程定额。

（2）建筑安装工程综合费用定额

建筑安装工程综合费用定额是直接费定额中没有包括而又直接或间接地为组织工程建设所进行的生产经营活动和扩大生产所需的各项费用，包括措施费、企业管理费、规费、利润、税金等。综合费用定额的编制应根据国家对建设工程费用定额项目划分的原则确定项目，根据建筑市场竞争状况、企业的财务状况以及政策导向，具体确定计算尺度。建筑安装工程综合费用定额是建筑安装工程造价的重要计价依据，一般是以某个或多个自变量为计算基础，确定专项费用计算标准的经济文件。

（3）工、器具定额

工、器具定额是为新建或扩建项目投产运转首次配置的工、器具数量标准。工、器具是指按照有关规定不够固定资产标准而起劳动手段作用的工具、器具和生产用家具，如工具箱、计量器、仪器等。

（4）工程建设其他费用定额

工程建设其他费用定额是独立于直接费、建筑安装工程综合费用和工器具购置费之外的其他费用开支的标准。工程建设的其他费用主要包括土地使用费、与项目建设有关的其他费用、与未来企业生产经营有关的其他费用等三方面费用。这些费用的发生和整个项目的建设密切相关，一般要占项目总投资的10%～40%左右。其他费用定额是按各项独立费用分别制定的，以便合理控制这些费用的开支。

5. 按专业性质分类

按专业性质分类可分为全国通用定额、行业通用定额、专业专用定额等三类。其中全国通用定额是指在部门间和地区间都可以使用的定额；行业通用定额是指具有专业特点在行业部门内可以通用的定额；专业专用定额是指特殊专业的定额，只能在指定范围内使用。

1.2.2 工程定额体系

在工程定额的分类中，可以看出各种定额之间的有机联系。它们相互区别、相互交叉、相互补充、相互联系，从而形成一个与建设程序分阶段工作深度相适应、层次分明、分工有序的庞大的工程定额体系。如果和国民经济其他部门的生产消费定额相比较，这是一个最复杂、最严密、最庞大的定额体系。要研究工程定额，首先要全面认识各种定额，同时也要了解它的体系结构。图1-2是描述定额结构体系的粗略示意图。

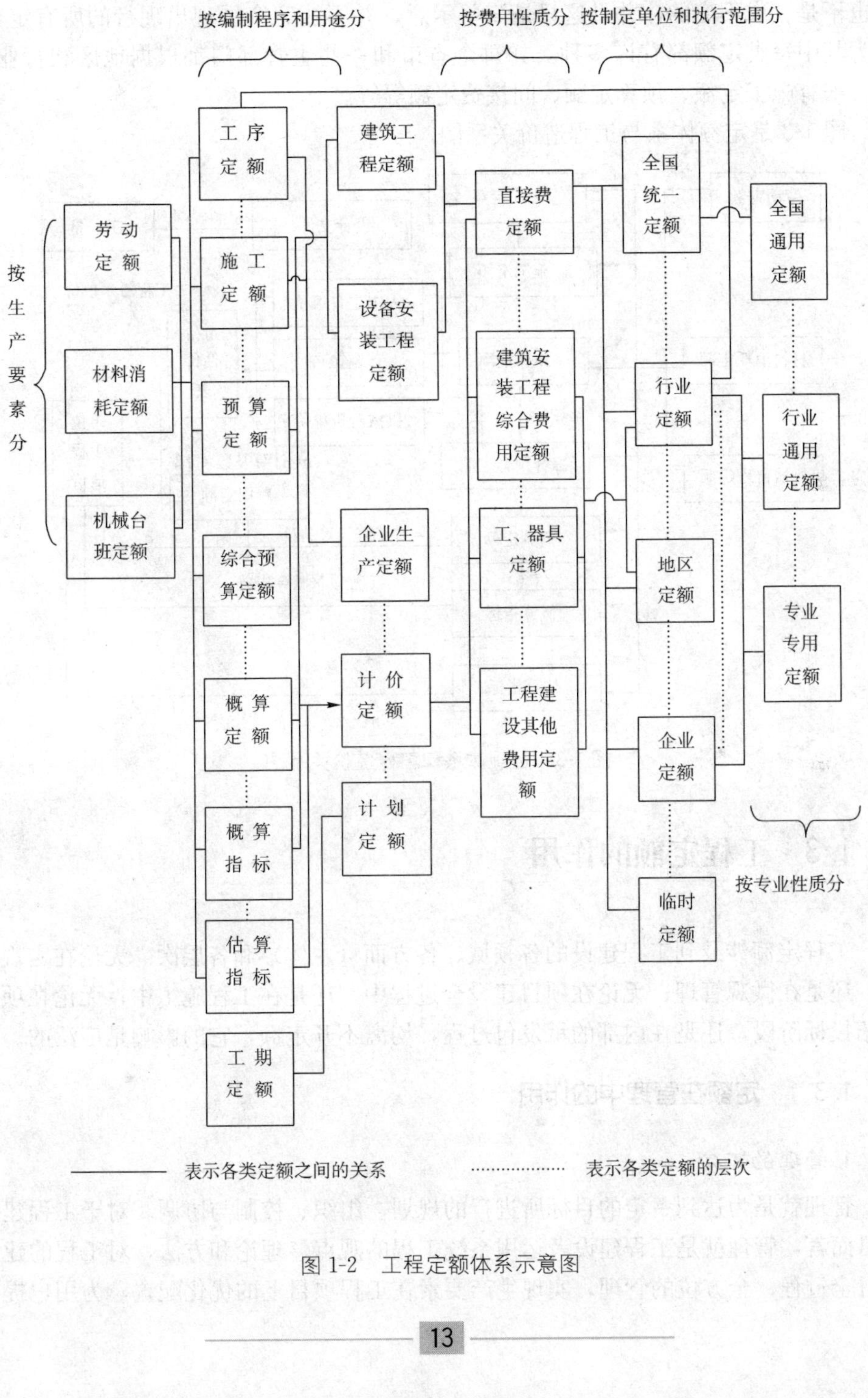

图 1-2　工程定额体系示意图

图 1-2 工程定额体系示意图展现的是我国工程定额体系的现状，从长远来看，它也不是一成不变的，并且这只是简单示意，并不能完全展现出现行的所有定额，因为其中每类定额都有许多种，如每个省市和一些主管部门都根据地区和行业特点，编有施工定额、预算定额、间接费定额等等。

图 1-3 是定额体系与工程造价关系图。

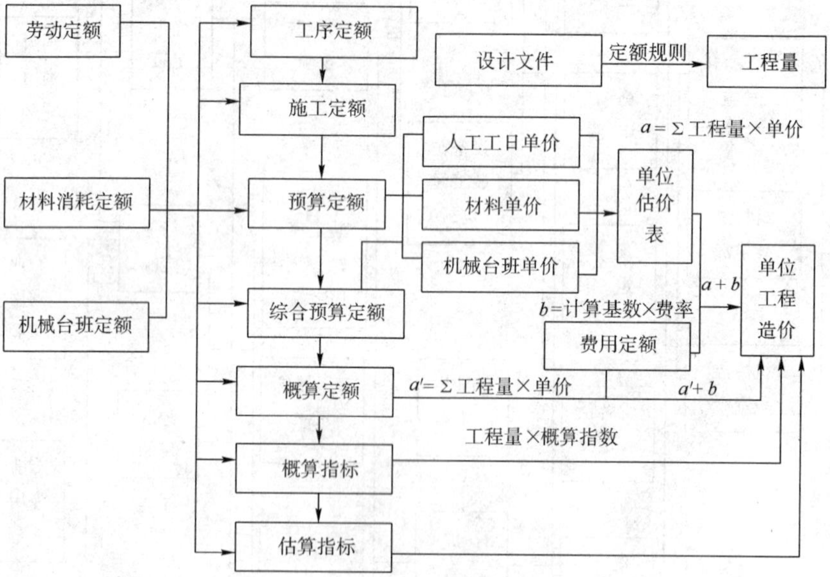

图 1-3　定额体系和工程造价关系图

1.3　工程定额的作用

工程定额涉及到工程建设的各领域、各方面（主体）和各层次。无论在宏观管理，还是在微观管理；无论在项目建设全过程中，还是在工程施工中；无论在项目的招投标阶段，还是在内部的承发包过程，均离不开定额，它的影响是广泛的。

1.3.1　定额在管理中的作用

1. 管理的概念

管理就是为达到一定的目标所进行的规划、组织、控制与协调。对于工程建设项目而言，管理就是工程建设者运用系统工程的观点、理论和方法，对工程的建设进行全过程、全方位的管理，实现生产要素在工程项目上的优化配置，为用户提供优质产品。

管理具有二重性，即自然属性和社会属性。管理的自然属性是生产和劳动社会化的客观要求。凡是人类的共同劳动，就需要管理，它不受社会经济形态和社会制度的不同影响。管理的社会属性主要取决于生产关系，任何劳动都处在一定的生产关系之中，因此管理与占统治地位的生产关系有关。

2. 定额在管理中的作用

定额是管理的基础，是管理的需要。它伴随着管理科学的产生而产生，伴随管理科学的发展而发展。在现代经济生活和社会生活中，定额无处不在。人们利用它对社会经济生活中复杂多样的事物进行计划、调节、组织、预测、控制、咨询等一系列管理活动。定额是企业管理科学化的产物，是科学管理企业的基础和必备条件，也是现代管理科学中的重要内容和基本环节。

（1）定额是节约社会劳动、提高劳动生产率的重要手段。定额为生产者和经营管理者树立了评价劳动成果和经营效益的标准尺度，同时也使生产者明确了自己在工作中应该达到的具体目标，从而增加生产者的责任感和自我完善意识，努力提高劳动生产率和经济效益。

（2）定额是组织和协调社会化大生产的工具。随着生产社会化程度不断提高，任何一件产品都可以说是许多企业、许多劳动者共同完成的社会产品。因此必须借助定额实现生产要素的合理配置，以定额作为组织、指挥和协调社会生产的科学依据和有效手段，从而保证社会生产持续、顺利地发展。

（3）定额是宏观经济调控的依据。我国以公有制为主体的社会主义经济需要利用一系列定额为预测、计划、调节和控制经济发展提供有技术根据的参数和可靠的计量标准。

（4）定额在实现分配、兼顾效率与社会公平方面有巨大的作用。定额作为评价劳动成果和经营效益的尺度，也就成为资源分配中个人消费品分配的依据。

1.3.2 工程定额在工程建设中的作用

1. 工程建设的概念

工程建设是指固定资产扩大再生产的新建、扩建、改建、恢复工程及与之相关的其他工作，过去通常称为基本建设。它是一种综合性的经济活动，其中新建和扩建是主要形式。它是将一定的资金、建筑材料、机械设备等，通过购置、建造与安装等活动，转化为固定资产的过程，以及与之相关的工作，如征用土地、勘察设计、培训职工等。固定资产是指使用年限一年以上，且单位价值在规定限额以上的劳动资料和消费资料以及使用年限在两年以上，单位价值在 2 000 元以上，但不属于劳动资料范围的非生产经营用房屋、设备等。

(1) 工程建设的内容。工程建设的内容包括以下方面：

1) 建筑工程，是指永久性和临时性的建筑物、构筑物的土建、采暖、通风、给排水、照明工程、动力、电讯管线的敷设工程、设备基础、工业炉砌筑、厂区竖向布置工程、铁路、公路、桥涵、农田水利工程以及建筑场地平整、清理和绿化工程等。

2) 安装工程，是指各种需要安装的机械设备、电器设备的装配、装置工程和附属设施、管线的装设、敷设工程（包括绝缘、油漆、保温工作等）以及测定安装工程质量、对设备进行各种试车、修配和整理等工作。

3) 设备、工、器具及生产家具的购置，是指车间、实验室、医院、学校、车站等所应配备的各种设备、工具、器具、生产家具及实验仪器的购置。

4) 勘察设计和地质勘探工作。

5) 其他工程建设工作，是指上述以外的各种工程建设工作，如征用土地、拆迁安置、生产人员培训、科学研究、施工队伍调迁及大型临时设施等。

(2) 工程建设是国民经济发展的重要物质基础。任何国家要维持社会经济的持续发展，都要投资于工程建设，尤其是发展中国家，为了加快现代化发展步伐，往往要进行大规模的工程建设。在我国每年成批的工厂、矿山、铁路、公路、文化教育设施、生活公用设施投入生产并交付使用，每年全社会生产性和非生产性固定资产投资达数百亿以至千亿计。

2.工程定额在工程建设中的作用

工程定额是专门为工程建设而制定的一种定额，是生产建设产品资源消耗的限额规定。它是根据国家一定时期的管理体制和管理制度、根据不同定额的用途和适用范围、由指定的机构按照一定的程序制定的，并按照规定的程序审批和颁发执行。它反映工程建设和各种资源消耗之间的客观规律。

(1) 工程定额是工程建设的依据。工程建设的周期很长，大量的人力、物力和资金投入后，需要很长时间才能够产出产品。因此需从宏观和微观上对工程建设中的资金和资源消耗进行预测、计划、调配和控制，以便一方面保证必要的资金和各项资源的供应，另一方面保证资金和各项资源的合理分配及有效利用。这就需要借助于工程建设定额，利用定额所提供的各类工程的资金和资源消耗的数量标准，作为预测、计划、调配和控制资金、资源消耗的科学依据，作为在市场上寻求合作伙伴的依据。

(2) 工程定额是企业实行科学管理的必要手段。工程定额中的施工定额所提供的人工、材料、机械台班消耗标准，可以作为编制施工进度计划、施工作业计划，下达施工任务，合理组织调配资源，进行成本核算的依据。在建筑企业中推行经济责任制、招标承包制，贯彻按劳分配的原则等也以定额为依据。施工定额同时也是考核评比、开展劳动竞赛及实行计件工资和超额奖励的尺度，还是施工企业进行投标报价的重要依据。

(3) 工程定额是节约社会劳动和优化资源配置的重要手段。一方面企业以定额作为促使工人节约社会劳动和提高劳动效率、加快工作进度的手段，以增强市场竞争能力，获取更多的利润；另一方面作为工程造价依据的各类定额，又促使企业加强管理，把社会劳动的消耗控制在合理的限度内；再者作为项目决策依据的定额指标，又在更高层次上促使项目投资者合理而有效的利用和分配社会劳动。

1.3.3 工程定额在建筑市场交易中的作用

1.建筑市场的概念

建筑市场是指建筑活动中各种交易关系的总和。这是一种广义市场的概念，既包括有形市场，如建设工程交易中心，又包括无形市场，如在交易中心之外的各种交易活动及各种关系的处理。按《中华人民共和国建筑法》的规定，建筑市场定义中的“建筑活动”是指各类房屋建筑及其附属设施的建造和与其配套的线路、管道、设备的安装活动，“各种交易关系”包括供求关系、竞争关系、协作关系、经济关系、服务关系、监督关系、法律关系等等。

建筑市场的特点包括以下几个方面：

(1) 建筑市场交易对象的社会性。建筑市场的交易对象主要是建筑产品，所有的建筑产品都具有社会性，涉及到公众利益。例如，建筑产品的位置、施工和使用，影响到城市的规划、环境、人身安全。政府作为公众利益的代表，必须加强对建筑产品的规划、设计、施工、交易和竣工验收管理。

(2) 生产与交易活动的统一性。建筑市场的生产活动和交易活动交织在一起，从工程建设的咨询、设计、施工发包与承包，到工程竣工、交付使用和保修，发包方与承包方进行的各种交易（包括生产），都是在建筑市场中进行的，承发包方都自始至终共同参与。交易的统一性使得交易过程长、各方关系处理极为复杂，因此，合同的签订、执行和管理就显得非常重要。

(3) 建筑市场交易对象的单件性。建筑市场交易的主要对象建筑产品具有单件性或一次性。因此，建筑产品不可能批量生产。建筑产品都是各不相同的，都需要单独设计，单独施工。因此无论是咨询、设计还是施工，发包方都只能在建筑产品生产之前，以招标方式向一个或一个以上的承包商提出自己对建筑产品的要求，承包方则以投标的方式提出各自产品的价格，通过承包方之间在价格和其他条件上的竞争，决定建筑产品的生产单位，由双方签订合同确定承发包关系。

(4) 建筑市场交易价格的特殊性。建筑产品的价值量很大，少则几十万元，多则数十亿元乃至数百亿元。因此交易中价值量的确定与企业节约资金、降低成本和盈利等关系很大。可以采用的计价形式也很多，如单价形式、总价形式、成本加酬金等形式均可选用；可以根据合同的约定作调整，也可以按照工程合同约定不作调整；可以采用预付款按月结算的办法，也可以在竣工后一次结算或分段结算。每件产品都要根据特定的情况，由交易双方协商确定价格和调整方法。

（5）建筑市场交易活动的长期性。一般建筑产品的生产周期需要几个月到几十个月，在这样长的时间里，政府的政策、市场中的材料、设备、人工的价格必然发生变化，同时，还有地质、气候等环境方面的变化影响，因此，工程承包合同必须考虑这些问题，作出进行调整的规定。

2. 工程定额在建筑市场交易中的作用

（1）工程定额有利于市场行为的规范化，促使市场公平竞争。工程定额是投资决策和价格决策的依据。对于投资者来说，可以利用定额权衡财务状况、方案优劣、支付能力等；对于施工企业来说，为其在投标报价时提出科学的、充分的数据和信息，从而可以正确地进行价格决策，增加在市场竞争中的主动性。由此可见工程定额规范了建筑市场的经济行为，促使市场需求主体和供给主体之间进行公平竞争。企业定额水平应高于国家、行业或地区定额，才能适应投标报价，增强市场竞争能力的要求。

（2）工程定额有利于完善市场的信息系统。定额中的数据来源于市场，来源于大量的施工实践，也就是说定额中的数据是市场信息的反馈。信息的可靠性、灵敏度对于定额的管理相当重要。当信息越可靠、完备性越好、灵敏度越高时，定额中的数据就越准确，这对于通过工程定额所反映的工程造价就较为真实；反之就必须主动完善市场的信息。

（3）工程定额是建设工程计价的依据。在编制设计概算、施工图预算、清单计价与报价、竣工结算时，确定人工、材料和施工机械台班的消耗量，进行单价计算与组价，都以工程定额作为依据。工程定额既是建设工程计划、设计、施工、竣工验收等各项工作取得最佳经济效益的有效工具和杠杆，又是考核和评价上述各阶段工作的经济尺度，还是建设工程进行招投标的重要依据。

1.4 工程定额编制

1.4.1 编制定额的基本依据

编制定额的依据

（1）法律法规。包括国家的有关法律、法规、政府的价格政策、现行的建筑安装工程施工及验收规范、安全技术操作规程和现行劳动保护法律、法规、国家设计规范。

(2) 劳动制度。包括工人技术等级标准、工资标准、工资奖励制度、八小时工作日制度、劳动保护制度等。

(3) 各种规范、规程、标准。包括设计规范、质量及验收规范、技术操作规程、安全操作规程等。

(4) 技术资料、测定和统计资料。包括典型工程施工图、正常施工条件、机械装备程度、常用施工方法、施工工艺、劳动组织、技术测定数据定额统计资料等。

1.4.2 编制定额的步骤

编制定额的基本步骤为：建立编制机构、收集资料→制定定额编制方案→拟定定额的适用范围→拟定定额的结构形式→确定定额水平→定额水平的测算对比。

1. 建立编制机构、收集资料

按照具体定额，确定定额编制的机构，收集资料。收集资料是定额编制的一个重点，但是要有目的收集。收集的资料包括

(1) 现行的技术标准、技术规范、施工技术及验收规范；

(2) 现行的定额、补充定额及有关资料，日常定额解释资料；

(3) 新结构、新工艺、新材料、新设备的工程实践资料；

(4) 其他所需资料。

2. 制定定额编制方案

定额编制方案就是对编制过程中一系列重要问题，做出原则性的规定，并据此指导编制工作的全过程。

3. 拟定定额的适用范围

制定定额首先要拟定其适用范围，使之与一定的生产力水平相适应。

(1) 适用于某个地区。一些属于地区性的因素会影响定额水平，这些因素包括：地方材料的品种规格不同，例如混凝土采用中砂或细砂时的配合比材料消耗量不同；地质条件情况不同，例如不同地质条件和土质对人工挖土方的影响；劳动组织不同、各地区工人小组构成人员不同对工时消耗的影响。

(2) 适用于某个专业。编制企业定额应该按专业划分，一般要划分为建筑工程、安装工程、装饰工程、市政工程和园林绿化工程等专业。

(3) 适用于企业内部。适用于企业内部是指按企业生产力水平编制的定额，是企业编制施工作业计划、劳动力计划、材料供应计划、机械台班需用量计划、下达

施工任务单、填写限额领料单、结算工程承包用工、用料、核算工程成本、统计完成产值等的依据。

（4）适用于工程投标报价。用于工程投标报价分两种情况。第一种是按行业生产力水平编制出具有社会平均水平定额，供业主和承包商作为计算工程标底价或工程造价的计算依据；第二种是按企业生产力水平编制具有企业个别水平的定额，作为企业计算工程投标报价的依据。

4. 拟定定额的结构形式

定额的结构形式是指定额项目的划分、章节的编排等具体形式。定额的结构形式要求简明适用。所谓简明适用，主要是指定额结构合理，定额步距大小适当，文字通俗易懂，计算方法简便，易为群众掌握运用，具有多方面的适用性，能在较大范围内满足不同情况、不同用途的需要。定额的简明性和适用性，是既有联系、又有区别的两个方面。编制工程定额时应全面加以贯彻。当二者发生矛盾时，定额的简明性要服从于适应性的要求。坚持简明适用原则，主要解决以下五个方面的问题。

（1）定额章、节的编排要方便基层单位的使用

定额章、节的编排是拟定定额结构形式的一项重要工作，其编排、划分的合理性，关系到定额的使用是否方便好用。

1）章的划分

章的划分通常有以下几种：

①按不同的分部划分：例如装饰工程可以按不同分部划分为楼地面、墙柱面、天棚、门窗、油漆涂料等各章。

②按不同工种和劳动对象划分：例如建筑工程可以按工种和劳动对象划分为土石方、砌筑、脚手架、混凝土及钢筋混凝土、门窗、抹灰、装饰等各章。

2）节的划分

节的划分通常有以下几种：

①按不同的材料划分：例如抹灰工程可以按不同材料划分为石灰砂浆、水泥砂浆、混合砂浆等。

②按分部分项工程划分：例如现浇构件这一章，可以按分部分项工程的工效不同划分为基础、地面、柱、梁、墙、板等各小节。

③按不同构造划分：例如屋面防水这一章，可以按构造划分为柔性防水层、刚性防水层、瓦屋面、铁皮屋面等各小节。

上述章节的划分方法，是一般常用的方法，具体操作还需在定额编制过程中结合具体情况而定。

3）章节的编排

定额章节的编排，还必须包括文字说明。文字说明的主要内容有工程内容、质量要求、劳动组织、操作方法、使用机具以及有关规定等。

定额中的文字说明要简单明了，每种定额应有总说明，将两章以及两章以上的共性问题，编写在总说明中。每章应写章说明，将两节及两节以上的共性问题，编写在章说明中。每节的文字说明一般包括工作内容、操作方法和有关规定等。

(2) 项目划分合理

定额项目是定额结构形式的主要部分，项目划分合理包括两个方面：一是定额项目齐全，二是定额项目划分粗细恰当。这是定额结构形式简明适用的核心问题。

1) 定额项目齐全的要求

定额项目是否齐全，关系到定额适用范围的大小。所谓“齐全”，是指在施工过程中，那些主要的、常有的施工活动，都能够直接反映在工程定额项目中。也就是说，凡是施工过程的一般活动，都能够从定额中找到它的消耗量标准。

2) 定额项目划分粗细恰当的要求

项目划分粗细是否恰当，关系到定额的使用价值。项目划分粗了，形式简单，但定额水平相差悬殊，精确程度低，工人苦乐不均；项目划分细了，精确程度虽高，但计算复杂，使用不便。一般说来，项目划分应从编制施工作业计划、签发施工任务书、计算工人劳动报酬等需要出发，以工种分部分项工程为基础，妥善处理好粗与细、繁与简、单项与综合、工序与项目的关系，使项目划分粗细适当。

划分定额项目，要充分体现施工技术和生产力水平。其具体划分方法主要有以下几种：

①按机具和机械施工方法划分

由于不同的施工方法对定额的水平影响较大，比如手工操作与机械操作的工效差别很大。所以，项目划分时要根据手工操作和使用机具情况划分为手工、机械和部分机械定额项目。如钢筋制作可划分为机械制作、部分机械制作和手工绑扎定额项目。

②按产品的结构特征和繁简程度划分

在施工内容上虽然属于同一类型的施工过程，但由于工程结构的繁简程度和几何尺寸不同，对定额水平有较大影响。所以，要根据产品的结构特征、复杂程度及几何尺寸的大小划分定额项目。如现浇混凝土设备基础模板的制作安装，就需要根据其复杂程度和几何尺寸的大小，划分为一般的、复杂的、体积在多少立方米以内的或多少立方米以上的项目。

③按使用的材料划分

在完成某一产品时，使用的材料不同，对工程的影响也很大。如不同材质、不同管径的各种管材，对管道安装的工效影响就很大。所以，在划分管道安装项目时，则按不同材料的不同管径来划分项目。

④按工程质量的不同要求划分

不同的工程质量要求，其单位产品的工时消耗也有较大的差别。例如，砖墙面抹石灰砂浆，按施工及质量验收规范规定，有不同等级、不同抹灰遍数的质量要求。因此，可以按高级、中级、普通抹灰质量要求分别划分定额项目。

⑤按工作高度划分

一般来说，工作高度越高，操作越困难，安全要求也越高，其运输材料的工时消耗也越多，操作的工作时间也必然增加。因此，操作高度或建筑物的高度，对工时消耗都有不同程度的影响，要按不同高度对定额水平的影响程度来划分项目。另外，在这种情况下也可以采取增加工时或乘系数的方法来调整。

除上述划分方法外，还有很多，如按土的分类，工作物的长度、宽度、直径，设备的型号、容量大小等划分方法，其总的原则就是以工效的差别来划分项目。

（3）步距大小适当

所谓步距，是指同类型产品（或同类工作过程）相邻定额项目之间的水平间距。如砌筑砖墙的一组定额，其步距可以按砖墙厚度分为 1/4 砖墙、1/2 砖墙、3/4 砖墙、1 砖墙、3/2 砖墙、2 砖墙等，这样，步距就保持在 1/4～1/2 砖墙厚之间。但也可以将步距适当扩大，将步距保持在 1/2～1 砖墙厚。显然，步距大小同定额的简明适用程度关系极大。步距大，定额项目就会减少，但定额水平的精确程度就会降低，这就会影响按劳分配，打击工人积极性；步距小，定额项目就会增加，定额水平的精确程度就会提高，但计算和管理都比较复杂，编制定额的工作量大，使用也不方便。因此，步距大小要适当。一般来说，对主要工种、主要项目、常用项目的步距要小一些；对次要工种、工程量不大或不常用的项目，步距可以适当放大一些。

（4）文字通俗易懂，计算方法简便

定额的文字说明、注释等应明白、清楚、简练、通俗易懂，名词术语应该是全国通用的。计算方法力求简化，易为群众掌握、运用。计量单位的选择应符合通用的原则，应能正确反映劳动力与材料的消耗量。定额项目的工程量单位要尽可能同产品的计量单位一致，便于组织施工，便于划分已完工程，便于计算工程量，便于工人掌握运用。计量单位应采用公制和十进位或百进位制。

（5）计量单位的确定

每一施工过程的结果都会得到一定的产品，该产品必须用一定的计量单位来表示。在许多情况下，一种产品可以采用几种计量单位。如砖砌体的计量单位可以用砌 1 000 块砖、砌 $1m^2$ 砖墙或砌 $1m^3$ 砖砌体来表示。所以在编制定额时，应首先确定项目的计量单位。

确定计量单位应遵循以下原则：

1）能够准确、形象地反映产品的形态特征。

①凡物体的长、宽、高都发生变化时，应采用 m^3 为计量单位。例如土石方、混凝土构件等项目。

②当物体厚度不变，而其长和宽发生变化，并引起面积发生变化时，宜采用 m^2 为计量单位。例如地面面层、装饰抹灰等项目。

③物体截面形状及大小不变，但长度改变时，应以延长米为计量单位。例如装饰线条、栏杆扶手、给排水管道、导线敷设等项目。

④体积、面积相同，但重量和价格差异较大，应当以 kg 或 t 为单位计算。例如金属结构的制作、运输、安装等。

⑤按个、组、套等自然计量单位计算。例如洗脸盆、排水栓等项目。

2）便于计算和验收工程量。例如墙脚排水坡以 m^2 为计量单位，窗帘盒以 m 为单位，便于计算和验收工程量。

3）便于定额的综合。施工过程各组成部分的计量单位尽可能相同。例如人工挖土方，其组成部分的人工挖方、人工运土、人工回填土项目都应以 m^3 为单位，便于定额的综合。

4）计量单位的大小要适当。既要做到方便使用，又能保证定额的精确度。例如人工挖土方以 $10m^3$ 为单位，人工运土以 $100m^3$ 单位，机械运土方以 $1\,000m^3$ 为单位。

5）必须采用国家法定的计量单位。定额中计量单位的名称和书写都应采用国家法定的计量单位。

5. 确定定额水平

定额水平主要反映在产品质量与原材料消耗量、劳动组织合理性与人工消耗量、生产技术水平与施工工艺先进性等方面。定额水平的确定是一项复杂细致的工作，具有较强的技术性。确定定额水平，必须先做好有关定额水平的资料收集、整理和分析工作，弄清楚定额水平的各种影响因素。

（1）搜集定额水平资料

搜集定额水平资料是确定定额水平的一项基础性工作。该项工作要充分发挥定额专业人员的作用，积极做好技术测定工作。无论是编制企业定额还是补充定额，都应以技术测定资料作为确定定额水平的重要依据。另外还应搜集在施工过程中实际完成情况的统计资料和实践经验资料。统计资料一般是指单项统计资料，是消耗在单位产品上的实耗工料记录。统计资料应在生产条件比较正常、产品和任务比较稳定，原始记录和统计工作比较健全，以及重视科学管理和劳动考核的施工队组或施工项目上搜集，以保证其准确性。

经验估计资料要建立在深入细致调查研究的基础上，要广泛征求有实践经验人员的意见。为了提高经验资料的可靠程度，可将初步搜集来的经验资料，通过讨论分析，反复征求意见，使经验资料有足够的代表性。搜集定额资料时应注意以下问题：

1）资料的准确性。资料要如实反映客观实际，数字真实可靠。

2）资料的完整性。资料的内容要齐全，不仅要有完成产品的数量和消耗工料的数量资料，而且还要有相应的产品质量、施工技术组织资料等影响定额水平的各种因素资料。

3）资料的代表性。资料能够把定额适用范围内的大多数项目上的定额工效水平反映出来。

（2）分析采用定额水平资料

通过上述方法搜集到的资料，由于受多种因素的影响，难免存在一定的局限性。因此，对搜集到的资料，首先要进行分析，选用工作内容齐全、施工条件正常、各种影响因素清楚、产品数量、质量及工料消耗数据可靠的资料，进行加工整理，作为确定定额水平的依据。

（3）确定定额水平

定额水平的确定要从两个方面来讨论，一是根据定额的作用范围确定定额水平；二是根据企业的生产力水平确定定额水平。

根据作用范围确定定额水平是指编制行业定额用以指导整个行业时，应以该行业的平均水平作为定额水平；编制地区定额用于指导某一地区时，应以该地区该行业的平均水平作为定额水平；编制企业定额，应以该企业的平均先进水平作为定额的水平。

定额水平的确定，不仅要坚持平均水平或平均先进水平的原则，还必须处理好数量与质量的关系。各种定额应该以现行的工程质量验收规范为质量标准，在达到质量标准的前提下，确定定额水平。确定定额水平还应考虑工人的身心健康和安全生产，对有害身体健康的工作，应该减少作业时间。

（4）确定定额水平应注意的问题

1）注意先进技术和先进经验的成熟程度。在确定定额水平时，对于能够反映先进技术、先进成果和先进操作经验的项目，要注意分析其成熟程度和推广应用的客观条件后区别对待。凡是比较成熟，且已具备普遍推广条件的，应反映到定额水平中。而那些受条件限制，难以立即实现的，则不应反映到定额水平中。对于有推广意义的项目，可以反映到定额水平中，而某些小改革提高工效的项目，可以暂不反映到定额水平中。

2）要防止用提高劳动强度的方法提高定额水平。定额水平的提高要立足于采用科学管理和先进的生产技术、手段，诸如合理的生产组织、先进的生产工具以及各种先进技术成果等，而不应采取提高劳动强度的方法提高定额水平。在分析和确定使用一般工具的手工操作定额水平时，要特别注意防止用提高工人劳动强度的方法来提高定额水平。特别是笨重的体力劳动，更要持慎重态度。

6. 定额水平的测算对比

为了将新编定额与现行定额进行对比，分析新编定额水平提高或降低的幅度，需要对定额水平进行测算。

由于定额项目很多，一般不作逐项对比和测算。通常将定额章节中的主要常用项目进行对比。项目对比时，应注意所选项目的可比性。所谓可比性是指两个对比项目的定额水平所反映的内容，包括工作内容、施工条件、计算口径是否一致。如果不一致，那么对比就没有可比性，其比较结果就不能反映定额水平变化的实际情况。

定额水平的测算对比方法，常采用单项水平对比和总体水平对比的方法。

(1) 单项水平对比

单项水平对比，就是用新编定额选定的项目与现行定额对应的项目进行对比。其比值反映了新编定额水平比现行定额水平提高或降低的幅度，其计算公式为：

$$\begin{array}{c}\text{新编定额水平提}\\\text{高或降低的幅度}\end{array}=\left(\frac{\text{现行定额单项消耗量}}{\text{新编定额单项消耗量}}-1\right)\times100\% \tag{1-1}$$

定额水平越高其定额消耗量就越低，定额水平与消耗量成反比。

(2) 总体水平对比

总体水平对比是用同一单位工程计算出的工程量，分别套用新编定额和现行定额的消耗量，计算出人工、材料、机械台班总消耗量后进行对比，从而分析新编定额水平比现行定额水平提高或降低的幅度，其计算公式为：

$$\begin{array}{c}\text{新编定额水平提}\\\text{高或降低的幅度}\end{array}=\left(\frac{\text{现行定额分析的单位工程消耗量}}{\text{新编定额分析的单位工程消耗量}}-1\right)\times100\% \tag{1-2}$$

1.4.3 工程定额编制原理与方法

定额编制的基本理论是对工作进行研究，即对工作进行分析、设计和管理，从而最大限度地节约工作时间，提高工作效率，并实现工作的科学化、标准化和规范化。

1. 工时研究

工时研究就是工作时间研究，就是将工人或施工机械在整个生产过程中所消耗的工作时间，根据其性质、范围和具体情况，予以科学地划分、归纳，以充分利用工作时间，提高劳动效率。这是技术测定的基本步骤和内容之一，也是编制劳动定额的基础工作。工时研究包括动作研究和时间研究两个部分。

2. 施工过程研究

（1）施工过程的概念

施工过程是指在建筑工地范围内所进行的生产过程。施工过程是由不同工种、不同技术等级的建筑工人完成的，并且需要一定的劳动对象如建筑材料、半成品、预制品等，以及一定的劳动工具如手工工具、小型工具和机械等。

（2）施工过程的分类

按不同的分类标准，施工过程可以分成不同的类型。

1）按施工的性质不同，可以分为建筑过程和安装过程；

2）按施工过程的完成方法不同，可分为手工操作过程（手动过程）、机械化过程（机动过程）和机手并动过程（半机械化过程）；

3）按施工劳动分工的特点不同，可以分为个人完成的过程、工人班组完成的过程和施工队完成的过程；

4）按施工过程组织上的复杂程度，可以分为工序、工作过程和综合工作过程。

3. 工程定额的编制方法

工程定额的编制方法主要有技术测定法、经验估计法、统计计算法、比较类推法等。详见第三章。

1.5 工程定额管理

1.5.1 工程定额管理的任务、内容和原则

1. 工程定额管理的任务

工程建设管理的基本任务是合理组织工程建设的经济技术活动，即根据一定时期国民经济发展的总方针、总任务，正确规划工程建设的规模、速度、投资结构和生产力布局，正确进行项目决策，优化设计和施工，适应经济体制改革的要求，不断改革和完善工程建设管理体制和管理制度、管理方法在市场经济条件下最大限度地提高工程建设的经济效益、社会效益和环境效益。目前我国基本上是政府对计价性基础定额进行管理，而企业定额管理相对薄弱，为了适应我国工程定额发展的步伐，必须加强企业定额管理，以与工程建设管理任务相适应。工程定额管理的任务主要是以下几个方面：

（1）深化工程定额改革

按制造成本法调整建筑安装工程费用项目的划分；依据《关于调整建筑安装工程费用组成的若干规定》，规范建筑安装工程成本费用项目；按照量价分离和工程实体性消耗与施工措施消耗相分离的原则，对计价定额进行改革，实行国家宏观控制与放开调整权相结合的管理方式；针对当前价格、汇利率、税率等不断变动的实际情况，实行动态管理，提高工程造价的准确性；推广采用差别费率和差别利润率，促进企业间的平等竞争；鼓励企业逐步做到按工程个别成本报价，提高企业的竞争能力。

（2）加强投资管理和企业管理

管理的最终目标，是提高经济效益。工程定额管理作为投资管理和施工企业管理的一个环节，作为基础性工作的管理，一方面它要适应整个管理工作的需要，受其他管理工作状况的影响和制约；另一方面工程定额管理的任务也在于用定额强化投资管理和施工企业管理的约束机制，并为其他各项管理工作创造有利的前提。

（3）协调工程建设中各方面的经济利益关系

工程建设中的有关各方面，在这里主要是指国家、建设单位、施工企业和生产个人。在社会主义市场经济条件，工程定额管理的任务是本着实事求是和公正合理，不偏向任何一方面的态度，利用各种定额手段协调各方主体的经济利益，处理好国家、集体、企业、个人的经济利益关系，逐步完善市场机制下的分配关系。

（4）节约社会劳动

节约社会劳动是合理利用资源和资金的一个极重要方面，是提高投资效益的标志和主要途径。节约社会劳动，不仅给一个项目或一个企业带来经济效益，而且会从宏观上给国民经济的发展带来积极影响。同时节约社会劳动也就意味着投资效益的提高。我国工程建设普遍存在着投资效益低、浪费严重的问题。工程定额管理的任务，就是要通过定额的制定、定额的执行达到控制耗费，节约社会劳动，提高效益的目的。

2. 工程定额管理的内容

一般来说，定额管理就是利用定额来合理安排和使用人力、物力、财力以及时间的所有管理活动的集合，是经济管理中的基础性工作的管理。其主要内容是科学地制定有关法规和制度，及时地制定定额编制和修订计划、组织定额编制和修订，收集、整理和发布定额信息，组织和检查定额的执行情况，分析定额完成情况和存在问题，及时获取反馈信息。这些管理内容既有宏观层次，也有微观层次。

工程定额种类繁多，管理内容受专业特点影响很大。但各类工程定额管理的内容虽有各自特点，但从共性看，工程定额管理内容包括三个方面，即定额的编制修订、定额的贯彻执行和信息反馈。定额编制修订是贯彻执行定额的前提条件，贯彻执行则是编制修订定额的直接导因和管理环节的继续。从市场的信息流程来看，定额管理的内容主要是信息的采集、加工和传递、反馈的过程，如图 1-4 信息流程图所示：

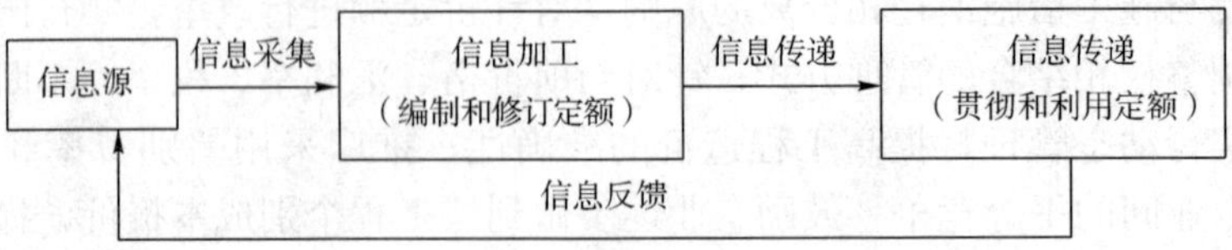

图 1-4　信息流程图

定额管理具体包括以下工作内容：

1）制定定额的编制计划和编制方案；

2）积累、搜集、分析、整理基础资料；

3）编制（修订）定额；

4）审批和发行定额；

5）组织征询有关各界对新定额的意见与建议；

6）整理和分析意见、建议，诊断新编定额中存在的问题；

7）对新编定额进行必要的调整与修改；

8）组织新定额交底和一定范围内的宣传、解释和答疑；

9）从各方面为新定额的贯彻执行创造条件，积极推行新定额；

10）监督和检查定额的执行，支持定额纠纷的仲裁；

11）搜集、储存定额执行情况、反馈信息。

上述管理内容之间，既相互联系又相互制约，同时它们的顺序也大体反映管理工作的程序，如图 1-5 定额管理流程图所示。

3. 工程定额管理的原则

为保证工程定额管理任务的实现，充分发挥定额在工程建设经济管理中的作用，在定额管理工作中，应遵循以下原则：

（1）标准化原则

标准化是指为制定和贯彻产品和工程标准而进行的有组织的活动过程。推行标准化有利于提高产品和工程的质量，降低成本，促进新材料、新工艺、新技术的发展等。

标准化的内容包括统一化、系列化、通用化、组合化和简化。统一化要求将同一事物两种以上的表现形式归并为一种，或将其限定在一定的范围之内，以消除不必要的多样化造成的混乱；系列化要求对同类产品中的一组产品同时进行标准化；通用化要求在互相独立的系统中，选择和确定具有功能互换性和尺寸互换性的功能单元；组合化要求对设计和制造出的一系列通用性较强的单元，根据需要，组合成

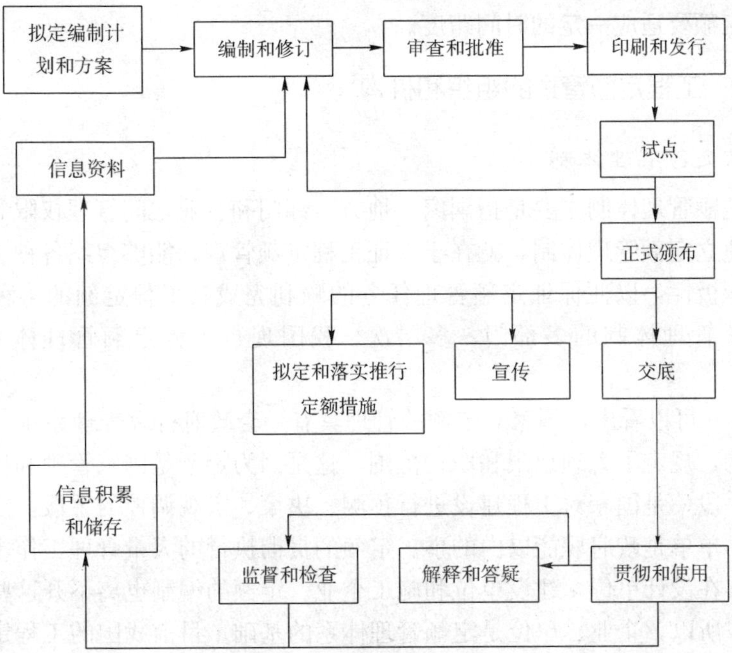

图 1-5　定额管理流程图

不同用途的产品；简化要求在一定范围内缩减对象（事物）类型的数目。

（2）集中领导与分级管理相结合的原则

工程定额管理实行集中领导，以保证国家在工程建设方面的方针、政策得到贯彻。工程定额管理的集中领导，主要体现在统一政策、统一规划、统一组织、统一思想。分级管理指管理的权限划分，按执行范围，分部门、分地区、分级分层的管理。分级管理是由工程定额本身的多种类、多层次决定的，也是由各地区、各行业的具体情况的差异性决定的。

（3）经济和技术统一的原则

工程定额不是单纯的技术定额或经济定额，而是二者的综合，是一种经济技术定额。首先，它和许多技术条件、技术因素有密切的关系，直接受技术条件、技术因素的约束和影响，是一种技术定额；其次，它又反映着工程建设生产中人、财、物的消耗情况，也是一种经济定额。

（4）适应性原则

适应性原则，首先要求定额要适应社会主义市场经济的需要，不断完善定额体系、内容和管理体制；其次要求定额要适应全社会的需要，适应社会多元投资主体的需要，不断提供及时而准确的信息服务；第三要求定额要适应各行业、部门对其专业化的需要，适应规定范围内的各种情况，制定完善的行业定额、地区定额等；第四要求定额要适应一定的时间跨度。

1.5.2 工程定额管理的组织和机构

1. 工程定额管理体制

工程定额管理体制主要是指国家、地方、部门和企业之间管理权限和职责范围的划分。建立定额管理体制，就在于保证工程定额管理，能够组织各种力量，调动各方面的积极性，以便保证定额管理任务的顺利完成。工程定额的多种类、多层次，决定了管理体制的多部门、多层次。我国现行工程定额管理体系如图 1-6 所示。

从图 1-6 可以看出，国家对定额的管理具有一套政府行政管理系统，设置了多重管理机构，规定了管理权限和职责范围。这是因为定额是国家管理和控制工程造价的有效手段，是国家对工程建设进行预测、决策、宏观调控的手段。当然，工程定额管理不单单是政府职能以内的事。定额的贯彻执行的大量管理工作落实在工程项目，落实在设计单位、建设单位和施工企业。定额的编制也离不开这些企业和单位的配合。所以，企业、单位是定额管理体系的基础。目前我国的工程定额管理的政府职能正在逐步减弱，并逐渐转移到建设协会，同时企业的定额管理工作也在逐步加强。

2. 工程定额管理机构和职能

(1) 工程定额管理机构

我国工程定额管理机构是适应国家大规模经济建设的发展而逐步建立并健全起来的。从管理权限的划分来看，建设部标准定额司对口领导机构，建设部标准定额研究所是部属专业研究机构。省、自治区、直辖市和国务院行业主管部的定额管理机构，是在其管理范围内各自行使自己的定额管理职能。省辖市和地区的定额管理机构，接受上级定额机构的指导，在所辖地区的范围内执行定额管理职能。

(2) 各级工程定额管理机构的职能

定额管理部门的主要工作应该是定期发布各类建筑产品的造价资料，以及人工、材料、机械台班单价信息和造价指数等，引导承包方的市场行为，同时为投资方控制工程造价提供参考依据，制定适应市场需求的工程量计算规则和计价办法，对工程造价进行宏观调控。

虽然我国工程定额管理，基本上属于政府职能，但也不能忽视设计单位、建设单位和施工企业的基础作用。设计单位、建设单位和施工企业对定额的管理属于微观管理的范畴。

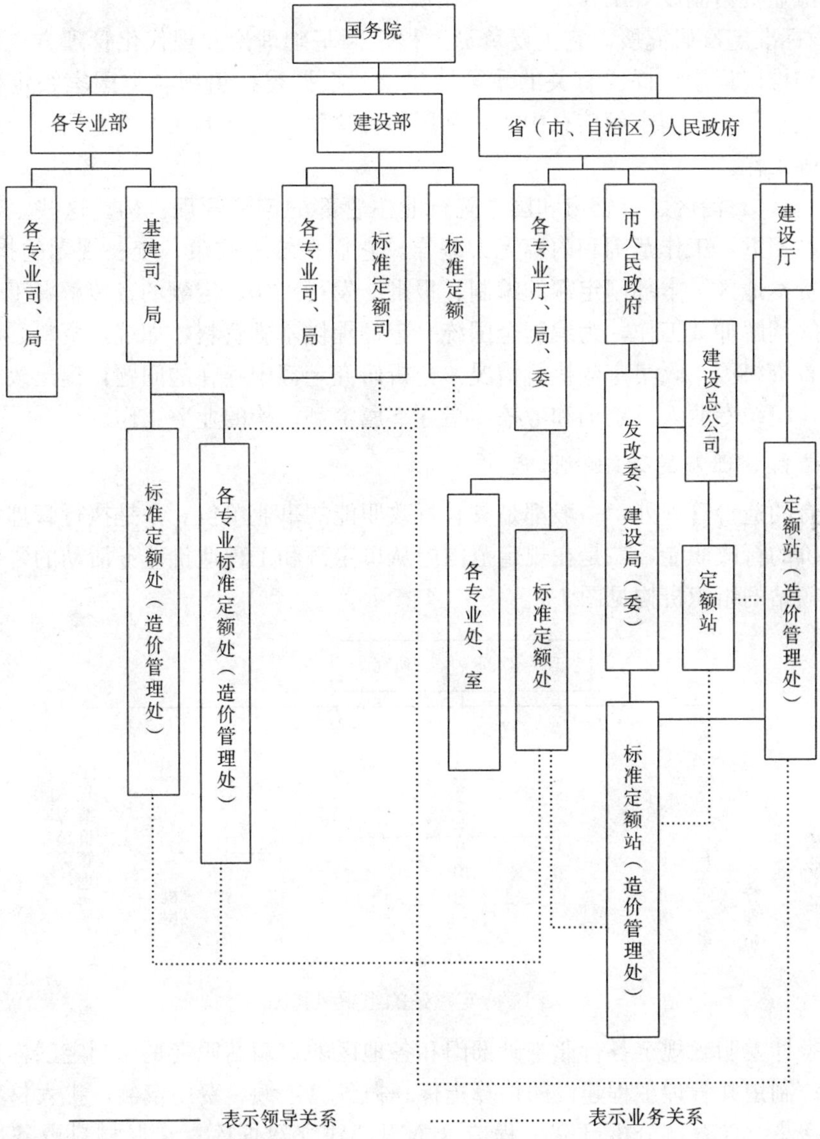

图 1-6　工程定额管理体系图

1）标准定额司。它主要负责制定和颁发有关工程定额的政策、制度、发展规划；组织编制和颁发投资估算指标和建设项目工期定额；按照发展规划委托研究机构或其他定额管理机构编制各类工程定额，并组织审批颁发；对省、市、自治区和专业主管部的定额管理机构实行业务指导；规划和组织专业人才的培训、制定造价工程师执业资格制度等工作。

2）标准定额研究所。它主要负责工程定额基础理论和现代化管理方法、手段的研究和推广运用；提出有关的政策性建议；根据委托组织各类国家级定额的指标；建立和管理全国定额信息中心；利用各种科学手段和方法调查、研究定额的执行情况等工作。

3）省、自治区、直辖市和国务院行业主管部的定额管理机构。这些定额管理机构名称相近，工作范围和内容无大差异。它们在统一政策、统一规划的指导下，主要负责本地区、本部门定额的编制、报批、发行工作、定额的宣传解释工作、定额纠纷的调解仲裁工作，为编制全国统一定额提供基础资料，如统计资料、测定资料、调查资料等，收集定额执行情况，分析研究定额中存在的问题，提出改进和解决措施，组织专业人员培训和考核，指导下属定额机构的业务工作。

3. 造价管理处的组织和职能

现有的造价管理处，一般都是具有行政职能的事业单位。一是执行管理定额和工程造价的行政职能，二是在规定范围内从事定额和工程造价业务活动的咨询、研究。定额站的组织机构见图 1-7。

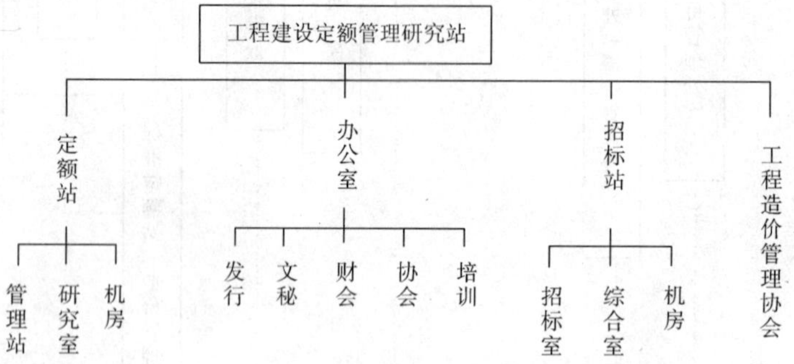

图 1-7　定额站的组织机构图

国家计委明确规定各行业主管部门和各地区的定额站职责是：制定工程造价管理制度；制定并管理工程建设的估算指标、概预算定额、费用定额，扩大材料消耗定额；搜集、储存、分析已完工程造价资料，建立数据库；掌握材料设备价格信息，预测价格上涨系数及发布结算价格指数；监督检查工程预算或招标承包工程的标底及中标标价是否合理。

1.5.3　工程定额管理人员的素质和专业要求

工程定额管理，是一项政策性很强、技术性也很强的经济管理工作，它需要一大批懂政策、懂经济、懂专业技术的不同层次的人才，以满足管理工作发展的需要。

1. 工程定额管理人员的素质要求

定额管理人员应具备的素质是由定额管理机构的性质、职责和管理人员所承担的管理工作任务决定的。具体包括思想品德方面的素质、文化方面的素质、专业方面的素质和身体方面的素质四方面。

对于定额管理人员来说，他执行行政职能，也进行各种咨询服务，所接触和需要处理解决的问题，往往涉及各方面的经济利益关系，会影响到工程建设任务能否顺利完成和投资效益的高低。这就要求定额管理人员具备良好的思想品德和一定的政策水平，既能维护国家利益，又能以公正的态度维护有关各方合理的经济利益，绝不以权谋私。

定额管理的技术性和专业性特点，要求管理人员具有相当的文化基础和专业知识、专业工作能力。文化素质是专业素质的必要条件和基础，专业素质则集中表现为专业工作能力。就定额管理人员来说，专业素质是业务水平、理论水平、定额管理知识和技能、专业技术知识、专业工作经验和解决实际问题的能力等知识和能力的综合。

定额管理工作任务繁重、时间性强，需要管理人员具有强健的体魄和乐观的精神。

2. 工程定额管理人员的专业要求

（1）工程定额管理人员的知识结构

按照行为科学的观点，不同层次的管理人员都需具备三种技能，即技术技能、人文技能和观念技能。技术技能是指通过专业技术教育及训练获得的知识、方法、技能及解决问题的实际能力；人文技能是指与人共事的能力及判断力；观念技能是指组织协调能力。

但是，不同层次的管理人员所需具备的这三种技能的结构是不同的。行为科学的不同管理层次所需的管理技巧，如图 1-8 所示。

三种技能的组合结构说明知识需要分类，需要根据管理层次不同进行不同的组合。图 1-8 中人文技能占的比重很大，这反映了行为科学的观点。根据定额管理的性质、任务和内容，定额人员需要的技能结构中，人文技能很重要。过去我们常常忽视与人共事能力的培养，很少研究如何激励人员去共同达到目标，不把人文技能当作一门学问，显然这是片面的。如果我们自觉运用人文技能，就可以使全体人员互相合作、共同努力，更好的完成定额管理任务。

技术技能对于定额管理人员来说，可以理解为专业技能。它所包含的经验，只能在工作实践中逐渐积累、总结、提高，至于使用通过教育、训练而获得的知识、方法和技能去达到预定的目标，就要进行专业培训。

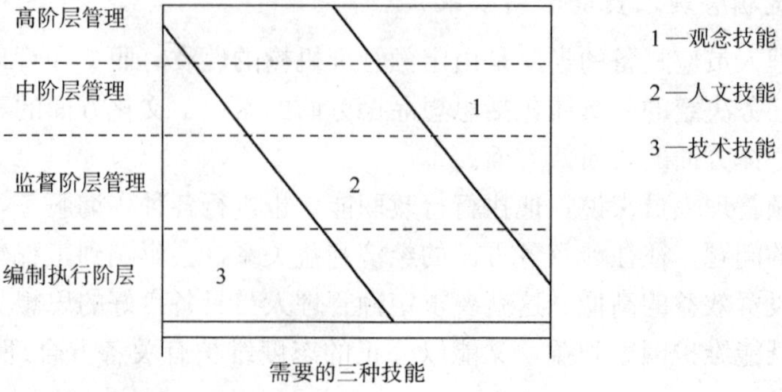

图 1-8　行为科学的管理技巧

观念技能对于定额管理人员也非常重要，每个定额管理人员都应该自觉地维护社会的、全局的利益，尤其是高层次管理者更需要有全局观念，要提高理论和政策水平，要加强品德素质。

(2) 工程定额管理人员的专业培训方式

专业培训方式主要有两类，一类普通高校和高等职业技术学校的系统教育，也可称为在职前教育；一类是专业继续教育，也称为在职后教育。

习题

1. 什么是定额？什么是工程定额？
2. 定额与管理的关系是什么？
3. 工程建设与工程建设定额的关系是什么？
4. 工程定额的作用有哪些？
5. 工程定额的特点是什么？
6. 工程定额有哪些种类？
7. 如何理解工程定额体系？
8. 工程定额编制的依据和步骤有哪些？
9. 工程定额管理的任务、内容和原则是什么？
10. 工程定额管理的机构及其职能是什么？
11. 工程管理人员的要求有哪些？

第2章
施工过程和工作时间研究

学习要点

本章主要介绍了施工过程的概念和分类，分析和研究了施工过程的内容和作业原理，剖析了影响施工过程的因素；介绍了工作时间消耗的概念、工人和机械工作时间消耗的分类，并阐述了施工过程和工作时间的研究方法。通过本章的学习应理解施工过程、工作时间消耗的概念和分类，掌握施工过程的内容和作业原理以及工作时间研究的五种方法，并能加以应用。

2.1 施工过程及其分类

2.1.1 施工过程的概念

建筑企业的施工过程需要合理的组织，这是社会化大生产的客观要求，也是提高经济效益的重要保证。施工过程的组织，就是要以最经济最合理的方式将各种生产要素有机的结合起来，使其形成一个协调的系统。这个系统是要使建筑产品在施工过程中达到工期短、时间省、质量优、耗费少的目标。要实现这一目标，在施工过程中，采用科学的施工方法，合理安排劳动力和规定必要的劳动消耗量是一个重要环节。因此，需要分析研究施工活动中的全部工时消耗，对不必要的工时消耗采取措施予以消除或减少，以便正确制定劳动定额，使其切合生产实际，符合预定目标，不断提高劳动生产率。

施工过程就是在施工现场所进行的生产过程，可大可小，大到一个建设项目，小到一个工序，最终目的是要建造、扩建、修复或拆除工业及民用建筑物和构筑物的全部或其中一部分。例如，砌筑墙体、粉刷墙体、安装门窗、敷设管道等都是施工过程。

每个施工过程的结果都获得一定的产品，该产品可能是改变了劳动对象的外表形态、内部结构或性质，也可能是改变了劳动对象的位置等。

施工过程中所获得的产品必须符合建筑和结构设计及现行技术规范的要求。只有合格的产品才能计入施工过程中消耗工作时间的劳动成果。

建筑安装施工过程与其他物质生产过程一样，包括一般所说的生产力三要素，即劳动者、劳动对象、劳动工具。施工过程的基本内容是劳动过程，即不同工种、不同技术等级的建筑、安装和装饰工人，使用各种劳动工具（手动工具、小型机具和大中型机械等），按照一定的施工工序和操作方法，直接地或间接地作用于各种劳动对象（各种建筑、装饰材料、半成品、预制品和各种设备、零配件等），使其按照人们预定的目的，生产出建筑、安装以及装饰合格产品的过程。施工过程除具有上述劳动过程的基本内容外，对某些产品的完成还需要借助于自然力的作用。通过自然过程使劳动对象发生某些物理的或化学的变化，如混凝土浇灌后的自然养护、门窗油漆的干燥等。因此在通常情况下施工过程是在许多相关联的劳动过程和自然过程的有机结合下完成的。

每一个施工过程的完成，均需具备下述四个条件：①具有完成施工过程的劳动者、劳动工具和劳动对象；②具有完成施工过程的工作地点，即指施工过程所在地点、活动空间；③具有为完成施工过程的空间组织，即指施工现场范围内的“三通一平”、建筑与装饰材料、工器具的存放等空间相对位置的布置；④具有为完成施工过程的指挥、协调等管理工作地点的选择等方面的组织工作。

施工过程中的建筑工人，应是专业工种工人，其技术等级与工作物的技术等级相适应，否则就会影响施工过程的正常工时消耗。工人的技术等级是按其所做工作的复杂程度、技术熟练程度、责任大小、劳动强度等确定的。工人的技术等级越高，其技术熟练程度也越高。根据不同工程种类和施工对象，应分别由相应的不同工种来承担，但工种划分不宜过细。

劳动对象是指施工过程中所使用的建筑材料、半成品、构件和配件等。建筑材料根据其在施工过程中的用途和作用，一般分为基本材料和辅助材料两大类。基本材料是指直接用于建筑产品的材料。辅助材料是指施工过程中消耗的材料，它不是建筑产品的组成部分，如油漆工用的砂纸、机械工作时用的各种油料等。消耗材料是指施工过程中需用、工程完后全部消耗掉的材料，如发动机用的燃料油、炸药、清洗机械的油类、破布、棉纱头等。

施工过程中所使用的材料，应符合现行材料检验标准。如果某一施工过程中使用的材料、构配件等不符合规定的要求，需要另行加工者，其所需消耗时间不计入本施工过程的正常消耗时间。

劳动工具是施工过程中的工人用以改变劳动对象的手段。劳动工具可分为三大类：手动工具、机具和机械。机具和机械的不同点在于机具不设置床身，操作时拿在工人手中。有的简单机具没有发动机（如绞磨、千斤顶、滑轮组等），是用来改变作用力的大小和方向的。在研究施工过程中，应把机具和机械加以区分。

除了劳动工具以外，在许多施工过程中还要使用用具。用具是用来使劳动者、劳动对象、劳动工具和产品处于必要的位置上。如电器安装工程使用的人字梯、木工使用的工作台、砖瓦工使用的灰浆槽等。

在施工过程中，有时还要借助自然和人为的作用，使劳动对象发生物理和化学变化。如混凝土的养护、预应力钢筋的时效、石灰砂浆的变硬过程等。

对施工过程中的劳动者、劳动工具、劳动对象以及自然过程中的各个环节、阶段和工序的优化合理安排，使施工过程在空间上、时间上衔接平衡，紧密配合，形成一个协调的建筑、安装和装饰产品施工系统，才能保证产品生产工艺流程最短、时间最省、消耗最少，并按预先规定的工程结构、质量、数量和期限等全面完成施工生产任务或工程项目承包合同。

2.1.2 施工过程的分类

根据不同的标准和需要，施工过程的分类如下：

(1) 按施工过程的专业性质和内容不同，可以分为建筑过程、安装过程和建筑安装过程。

1) 建筑过程。指工业民用建筑的新建、恢复、改建、移动或拆除的施工过程。

2) 安装过程。指安装工艺和科学实验等设备的施工过程，以及用大型预制构件装配工业和民用建筑的施工过程。

3) 建筑安装过程。由于现代建筑技术的发展和新型建筑材料的采用，建筑水、暖、电设施和各种工厂预制的装配式结构在建筑施工中占的地位越来越重要，建筑过程和安装过程往往交错进行，难以区别。在这种情况下进行的施工过程就称为建筑安装过程。

(2) 按施工过程的完成方法和手段不同，可以分为手工操作过程（手动过程）、机械化过程（机动过程）和机手并动过程（半自动化过程）。

1) 手动过程。指劳动者从事体力劳动，在无任何动力驱动的机械设备参与下所完成的施工过程。

2) 机动过程。指劳动者操纵机器所完成的施工过程。

3) 机手并动过程。指劳动者利用由动力驱动的机械所完成的施工过程。

(3) 按施工过程劳动组织特点不同，可以分为个人完成的过程、小组完成的过程和工作队完成的过程。

(4) 根据施工过程组织上的复杂程度不同，可以分为工序、工作过程和综合工作过程。

1) 工序。工序就是施工过程中在组织上不可分开、在操作上属同一类的作业环节。其主要特征是劳动者、劳动对象和使用的劳动工具均不发生变化。

如果其中一个发生变化，就意味着从一个工序转入了另一个工序。从劳动全过程看，工序一般是由一系列的操作组成的，每一个操作往往又是由一系列的动作来完成的。

完成一项施工活动一般要经过若干道工序，如现浇钢筋混凝土梁、柱就需要经过支模板、绑扎钢筋、浇灌混凝土这三个工艺阶段，而每一阶段又可划分为若干工序：支模板可分为模板制作、安装、拆除；绑扎钢筋可分为钢筋制作、绑扎，其中钢筋制作又可再分为平直、切断、弯曲；浇灌混凝土可分为混凝土搅拌、运输、浇灌、振捣等。在这些工序前后，还有搬运和检验工序。

工序可以由一个工人来完成，也可以由小组或几名工人协同完成；可以由手动完成，也可以由机械操作完成。在机械化的施工工序中，又可以包括由工人自己完成的各项操作和由机械完成的工作两部分。

工序是组成施工过程的基本单位，也就成为制定定额的基本对象，其劳动方式与制定劳动定额密切相关。因为在各种不同的工序中，影响劳动效率高低的因素各有特点，只有掌握这些特点，才便于科学地制定定额。如手动作业，工作效率低、工人易疲劳，就应考虑机械化施工的可能性，并注意研究改进操作方法和合理地规定休息时间。而机动作业时，劳动效率主要取决于机械能力的有效利用，就应着重研究如何合理地、正确地使用机械设备。

实行机械化作业，可以大大提高劳动生产率并减轻工人的劳动强度。因此，研究采用机械设备来替代施工活动中的手工劳动，是定额测定工作中应特别注意的。

2）工作过程。工作过程是由同一工人或同一小组所完成的在技术操作上相互有机联系的工序的组合。其特点是劳动者、劳动对象不发生变化，而使用的劳动工具可以变换。例如，砌墙和勾缝，抹灰和粉刷。

3）综合工作过程。综合工作过程又称复合施工过程，是指在施工现场同时进行的，在组织上有直接联系的，为完成一个最终产品结合起来的各个工作过程的综合。例如，砌砖墙这一综合工作过程，由调制砂浆、运砂浆、运砖、砌墙等工作过程构成，它们在不同的空间同时进行，在组织上有直接联系，并最终形成的共同产品是一定数量的砖墙。

施工过程的工序或其组成部分，如果以同样的内容和顺序不断循环，并且每重复一次循环可以生产出同样的产品，则称为循环施工过程。反之，则称为非循环施工过程。

2.1.3 施工过程研究

1. 施工过程研究

对施工过程进行研究，是在施工过程分类的基础上进行的。它是从工作方法的角度，对被研究的施工过程展开系统的、逐项的分析、记录和考察、研究，以求得在现有设备技术的条件下，改进落后和薄弱的工作环节，获得更有效、更简便和更经济的施工程序和方法。施工过程研究也是制定和推行施工定额必要的基础和条件。

施工过程的研究常常采用模型分析的方法。模型可分为实物模型（包括足尺模型和缩尺模型）、图式模型和数学模型三种。其中图式模型是一种传统的、常用的基本方法。

用图式模型分析施工过程，可以利用多种图式和图表。其中经常采用的是线图和各种程序图。

（1）线图适用于研究流动作业型的施工过程。所谓流动作业，系指材料在施工过程中由一台机械转移到另一台机械，或由一个工人转移到另一个工人，直到达到一定目的为止的作业。利用线图分析流动作业，是在平面图或立面图上，标明机械或作业的位置、容量以及运输方法。

（2）流程程序图适用于分析和研究连续作业型的施工过程。

在工程流程程序图中，视机械和工人为静止状态，物料采取平面运输。图 2-1 是以混凝土垫层工程为例所作的流程程序图。

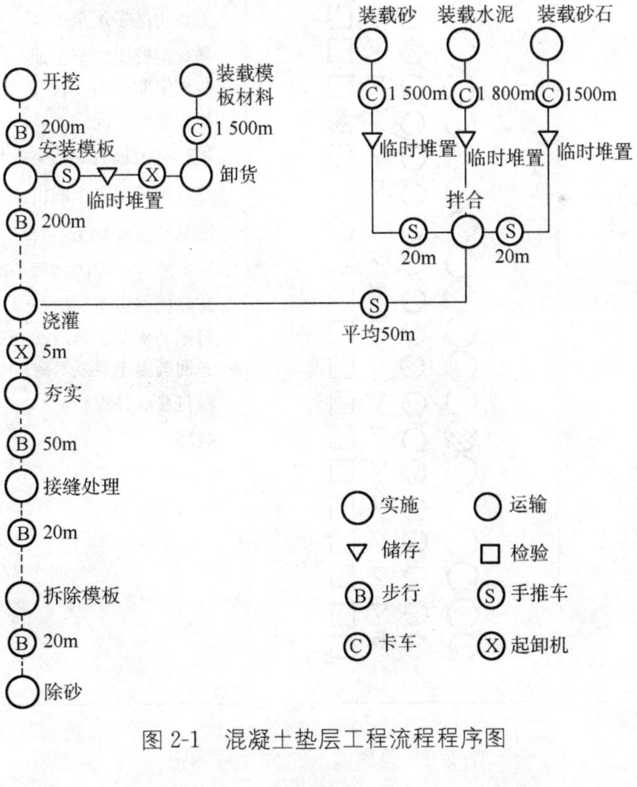

图 2-1　混凝土垫层工程流程程序图

流程程序图对于机械位置的描绘虽然不甚详尽，但是对于施工过程中的运输、平行的作业，以及各作业之间的关系，指示得很清楚，并且明确标明了施工顺序。在流程程序图中一般使用以下符号区分施工过程的性质：

大圆○：表示施工；

小圆○：表示运输；

三角形▽：表示储存或延误；

正方形□：表示检验；

实线——：表示工作物或材料的移动；

虚线------：表示假想行为和与相关作业的距离；

数字：表示距离。

（3）作业程序图通常是以完成某项工作为目的，通过人和机械来表示材料的移动程序。所使用的符号与流程程序图相同。以泵送混凝土的作业程序图为例，见图 2-2。

距离（m）	时间（min）	图表符号	工作记录
70	60	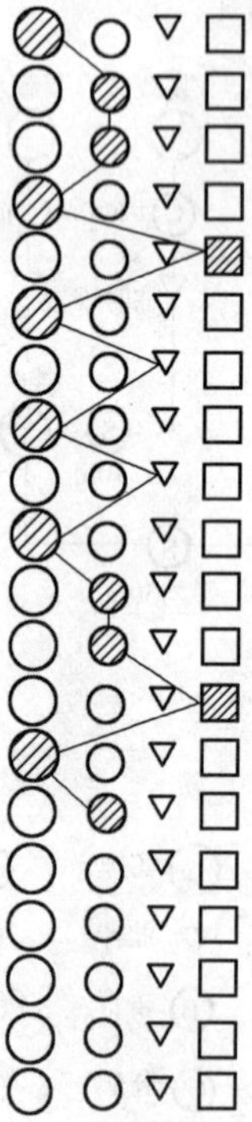	准备滑斗、振动机、工具等
50	15		上述物品搬运至工地
300	15		搬运混凝土泵至工地
	90		装配混凝土泵、管等
	30		检查装配情况
	30		进行机械最后的调整工作
	20		等待预拌混鞋土的供应
30	360		用泵输送混凝土
	80		正常的时间损失（每小时 10min）
	45		卸除机械设备、清扫
50	15		将振动机及工具送回仓库
300	10		送回混凝土泵及其附件
			进行最后检查
	15		整理
50	10		工人撤离

图 2-2　泵送混凝土作业程序图

用图 2-2 研究施工过程，要注意研究对象的单一性，同时要注意无遗漏地反映施工过程中的所有步骤。

对各种图式模型进行详尽分析研究的目的，是检查有哪些作业是属于不必要的、重复的，哪些是无效劳动等，以便拟定改善的措施。为了进行认真系统的分析，往往提出下列问题逐项研究：

1）做些什么？

2）为什么执行该项工作？

3）执行该项工作为什么必须花费那样多时间？

4）其他人执行该项工作能否做得更好？

5）若在其他场地执行是否更经济？

6）该项工作在何时进行？能否考虑到更有效率的顺序？

7）利用机械代替人工，或使用其他类型的机械是否能使之更简单、更容易？

2. 施工过程中动作的研究

对施工过程的研究除采用各种模型分析外，还可以进行动作研究，特别是对动素和动作经济原理的研究，可有效提高劳动效率、减轻疲劳。

（1）施工操作和施工动作

从施工过程和组织上看，工序是工艺方面最基本、最简单的施工过程。但从劳动全过程看，工序是由一系列的操作组成的，而每一操作往往又是由一系列的动作来完成的。如图 2-3 所示。

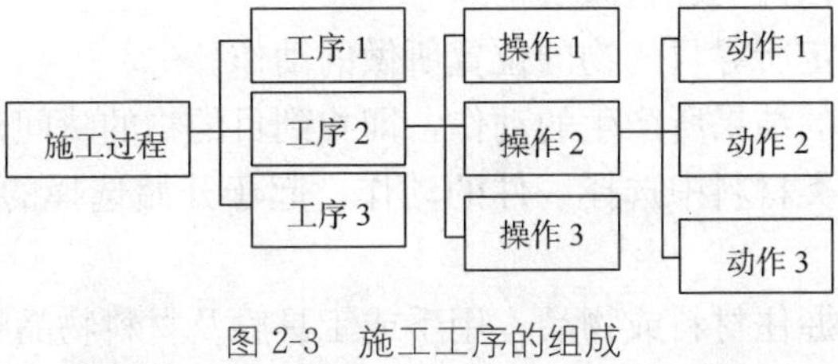

图 2-3　施工工序的组成

1）施工操作。施工操作是一个动作接一个施工动作的综合。例如，“弯曲钢筋”工序，系由“把钢筋放在工作台上”、“对准位置”、“弯曲钢筋”、“把弯好的钢筋放置一边”等操作组成。

由于组成工序的各个操作具有不同的目的和作用，操作又分为基本操作和辅助操作。基本操作是直接为实现某一工序的工艺要求为目的而进行的操作，即工人利用劳动工具作用于劳动对象，使其性能、结构、形状或位置等发生变化的操作；辅助操作是为了保证工序顺利完成，除基本操作外必需进行的其他各种操作。一个操作划分为基本操作还是辅助操作，不是绝对的，应根据具体情况而定。如用线锤检验柱模板安装的垂直度，对于模板工来说，它是辅助操作；但对质检员来说，则是基本操作。

组成一个工序的各个操作，在很多情况下，既可逐一进行，也可同时进行。在同时进行的条件下，一个操作可以全部或部分的与另一操作交叉，交叉操作的结果，可以缩短完成工序所需的生产周期。

2）施工动作。施工动作是施工工序中最小的可以测算的部分，是工人接触材料、构配件等劳动对象的举动，目的是使之移位、固定或对之进一步加工。例如，“把钢筋放在工作台上”这一操作，由“走向放钢筋处”、“拿起钢筋”、“返回工作台”、“把钢筋靠近立柱”等动作组成。

每一个动作和操作都是完成施工工序的一部分，而动作又由许多动素组成。

（2）动素

动素是动作最小的自然分割，动作就是基本动素的集合。动作分成动素后，动素就是劳动活动的最简单的因素，其消耗时间的均值可在不同的操作中采用。如上述“从堆放处拿起模板”这一动作，可分解为下列几个动素：伸手、抓握、移物（拿起模板返回安装位置）、放手（将模板放下）。

（3）施工过程中动素的研究

动素的研究亦称细微动作的研究，由美国吉尔布雷斯首创。它是把人的手和身体在施工中的动作分成更为细小的部分加以研究，其目的一是改善复杂的操作方法，二是训练工人，使之有动作的概念。

为了研究的方便，动素研究把人体动作分解为 18 项动素，并对每项动素规定了字母符号和象形符号。其内容是：

1）寻找：为确定所寻目的物的位置所做的动作。

2）发现：寻找的结果所产生的动作，即找到目的物的瞬间动作。

3）选择：在同类材料中选择一件的动作，起于开始选择的瞬间，迄于选定的瞬间。

4）握取：为了握住材料或物品，用手或工具触及材料物品时的动作。

5）运实：手拿材料或物品由一处移至另一处的动作。

6）对准：校正物品位置的动作。

7）装配：为了组合两个以上物品的动作。

8）应用：利用器具或设备做的动作。

9）拆卸：分解两个以上物品的动作。

10）检验：将产品或材料等与有关标准比较的动作。

11）预对：工具等使用后放置适当位置，以备下次使用的动作。

12）放手：将手里的物件放掉的动作。

13）运空：为取物而做的空手移动的动作。

14）休息：为消除疲劳而作的休息，起于停止操作的瞬间，迄于恢复操作的瞬间。

15）延迟：因待料、待检等原因造成工人无工作状态，起迄时间同休息。

16）故延：由于工人的原因引起操作停止，起迄时间亦同休息。

17）计划：为了计划作业方法而引起的操作延迟的动作起于考虑开始的瞬间，迄于计划决定的瞬间。

18）持住：握住东西不动的状态，起于握取动作终了并且不动的瞬间，迄于放手或移动的瞬间。

逐项分析动素，要借助于测时。动素的时间测定要使用微秒计，通常以 1/2 000min 为单位，称为闪时。由于时间太短，不能直接测量，而要通过影片分析，才能获得微秒计上的指示数。

（4）施工过程动作经济原理研究

所谓动作的经济原理，就是对人体各部分的利用，以尽可能较为舒适、不易疲劳为原则。例如手动的最大工作面积，右手以右肩为轴心所划的半圆弧，左手以左肩为轴心所划的半圆弧。两个半圆弧的集合是最大的工作面积，长度约 150cm，宽度约 51cm，取物时躯干可以不动。以手肘为轴心所划弧的集合，长度约为 120cm，宽度约为 40cm，取物时工人上臂可以不动。因此，应注意把需用物品放置在工人的近旁，避免全身运动。

对动作经济原理的研究，把人体的运动部位分为 5 部分，见表 2-1。

动作经济原理研究对人体运动部位的划分 表 2-1

级　别	枢　轴	运动部位
1	指节	手指
2	手腕	手及手指
3	手肘	前臂、手及手指
4	肩膀	上臂、前臂、手及手指
5	身躯	躯干、上臂、前臂、手及手指

动作经济原则有下列各项：

1）基本原则：①排除不必要的动作；②动作要最适合身体的部位；③动作距离要最短；④尽量利用反作用力与惯性；⑤合并两个以上动作；⑥利用动力和重力；⑦双手动作应同时开始、同时结束；⑧双手应反方向或相对方向动作；⑨视线尽量少移动。

2）工作地点的准备：①不影响作业情况下工作地点尽量缩小；②工人的工作位置要适当；③材料、工具应按作业顺序固定放置在工人近旁，处于易于取得状态。

3）材料和器具的利用：①运输材料尽量利用重力；②利用适当的容器、器具和模具；③简单作业或费力作业，尽量用脚操作。

4）模具和机械设计：①机械操作位置，应取舒适又不易疲劳的身体运动部位；②机械的移动方向与运动方向应一致；③两个以上工具组合成一个使用。

动素和动作经济原理的研究运用到施工中，将会获得巨大的效益。吉尔布雷斯在他的动作和时间研究中曾经仔细地分析了砌砖过程的每一个动作，研究影响操作速度和疲劳程度的任何一个细小的因素，一个一个地排除那些不必要的动作，用快动作代替慢动作，他设计出工人每只脚的精确位置和灰浆、砖放置的最佳位置，并且设计了可以调整高度的放置材料的支架，设置辅助工人负责调整支架到最佳高度，由一名工人将运来的砖进行分类并将砖的最佳边缘朝上以利于快速抓取，灰浆调制到合适的稀稠度，训练砌砖工双手同时并用。这样吉尔布雷斯就将砌砖工原先砌一块砖需要的18个动作压缩到5个动作。在建造一幢砖结构的建筑物时，他运用了这一研究成果，结果表明，新方法比老方法的砌砖速度快了近2倍（新方法每人每小时砌350块，老方法每人每小时砌120块砖）。

2.1.4 影响施工过程的因素

在建筑安装施工过程中，生产效率受到诸多因素的影响。受这些因素的影响，导致同一单位产品的劳动消耗量不尽相同。因此，有必要对影响施工过程的有关因素进行分析，以便在测定和整理定额数据时更合理地确定单位产品的劳动消耗量。

1. 劳动力方面

有关劳动者的自然素质和社会素质。例如，劳动者身体健康状况、智力状况、劳动者的科学技术水平和熟练程度、劳动态度、劳动纪律等，劳动者的脑力与体力的支出要符合劳动保护和劳动卫生标准，以利于劳动能力和技能的正常发挥。

2. 劳动工具方面

即生产工具，它是劳动者在生产过程中用来对劳动对象进行加工的物体。劳动工具的先进与落后，以及它的效能的发挥，直接影响企业生产力的发展水平，例如施工生产的机具设备等。充分发挥这些机具设备的效能，有利于提高劳动生产率和经济效益。

3. 劳动对象

它是在生产过程中，劳动者把劳动作用于上面的东西并使之成为人们需要的物质资料。例如，施工生产所需要的原料、材料的品种规格等。劳动对象的质量与种类直接影响到工程的质量与设计的要求。

4. 劳动条件与环境

劳动者所处的劳动条件和周围的劳动环境，直接关系到劳动者身心健康、安全卫生和劳动效率。例如，劳动强度、照明、温度、通风、湿度、气候、噪音、粉尘、有毒气体等，企业应加强劳动保护，安全卫生工作，不断改善劳动条件和环境，保障劳动者在劳动过程中的安全和健康，提高劳动效率。

5. 企业经营管理方面

企业经营管理水平的高低，对工人完成定额、实现先进合理劳动定额水平关系极大。例如，施工及工艺要求、施工及工艺方法、合理劳动组织、定额考核制度、劳动报酬的形式、工资奖励的分配、工作时间和工作场地的组织等。企业应克服薄弱环节，不断改善企业经营管理，为工人实现先进合理劳动定额水平创造良好的条件。

研究施工过程中各种不同因素对于时间消耗的影响，是施工定额工作的基本任务之一。因为一项活动延续时间的长短，决定于施工过程的结构以及影响施工过程各组成部分时间消耗的因素。只有对这些因素详细的了解，才能发现与消除不利因素，进一步考虑各因素之间的有利结合，减少完成施工活动的时间消耗量。

2.2 工作时间消耗的分类

工作时间指的是工作班延续时间。对工作时间消耗的研究，可以分为两个系统进行。即工人工作时间的消耗和工人所使用的机器工作时间消耗。

研究施工中的工作时间，最主要的目的是确定施工的时间定额和产量定额，研究施工中工作时间的前提，是对工作时间按其消耗性质进行分类，以便研究工时消耗的数量及其特点。

2.2.1 工作时间及其消耗的概念

工作时间研究就是将劳动者在整个生产过程中所消耗的工作时间，根据性质、范围和具体情况，予以科学的划分、归纳，明确哪些属于定额时间，哪些属于非定额时间，找出造成非定额时间的原因，以便采取技术和组织措施，消除产生非定额时间的因素，以充分利用工作时间，提高劳动效率。

所谓工作时间，就是工作班的延续时间。工作时间是按现行制度规定的，例如8小时工作制的工作时间就是8小时，午休时间不包括在内。

研究工作时间消耗量及其性质，是技术测定的基本步骤和内容之一，也是编制劳动定额的基础工作。

2.2.2 工人工作时间消耗的分类

工人在工作班内消耗的工作时间，按其消耗的性质，基本可以分为两大类：必需消耗的时间和损失时间。

必需消耗的时间是工人在正常施工条件下，为完成一定合格产品（工作任务）所消耗的时间。它是制定定额的主要根据。

损失时间，是和产品生产无关，而和施工组织和技术上的缺点有关，与工人在施工过程的个人过失或某些偶然因素有关的时间消耗。

工人工作时间一般按图 2-4 所示进行分类。从图中可以看出，必需消耗的工作时间里，包括有效工作时间、休息和不可避免中断时间的消耗。

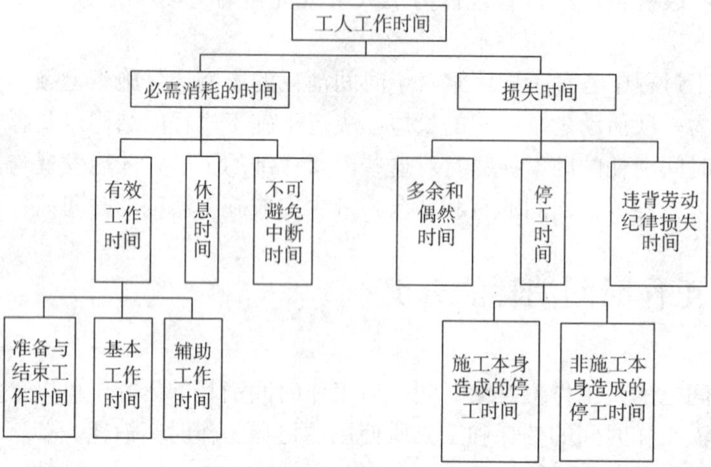

图 2-4 工人工作时间分类图

有效工作时间是从生产效果来看与产品生产直接有关的时间消耗。其中包括基本工作时间、辅助工作时间、准备与结束工作时间的消耗。

基本工作时间是工人完成能生产一定产品的施工工艺过程所消耗的时间。通过这些工艺过程可以使材料改变外形结构与性质，可以使预制构配件安装组合成型，也可以改变产品外部及表面的性质。基本工作时间所包括的内容依工作性质各不相同，基本工作时间的长度和工作量大小成正比例。

辅助工作时间是为保证基本工作能顺利完成所消耗的时间。在辅助工作时间里，不能使产品的形状大小、性质或位置发生变化。

准备与结束工作时间是执行任务前或任务完成后所消耗的工作时间。如工作地点、劳动工具和劳动对象的准备工作时间、工作结束后的整理工作时间等。

不可避免的中断所消耗的时间是由于施工工艺特点引起的工作中断所必需的时

间。与施工过程工艺特点有关的工作中断时间，应包括在定额时间内，但应尽量缩短此项时间消耗。与工艺特点无关的工作中断所占用时间，是由于劳动组织不合理引起的，属于损失时间，不能计入定额时间。

休息时间是工人在工作过程中为恢复体力所必需的短暂休息和生理需要的时间消耗。这种时间是为了保证工人精力充沛地进行工作，所以在定额时间中必须进行计算。休息时间的长短和劳动性质、劳动条件、劳动强度和劳动危险性等密切相关，它在施工过程中是必要的、合理的、合法的。实际工作中，一般根据上述条件，为每工作班规定一定比例的休息和生理需要时间。

在图 2-4 中还可以看出，损失时间中包括有多余和偶然工作、停工、违背劳动纪律所引起的工时损失。

多余工作，就是工人进行了任务以外的工作而又不能增加产品数量的工作。如重砌质量不合格的墙体。多余工作的工时损失，一般都是由于工程技术人员和工人的差错而引起的，因此，不应计入定额时间中。偶然工作也是工人在任务外进行的工作，但能够获得一定产品。如抹灰工不得不补上偶然遗留的墙洞等。从偶然工作的性质看，在定额中不应考虑它所占用的时间，但是由于偶然工作能获得一定产品，拟定定额时要适当考虑它的影响。

停工时间是工作班内停止工作造成的工时损失。停工时间按其性质可分为施工本身造成的停工时间和非施工本身造成的停工时间两种。施工本身造成的停工时间，是由于施工组织不善、材料供应不及时、工作面准备工作做得不好、工作地点组织不良等情况引起的停工时间。非施工本身造成的停工时间，是由于停电等外因引起的停工时间。

违背劳动纪律造成的工作时间损失，是指工人迟到、早退、擅离工作岗位、工作时间内聊天等造成的工时损失。

2.2.3 机械工作时间消耗的分类

在机械化施工过程中，对工作时间消耗的分析和研究，除了要对工人工作时间的消耗进行分类研究之外，还需要分类研究机械工作时间的消耗。

机械工作时间的消耗，按其性质可作如下分类，如图 2-5 所示。

从图中可以看到，机械工作时间也分为必需消耗的时间和损失时间两大类。

在必需消耗的工作时间里，包括有效工作，不可避免的无负荷工作和不可避免的中断三项时间消耗。而在有效工作的时间消耗中又包括正常负荷下、有根据地降低负荷下和低负荷下工作的工时消耗。

不可避免的无负荷工作时间，是由施工过程的特点和机械结构的特点造成的机械无负荷工作时间。例如，筑路机在工作区末端调头等，就属于此项工作时间的消耗。

不可避免的中断工作时间，与工艺过程的特点、机械的使用和保养、工人是否休息有关。

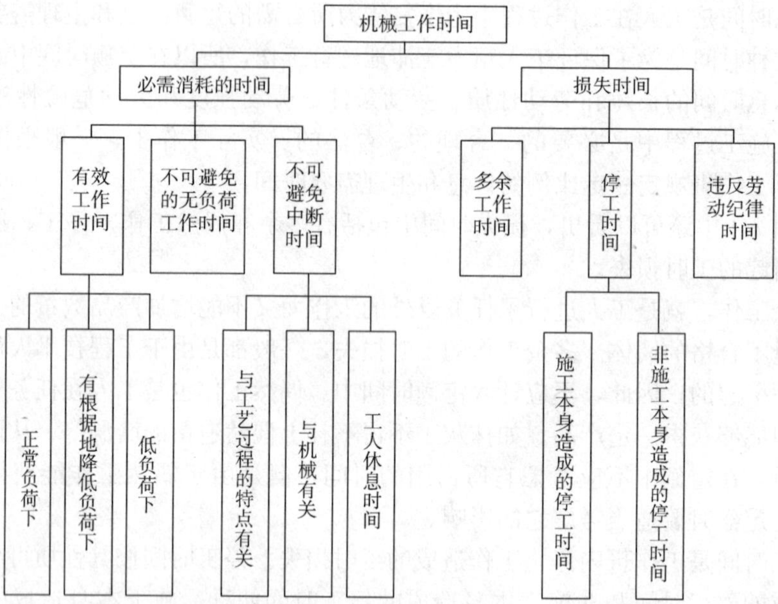

图 2-5 机械工作时间分类图

损失的工作时间中，包括多余工作、停工和违背劳动纪律所消耗的工作时间。

机械的多余工作时间，一是机械进行任务内和工艺过程内未包括的工作而延续的时间。如工人没有及时供料而使机械空运转的时间。二是机械在负荷下所做的多余工作，如混凝土搅拌机搅拌混凝土时超过规定搅拌时间，即属于多余工作时间。

机械的停工时间，按其性质也可分为施工本身造成和非施工本身造成的停工。前者是由于施工组织得不好而引起的停工现象，如临时没有工作面；未能及时供给机械用水；未及时供给机械燃料而引起的停工。后者是由于气候条件所引起的停工现象，如暴雨时压路机的停工。上述停工中延续的时间，均为机械的停工时间。

违反劳动纪律引起的机械的时间损失，是指由于工人迟到、早退或擅离岗位等原因引起的机械停工时间。

只有对施工过程进行分类研究，把施工过程划分为便于考察和研究的对象，才可以详细考察施工过程的技术组织条件，观察其工时消耗的性质和特点；只有把工作班延续时间按其消耗性质加以区别和分类，才能划分必需消耗时间和损失时间的界限，为拟定定额建立科学的计算依据，也才能明确哪些工时消耗应计入定额，哪些则不应计入定额。

2.3 施工过程和工作时间的研究

2.3.1 基本概念

工作时间研究就是将劳动者在整个生产过程中所消耗的工作时间，根据性质、范围和具体情况，予以科学的划分、归纳，明确哪些属于定额时间，哪些属于非定额时间，找出造成非定额时间的原因，以便采取技术和组织措施，消除产生非定额时间的因素，以充分利用工作时间，提高劳动效率，并为制定劳动定额提供依据。

2.3.2 施工过程分析

施工过程就是在施工现场进行的生产过程，每个施工过程的结果都获得一定的产品，该产品可能是改变了劳动对象的外表形态、内部结构或性质，也可能是改变了劳动对象的位置等。

施工过程中所获得的产品必须符合建筑结构设计及现行技术规范的要求。只有合格的产品才能计入施工过程中消耗工作时间的劳动成果。

任何一种产品的产出，都要经过一定的生产过程。工业企业的产品生产过程通常是指从生产某种产品的准备工作起，将原材料或半成品投入生产，一直到生产出产品的全部过程。

在建筑企业，一般将建筑产品的生产过程称为施工过程，它是在建筑工地范围内进行的生产活动。而建筑企业中专门从事建筑构件、配件的加工生产的过程仍称为生产过程。

建筑产品的施工过程包括劳动过程和自然过程。所谓劳动过程是指劳动者借助于一定的劳动手段，作用于劳动对象，使之按照人们预定的目的，成为质量合格的建筑产品的过程。所以，劳动过程是一切施工过程的基础，施工过程就是彼此相联系的劳动过程的总和。但在施工过程中，有的产品还需借助于自然力的作用，使之按照人们预期的目的发生某些物理或化学的变化，这就是自然过程。如混凝土浇注后的凝结硬化、预应力钢筋的时效以及门窗油漆的干燥过程等。这些自然过程对于建筑产品生产也是不可缺少的。因此，在通常情况下，施工过程是由许多相互联系的劳动过程与自然过程相结合的过程。

建筑企业的施工过程是各种建筑产品施工过程的总和。一方面它是原材料、燃料、动力、劳动力等生产要素的不断输入；另一方面是建筑产品和加工性作业的不断输出。它是社会物质生产过程不可缺少的一部分。

建筑企业的施工过程根据各阶段工作在产品形成中所起作用，一般可分为：

(1) 施工准备过程。是指建筑过程在施工前或产品在投入生产前所进行的各种技术、组织等准备工作。如编制施工组织设计、编制工程预算、机械设备进场、劳动力的调配和组织、原材料的采购等。

(2) 基本施工过程。是指为完成建筑工程或产品所必需进行的生产活动。如房屋建筑公司的墙体砌筑、门窗安装等；机械施工公司的建筑物基础打桩、构件吊装等；设备安装公司的管道铺设、电器照明安装等；市政工程公司的道路修筑、桥涵堤防等；构件公司的预制构件生产、门窗制作等。

(3) 辅助施工过程。是指为保证基本施工过程正常进行所必需的各种辅助性生产活动。如施工中临时道路的铺筑、临时供水、照明设施的安装、机械设备的维修保养等。

(4) 施工服务过程。是指为保证实现基本和辅助施工过程所需要的各种服务活动。如原材料、半成品、机具等的供应、运输和保管，现场清理等。

上述四部分既有区别，又互相联系，其核心是基本施工过程。它是企业主要生产活动，代表着企业的专业方向，是按不同专业类型划分建筑企业的主要依据。

如前述，建筑产品的施工过程包括劳动过程和自然过程，而劳动过程又可分为：

(1) 工艺工程。指直接改变劳动对象的性质、形状、位置等，使其成为预期的建筑产品的过程。如房屋建筑中的挖基础、砌砖墙、粉刷墙面、安装门窗等。由于工艺过程是施工过程中最基本的内容，因而它是工作研究和制定劳动定额的重点。

(2) 搬运过程。指将原材料、半成品、构件、机具设备等从某处移动到另一处，保证施工作业顺利进行的过程。但操作者在作业中随时拿起或存放在工作地的材料等，是工艺过程的一部分，不应视为搬运。如砌砖工将已堆放在砌筑地点的砖块拿起砌在砖墙上，这一操作就属于工艺过程，而不应视为搬运过程。

(3) 检验过程。主要包括对原材料、半成品、构配件等的数量、质量进行检验，判定其是否合格、能否使用；对施工活动的成果进行检测，判别其是否符合质量要求；对混凝土试块、关键零部件进行测试以及作业前对准备工作和安全措施进行检查等。检验工作一般分为自检、互检和专业检。

此外，由于生产技术、劳动组织、施工管理等各种原因的影响，施工过程难免出现操作时的停顿或工序之间的延误等劳动过程中断的现象，统称为停歇过程。

在生产活动中，上述过程交错地结合在一起，构成了施工过程复杂的组织形式。

2.3.3 工作时间研究的方法

工时研究的方法主要有计时观察法、测时法、写实记录法、工作日写实法、工作抽查法等。

1.计时观察法

（1）计时观察法的含义

计时观察法，是研究工作时间消耗的一种技术测定方法。它以研究工时消耗为对象，以观察测时为手段，通过密集抽样和粗放抽样等技术进行直接的时间研究。计时观察法运用于建筑施工中，是以现场观察为特征，所以也称之为现场观察法。

计时观察法适宜于研究人工手动过程和机手并动过程的工时消耗。

计时观察法的特点，是能够把现场工时消耗情况和施工组织技术条件联系起来加以考察。它在施工过程分类和工作时间分类的基础上，利用一整套方法对选定的过程进行全面观察、测时、计量、记录、整理和分析研究，以获得该施工过程的技术组织条件和工时消耗的有技术根据的基础资料，分析出工时消耗的合理性和影响工时消耗的具体因素，以及各个因素对工时消耗影响的程度。所以，它不仅能为制定定额提供基础数据，而且也能为改善施工组织管理、改善工艺过程和操作方法、消除不合理的工时损失和进一步挖掘生产潜力提供技术依据。计时观察法的局限性，是考虑人的因素不够。

（2）计时观察方法

对施工过程进行观察、测时，计算实物和劳务产量，记录施工过程所处的施工条件和确定影响工时消耗的因素，是计时观察法的三项主要内容和要求。计时观察法种类很多，其中最主要的有三种，即测时法、写实记录法和工作日写实法，见图 2-6。

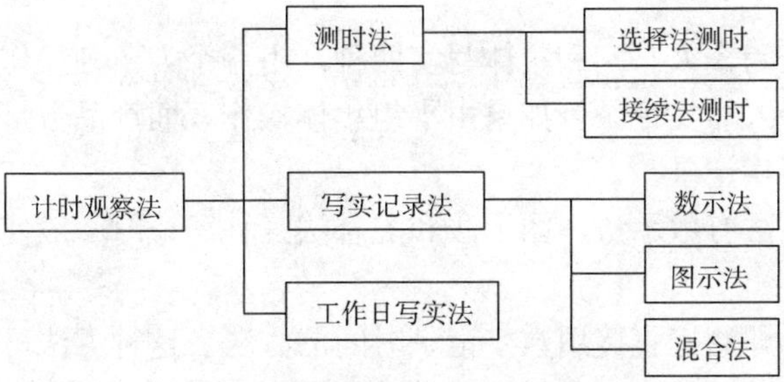

图 2-6　计时观察法的种类

2.测时法

测时法主要适用于测定那些定时重复的循环工作的工时消耗，是精确度比较高的一种计时观察法。分为选择法和接续法两种。

（1）接续法测时。它是连续测定一个施工过程各工序或操作的延续时间。接续法测时每次要记录各工序或操作的终止时间，并计算出本工序的延续时间。

接续法测时也称作连续法测时。它比选择法测时准确、完善，但观察技术也较之复杂。它的特点是，在工作进行中和非循环组成部分出现之前一直不停止秒表，秒针走动过程中，观察者根据各组成部分之间的定时点，记录它的终止时间。由于这个特点，在观察时，要使用双针秒表，以便使其辅助针停止在某一组成部分的结束时间上。

（2）选择法测时。它是间隔选择施工过程中非紧密连接的组成部分（工序或操作）测定工时，精确度达 0.5s。

选择测时法也称为间隔测时法。采用选择法测时，当被观察的某一循环工作的组成部分开始，观察者立即开动秒表，当该组成部分终止，则立即停止秒表。然后把秒表上指示的延续时间记录到选择法测时记录（循环整理）表上，并把秒针拨回到零点。下一组成部分开始，再开动秒表，如此依次观察，并依次记录下延续时间。

采用选择法测时，应特别注意掌握定时点。记录时间时仍在进行的工作组成部分，应不予观察。当所测定的各工序或操作的延续时间较短时，连续测定比较困难，用选择法测时比较方便而简单。

3. 写实记录法

写实记录法可用以研究所有种类的工作时间消耗，包括基本工作时间、辅助工作时间、不可避免的中断时间、准备与结束时间以及各种损失时间。通过写实记录可以获得分析工作时间消耗和制定定额时所必需的全部资料。这种测定方法比较简便、易于掌握，并能保证必需的精确度。因此，写实记录法在实际中得到了广泛应用。

写实记录法分为个人写实和集体写实两种。由一个人单独操作或产品数量可单独计算时，采用个人写实记录。如果由小组集体操作，而产品数量又无法单独计算时，可采用集体写实记录。

记录时间的方法有数示法、图示法和混合法三种。记时一般使用有秒针的普通记时表即可。

（1）数示法。即测定直接用数字记录时间的方法。这种方法可同时对两个以内的工人进行测定，适于组成部分较少而且比较稳定的施工过程。

（2）图示法。图示法是在规定格式的图表上用时间进度线条表示工时消耗量的一种记录方式，精确度可达 30s，可同时对 3 个以内的工人进行观察。

（3）混合法。混合法记录时间的方法，吸取了图示法和数示法的优点，用图示法的表格记录所测施工过程各组成部分的延续时间，而完成每一组成部分的工人个数则用数字予以表示。这种方法适用于同时观察三个以上工人工作时的集体写实记录。它的优点是比较经济，这一点是数示法和图示法都不能做到的。

4. 工作日写实法

工作日写实法是对一个操作工人、一个班组或一台机械在一个工作日中全部活动的工时利用情况，按照时间消耗的顺序进行实地观察、记录和分析研究的一种测定方法。它侧重于研究工作日的工时利用情况，为制定人工定额提供必须的准备与结束时间、休息时间和不可避免的中断时间的资料。同时采用工作日写实法，在详细调查工时利用情况的基础上，分析哪些时间消耗对生产是有效的，哪些时间消耗是无效的，找出工时损失的原因，拟订改进的技术和组织措施，消除引起工时损失的因素，促进劳动生产效率的提高。

根据写实法对象的不同，工作日写实法可分为个人工作日写实，小组工作日写实和机械工作日写实等三种。

工作日写实法有两个缺点：第一是由于有观察人员在场，即使在观察前作了充分的准备，仍不免在工时利用上有一定的虚假性，第二是工作日写实法的观察工作量大，费时较多，费用亦较高。

写实记录法、测时法以及工作日写实法的具体做法见第三章内容。

5. 工作抽查法

(1) 工作抽查法的概念

工作抽查法亦称抽样调查法，是用统计学中抽样方法的原理来研究机械的活动情况和消耗时间。这种被抽查的活动，可以是一个操作工人（或班组、或机械）在生产某一产品中的全部活动过程中每一活动的消耗时间，也可以是其中一项活动的消耗时间。因此，抽样完全可以由我们的调查目的和要求来决定。所以它具有以下优点：①抽查工作单一，观察人员思想集中，有利于提高调查的原始数据的质量；②所需的总时间较短，费用可以降低。

工作抽查法的基本原理是概率论。概率论告诉我们，有一类现象，在相同条件下，一系列的试验或观察，而每次的试验和观察的可能结果不止一个，并在试验或观察之前无法预知它的确切结果，但在大量重复试验或观察下，重复工作的活动，对它进行若干次瞬时观察，从这些观察的结果便可认定该项活动是否正常；而累计更多次的瞬时观察结果，便可代表其全部情况。

例如，准备调查一个操作工人或一个班组在一个工作日内的工作情况。其方法是：在指定的工作班时间里（如一周内每天的工作时间为：上午 8：00～12：00，下午 2：00～6：00），任一时间间隔内对若干个操作人员进行观察，将观察的结果进行记录，最后分类进行统计，即可得到每个操作人员的工作情况。

如在一工作日内，对5个操作工人分别随机地观察他们“操作”与“空闲”两个目标，每个人各观察50次，并将观察结果记录在工作情况记录表中，如表2-2。

工作情况观察记录表　　表2-2

观察对象	操作次数记录	空闲次数记录	合计次数			操作率%
			操作	空闲	合计	
1	正正正正正正丅	正正正丅	32	18	50	64%
2	正正正正正正正一	正正下	36	14	50	72%
3	正正正正正正正下	正正丅	38	12	50	76%
4	正正正正正正下	正正正丅	33	17	50	66%
5	正正正正下	正正正正正一	24	26	50	48%

然后分别计算出“合计”的“操作次数”和“空闲次数”，最后算出“操作次数”在50次观察中所占的比重，即操作率。

由上表可得出每个观察对象在一个工作班时间（8h）内利用的和空闲的时间，如：

第一观察对象在一个工作班时间内操作的时间为：

$$8h \times 60min/h \times 64\% = 307min$$

其空闲的时间为：

$$8h \times 60min/h \times 36\% = 173min$$

由上述例子看出，抽样法就是利用概率论与数理统计中的基本概念。即要想了解全日工作的活动情况，并不一定需要全日观察，而只要随机观察一定次数的结果，就可以推出代表全日观察的结果。

当然这个例子是最简单的，由于抽样法是以概率论作为基础，因此就有样本的选取和观察次数的问题。

（2）样本的取样和观察次数的确定

1）样本的抽取。所谓样本，在这里就是对被观察对象的观察结果。首先，对每个对象的观察，在时间上应该是随机的。这样可以避免观察结果的虚假性，较大程度保持其真实性。其次，所选取的样本其工作条件应尽量一致，才能使将来观察的记录数据具有代表性。第三，观察对象的选择应根据抽样的目的来确定。

2）观察次数的确定。

总的来说，当观察对象较多时，对每一个观察对象的观察次数愈多，所得到的结果的正确程度越高。但观察次数越多，则所需要的时间就会越长，同时观察所需要的费用就会增加。因此，观察的次数应根据观察的目的及所要求的正确程度来确定。所谓正确程度，就是在已定的信赖界限内观察结果的精度。例如我们要制定的某一项定额，制定以后在多大的范围内能经过努力完成呢？或者说此定额有多大的真实性呢？这个程度就称为信赖界限，那么他的信赖精度就等于（1－信赖界限）。信赖界限以百分比表示。例如我们在 N 次的观察中，它的信赖程度为 90%，即有 90%的数据是比较接近真实的，也即在 N 次的观察中，它的信赖程度为 90%，于是在 N 个观察记录的数据中有 10%的数据是偏离真实的，这就是精度。

观察次数 N 可按下列公式计算：

$$S = 2\sqrt{\frac{(1-p)}{NP}} \tag{2-1}$$

式中：S——需求的精度；

P——观察事件发生的概率，以小数计；

N——随机观察的总次数。

上式 S、P、N 三个数中，需求精度 S 可以事先根据观察的目的确定，但 P 和 N 仍是两个未知数。因此只能采用逐次逼近法求解，其方法是：先假定一个 P_1 值计算出第一个 N_1。然后经过相当时日的实际观察结果，又可获得一个新的 P_2，再代入公式（2-1），求得第二个 N_2，再以 N_2 的观察次数及实际观察所得的 P 值代入公式（2-1）反求 S，若求得的 S 较原定的精度小时，即可用最后的 P 值和反求的 S 值代入公式（2-1），求得所需的观察次数 N。公式（2-1）证明如下：

随机抽样的精确度，可以从绝对误差和相对误差两个方面去考虑，它的关系式如下：

$$E = S \cdot P \tag{2-2}$$

式中：E——绝对误差；

S——需求的精度（相对误差）；

P——观察事件发生的概率。

决定随机观察次数时，一般以 95%的信赖度进行调整，即假定绝对误差为标准偏差的 2 倍即：

$$E = 2\sigma$$

故得：

$$S \cdot P = 2\sigma$$

根据二项分布的标准差公式：

$$\sigma = \sqrt{\frac{P(1-P)}{N}} \tag{2-3}$$

式中：N——随机观察的总次数。

得：

$$S \cdot P = 2\sqrt{\frac{P(1-P)}{N}}$$

故得：

$$S = 2\sqrt{\frac{(1-P)}{NP}} \tag{2-4}$$

【例 2-1】用抽样测时法调查某一施工机械的闲置时间。要求测得数据的精度为±10%，求应观察的次数 N。

【解】第一步：先假定一个 P 值，或先对该机械随机观察若干次，例如先随机观察 100 次，其中有 25 次是空闲的，则 P_1 为：

$$P_{100} = \frac{25}{100} = 25\% = 0.25$$

第二步：将 P_{100} 值和需求精度 S=10%=0.1 代入公式（2-1），求 N_1。

$$S = 2\sqrt{\frac{(1-P)}{N \cdot P}}$$

$$0.1 = 2\sqrt{\frac{(1-0.25)}{N_1 \times 0.25}}$$

$$N_1 = \frac{4 \times (1-0.25)}{(0.1)^2 \times (0.25)} = 1\,200 \text{ 次}$$

第三步：按 1 200 次的要求，进行观察，假定当观察到 500 次时，其中机械的空闲次数为 150 次，则空闲发生率 P_{500} 为：

$$P_{500} = \frac{150}{500} = 0.3$$

第四步：将 P_{500} 和 S 代入公式（2-1），再求 N_2。

$$0.1 = 2\sqrt{\frac{(1-0.3)}{N_2 \times 0.3}}$$

$$N_2 = \frac{4 \times (1-0.3)}{0.1^2 \times 0.3} = 933$$

第五步：继续观察。由于我们此时的观察次数（500 次）还远小于 933 次，所以还要继续观察。假定观察到 1 000 次，其中空闲次数为 250 次，则其空闲发生率 $P_{1\,000}$ 为：

$$P_{1\,000} = \frac{250}{1\,000} = 0.25$$

由于观察次数已达到需求的次数 N_3，因此，将 $P_{1\,000}$ 和 N_3 代入公式（2-1），反算，可能达到的精度 S_0：

$$S_0 \cdot P_{1\,000} = 2\sqrt{\frac{P_{1\,000}(1-P_{1\,000})}{N}}$$

$$S_0 = 2\sqrt{\frac{(1-0.25)}{1\,000 \times 0.25}} = 0.11 = 11\%$$

第六步：比较。这里，观察到1 000次时的实际精度可达到11%，它已很接近需求的精度$S=10\%$。即观察1 000次已达到需求的精度了，也就是说机械的空闲发生率是25%，这个数值有90%的可靠性（即信赖界限）。

第七步：结果。根据上述测定结果，则该机械的工时利用率为75%，它的每台班平均工作时间为：

$$8\text{h} \times 60\text{min/h} \times 75\% = 360\text{min}$$

每台班的平均空闲时间为：

$$8\text{h} \times 60\text{min/h} \times 25\% = 120\text{min}$$

（3）观察期限和观察时刻的确定

在确定了观察次数以后，还应该确定观察的期限和观察的时刻。

1）观察期限的确定。

所谓观察期限，就是完成一项工作抽查任务的工作天数。观察期限一般是根据工作抽查的目的和重要性，以及观察任务的大小（即观察的次数N）和观察人员的多少来确定。当确定了观察期限（T——工作日）后，即可按下式求得每个工作日内的观察次数n。

$$n = \frac{N}{T} \quad （次/工作日）$$

2）观察时刻的确定。

所谓观察时刻，是指在一个工作班内每一次观察的时刻。

观察时刻的确定关系到观察结果的真实程度。因此，从理论上讲观察时刻应该是随机的。

习题

1. 施工过程的概念及施工过程完成应该具备什么样的条件？
2. 施工过程的影响因素有哪些？
3. 工人工作时间消耗及机械工作消耗分别分为哪几类？
4. 施工过程的研究方法有哪些？
5. 工作时间的研究方法是什么？

第3章 工程定额测定方法

学习要点

本章介绍了制定工程定额的基本原则、主要依据和方法分类；讲解了技术测定法确定工程定额中工人和机械工作时间消耗量的过程；科学计算法计算材料消耗量的理论公式以及比较类推法、统计分析法、经验估计法对定额的简易制定。通过本章学习应了解工程定额的制定过程；熟悉工程定额的制定方法；掌握各种方法对工程定额的编制；重点掌握技术测定法和科学计算法的运用。

3.1 制定工程定额的基本原则和方法分类

3.1.1 制定工程定额的基本原则

工程定额能否在建筑工程管理中充分发挥它在施工组织和按劳分配方面的双重作用，关键在于工程定额质量的高低。而工程定额质量的高低，又取决于工程定额水平、内容和结构形式是否反映了当时的施工生产组织条件和施工生产水平，是否能适应社会生产力的需要。因此，为了保证工程定额的质量和合理先进性，在制定工程定额时必须遵循以下原则：

1. 技术先进、经济合理的原则

技术先进是指定额项目的确定、施工方法和材料的选择等，能够正确反映建筑技术水平，及时采用已经成熟并得到普遍推广的新技术、新材料、新工艺，以促进生产的提高和建筑技术水平的进一步发展。

经济合理是指纳入工程定额的材料规格、质量、数量、劳动效率和施工机械的配备等要符合经济合理的要求。

2. 结构形式简明适用的原则

简明适用指定额结构合理，定额步距大小适当，文字通俗易懂，计算方法简便，易为群众掌握运用，具有多方面的适用性，能在较大范围内满足不同情况、不同用途的需要。

3. 专群结合、以专为主的原则

专群结合是指专职人员必须要与工人群众相结合，注意走群众路线。因为工程定额是工人自己在生产过程中的劳动消耗，工人是最清楚并切实掌握的。所以编制时，就必须以工人的生产实践作为依据。

另外，工程定额的编制工作量很大，工作周期很长，技术性复杂，政策性很强，必须有一支经验丰富、技术与管理知识全面、有一定政策水平的专业人员，以他们为主，负责协调指挥、掌握政策、制订方案、调查研究、组织技术测定和工程定额的颁发执行等工作。

3.1.2 制定工程定额的主要依据

工程定额既是技术定额，又是重要的经济法规之一。制定工程定额的主要依据，按性质可分为两大类：

1. 政府的经济政策、法律法规和劳动制度

主要包括《建筑安装工人技术等级标准》和工资标准、工人技术等级标准、工资奖励制度、八小时工作日制度以及劳动保护制度等等。

2. 技术资料

（1）规范类：如《施工及验收规范》、《建筑安装工程安全操作规程》、机械设备说明书、设计规范、技术操作规程、安全操作规程、质量及验收规范、现行的标准通用图和国家建筑材料标准等。

（2）技术测定和统计资料：主要是指现场技术测定数据和日常建筑产品完成情况——工时消耗的单项或综合统计资料。包括典型工程施工图、正常施工条件、机械装备程度、常用施工方法、施工工艺、劳动组织、技术测定资料、定额统计资料等。同时还有已推广使用的新技术、新结构、新材料和先进经验资料。

3.1.3 制定工程定额的方法种类

建筑工程定额制定的方法，根据建筑生产的特点及我国建筑业定额制定工作的经验，一般采用以下几种方法：

1. 技术测定法

技术测定法是指通过对生产过程的生产技术、施工组织、施工条件和各种工时消耗进行科学的分析研究后，拟定合理的施工条件、操作方法、劳动组织和工时消耗，在充分挖掘施工生产潜力的基础上，对定额各部分的时间、人工、材料和机械台班消耗等进行计算和实地观察，来制定、修订定额的一种方法。

采用技术测定法测定定额，数据准确可靠，因素分析细致，定额水平的精确度高，适用于生产技术、组织条件比较正常稳定，产品批量大的施工过程，适用于手工作业和机械作业，是制定定额的主要方法。但采用此法，技术要求高，工作量较大且比较复杂。

2.科学计算法

科学计算法是运用科学合理的计算公式，根据施工质量验收规范确定直接性材料、周转性材料以及半成品配比材料消耗量的计算方法。

3.比较类推法

比较类推法，也称典型定额法。是以同类型工序、同类型产品定额典型项目的水平或技术测定的实耗工时为标准（又称典型定额），经过分析比较，类推出同一组定额中相邻项目定额水平的方法。

这种方法简便，工作量小，只要典型定额选择恰当，切合实际，具有代表性，类推出的定额水平一般比较合理，也符合制定定额全面和快速的要求。这种方法适用于同类产品品种规格多、批量小的施工（生产）过程。

4.统计分析法

统计分析法是根据过去施工中同类工程或生产同类产品的工时消耗、材料消耗、机械台班消耗的统计资料，在整理和分析的基础上，考虑当前施工技术、施工条件、施工组织的变化因素来研究制定工程定额的方法。

这种方法简单易行，工作量小，但由于依据于过去的记录和统计资料，容易受到统计资料准确程度的影响。这种方法一般适用于施工（生产）条件正常、产品稳定、批量大、统计工作制度健全的施工（生产）过程和施工企业，通常与技术测定法并用。

5.经验估计法

经验估计法是由定额管理专业人员、工程技术人员和老工人结合在一起，根据个人或集体在从事生产、组织生产、管理生产和贯彻定额中所积累的经验，经过对设计图纸和现场施工情况观察，了解施工工艺，分析施工组织和操作方法的繁简、难易情况后，通过座谈讨论、反复平衡制定定额的一种方法，常用来确定和补充项目的工时定额消耗量。

这种方法简单易行，工作量小，速度快，可以缩短制定定额的时间。但由于受到估工人员的经验和水平的局限，又缺乏科学资料依据，估工定额往往容易出现偏高或偏低现象，因而，经验估计法只适用于产品品种多，批量小，不易计算工作量的施工（生产）作业，通常作为一次性定额使用。对常用施工（生产）项目，不适合采用经验估计法制定定额。

以上五种方法是制定工程定额的基本方法，各有一定的优缺点，因此，在实际工作中常常是相互结合采用的。

3.2 技术测定法

3.2.1 技术测定的准备工作

1. 技术测定法概述

(1) 技术测定法的概念

技术测定法是以现场观测为特征，以各种不同的技术方法为手段，通过对施工过程中的具体活动进行实地观察，详细地记录施工中的工人和机械的工作时间消耗、完成产品的数量及有关影响因素，并将记录的结果予以整理，去伪存真，客观地分析各种因素对于产品的工作时间消耗量的影响，在取舍的基础上获得可靠的数据资料，从而为制定工程定额或者标准工时规范提供科学依据。

技术测定通常采用的方法有写实记录法、测时法、工作日写实法以及简易测定法四种。

(2) 技术测定法的作用

1) 制定和修订工程定额必要的科学方法。

采用技术测定法编制工程定额，可以查明工作时间消耗的性质和数量，分析各种施工因素对工作时间消耗数量的影响，找出工时损失的原因，在分析整理的基础上，取得技术测定资料，为编制工程定额、标准工时规范提供科学依据。

2) 加强施工管理的重要手段。

采用技术测定法研究施工过程，在施工中实地观察记录各类活动的情况，并对记录结果进行分析，可以发现施工管理中存在的问题，以便有关部门抓住薄弱环节，拟定改善施工管理的具体措施，不断促进生产过程科学化、合理化。

3) 总结和推广先进经验的有效方式。

通过技术测定，可以对先进班组、先进个人、新技术或新机具、新材料、新工艺等，从操作技术、劳动组织、工时利用、机具效能等方面加以系统地总结，从而推动广大工人学习新技术和先进经验。

4) 具体帮助工人班组完成和超额完成工程定额，不断提高劳动效率的根本途径。

通过对长期完不成工程定额的班组的测定，研究其操作方法、技术水平、工时利用、劳动组织以及有关因素，从而找出完不成定额的原因，并提出改进措施创造条件，具体帮助班组完成或超额完成定额。

(3) 对技术测定人员的要求

1) 严肃认真地对待测定工作，保证技术测定工作的科学性。

技术测定是一项具体、细致和技术性比较强的工作，测定人员在测定过程中，必须坚守工作岗位，集中精力，详细地观察测定对象的全部活动，并认真记录各类时间消耗和有关影响因素，保证原始记录资料的客观真实性。

2) 保证测定资料的完整准确。

每次测定的工时记录、完成产品数量、因素反映、汇总整理等有关数字、图示、文字说明，必须齐全。在分析整理资料时，消耗工时的分类和统计要准确，影响因素的说明要清楚，有关取舍数字要有技术依据，各种数字计算不能有误，结论意见和改进措施提得合理并切合实际。

3) 必须依靠群众来进行工作。

技术测定的资料来自工人的生产实践，因此在测定过程中必须自始至终取得工人的支持和合作。测定前要向工人和管理人员讲明测定目的，以利于测定的顺利进行；测定结束之后，应将测定结果告诉他们，征求意见使测定资料更加完善准确。

2. 技术测定的准备工作

(1) 明确测定的目的，正确选择技术测定的对象

所谓观察对象，就是对其进行技术测定的施工工人。另外，我们在进行测定前，应首先明确测定的目的。根据不同的测定目的选择测定对象，才能获得所需要的技术测定资料。

1) 如果是为了总结推广先进经验，则应选择思想进步，技术熟练，工作积极的先进班组（个人）或采用先进操作技术的班组（个人）作为测定对象。

2) 如果为了发现问题，便应选择一般性的工人，有时也需要选择比较落后的工人，以便改善他们的工作情况和提高他们的操作技术。

3) 如果是为了制定工程定额或标准工时规范，则应选择具有普遍代表性的班组（个人）作为测定对象，当然其中也应该包括比较先进的和比较落后的部分班组（个人）。

在测定对象确定以后，一定要事先同他们讲清测定的目的、要求和方法步骤，以便取得工人的密切配合。

(2) 确定需要进行测定的施工过程

主要是研究并确定有哪些施工过程需要进行技术测定，其要求如下：

1) 考虑编制工程定额的要求。一般来说，需要编制定额的施工过程都应进行测定，以便取得精确程度比较高的基础资料和比较充分的技术根据。

2) 考虑编制定额的技术力量的大小。技术力量强，则可以多安排一些任务，

反之，技术测定的施工过程在全部拟定定额中的比例只好减少。但是，对那些影响大的、重要的施工过程，必须保证用技术测定法编制定额。

3）确定了需要进行技术测定的施工过程以后，要编出详细的目录，拟定工作进度计划表，制定组织技术措施，并组织编制定额的专业技术队伍，按计划认真开展工作。

（3）熟悉所测施工过程的技术资料和现行编制工程定额的规定

在明确了需要进行技术测定的施工过程之后，对施工过程的性质应进行充分的研究，正确地安排技术测定和收集可靠的资料。

测定人员应熟悉与该施工过程有关的现行技术规范和技术标准等文件和资料，其中包括《建筑工程施工及验收规范》、《建筑安装工程安全技术规程》等；了解新采用的工作方法的先进程度，广泛发掘建筑业中已经得到推广的先进施工技术和操作方法；了解施工过程中存在的技术组织方面的缺点和由于某些原因造成的混乱现象；注意系统地收集完成定额的统计资料和经验资料，以便与技术测定所得的资料进行对比分析。

（4）划分所测施工过程的组成部分

将所要测定的施工过程，分别按工序、操作或动作划分为若干组成部分，便于准确地记录时间，分析研究。所测施工过程的组成部分是否划分恰当，直接影响到测定资料的效果。

下面分别对采用写实记录法、测时法、工作日写实法及简易测定法时所测施工过程组成部分的划分予以说明。

1）采用写实记录法时，施工过程的组成部分一般按工序进行划分，同时还应选定各组成部分的计量单位。计量单位的选定力求具体，能够比较正确地反映产品数量，并应注意计算方便和在各种不同施工过程中保持稳定。

例如，砌砖施工过程组成部分的划分和计量单位，选定如下：

组成部分名称	计 量 单 位	组成部分名称	计 量 单 位
拉线	次	摆砖、砍砖	块
铲灰浆	立方米	砌砖	块
铺灰浆	立方米		

2）采用测时法时，由于其精确度要求较高，所测施工过程的组成部分可划分到操作，如果为了研究操作技术或调查各种因素对劳动效率的影响，也可划分到动作。为了准确记录时间、保证测时的精确度，在划分组成部分的同时，还必须明确各组成部分之间的分界点，这个分界点通常称为定时点。定时点的确定可以是前一组成部分终了的一点，也可以是后一组成部分开始的一点，但这一点的选定必须明

显易于观察，并能保证延续时间的稳定。

例如纱门梃机械打眼（用单头打眼机）的组成部分和定时点，可划分如下（包括翻料后将眼打透）：

组成部分名称	定 时 点	组成部分名称	定 时 点
把料放进卡具拧紧	手触门梃料	翻料	松动卡具
打眼和移位	手触打眼机操纵柄	打眼和移位	手触打眼机操纵柄

3）采用工作日写实法时，其组成部分则按定额时间和非定额时间划分。定额时间划分为：基本工作时间，辅助工作时间，准备与结束时间，休息时间，不可避免中断时间。非定额时间的具体划分可根据测定过程中实际出现的损失时间的原因来确定。

4）采用简易测定法时，其组成部分一般可划分为工作时间和损失时间两项即可。也有的不划分组成部分，仅观察损失时间，最后从延续时间中减去损失时间而得出定额时间。

（5）选择施工的正常条件

绝大多数施工企业和施工队、班组，在合理组织施工的条件下所处的环境，称之为施工的正常条件。

施工条件一般包括：工人的技术等级是否与工作等级相符、工具与设备的种类和质量、工程机械化程度、材料实际需要量、劳动的组织形式、工资报酬形式、工作地点的组织和其准备工作是否及时、安全技术措施的执行情况、气候条件、劳动竞赛开展情况等。

施工的正常条件应该符合有关的技术规范；符合正确的施工组织和劳动组织条件；符合已经推广的先进的施工方法、施工技术和操作。

选择施工的正常条件，应该具体考虑以下问题：所完成的工作和产品的种类，以及对其质量的技术要求；所采用的建筑材料、制品和装配式结构配件的类别；所采用的劳动工具和机械的类型；工作的组成，包括施工过程的各个组成部分；工人的组成，包括小组成员的专业、技术等级和人数；施工方法和劳动组织，包括工作地点的组织、工人配备和劳动分工、技术操作过程和完成主要工序的方法等。

（6）测定工具的准备

为了满足技术测定过程中的实际需要，应准备好记录夹、测定所需之各式表格、计时器（表）、衡器、照相机，以及其他必需的用品和文具等。

除去上述以外，在测定工作开展之前，向基层管理干部和工人讲清技术测定的意义和作用，取得他们的配合和帮助。从思想上、组织上为开展技术测定创造条件，做好准备工作。

3.2.2 技术测定的主要方法

对施工过程进行观察、测时；计算实物和劳务产量；记录施工过程所处的施工条件和确定影响工时消耗的因素是技术测定法的三项主要内容和要求。三项内容互有联系，缺一不可。

技术测定法的种类很多，其中最主要的四种见图 3-1。方法的选择，主要考虑施工过程的特点和测时精确度的要求。

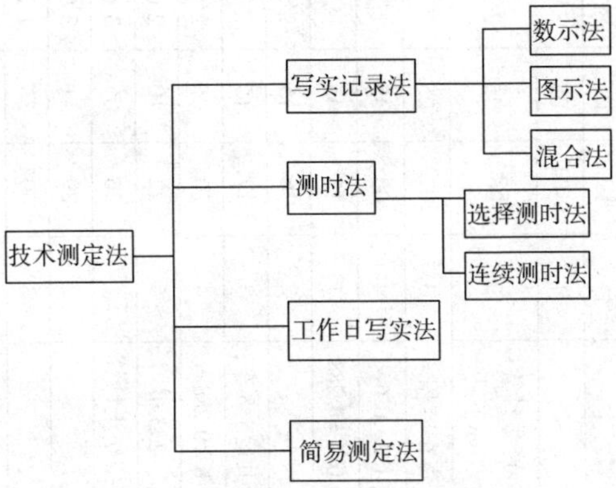

图 3-1　技术测定法的种类

1. 写实记录法

写实记录法用来研究非循环施工过程中所有性质的工作时间消耗，包括基本工作时间、辅助工作时间、不可避免中断时间、准备与结束时间、休息时间以及各种损失时间。通过写实记录可以获得分析工作时间消耗和制定工程定额时所必需的全部资料。此种测定方法比较简便，易于掌握，并能保证必需的精确度。

写实记录法分个人写实和集体写实两种。由一个人单独操作或产品数量可单独计算时，采用个人写实记录。由小组集体操作，而产品数量又无法单独计算时，采用集体写实记录。

（1）记录时间的方法

主要有数示法、图示法和混合法三种。计时一般使用有秒针的普通计时表即可。

1）数示法

数示法即测定时直接用数字记录各类工时消耗的方法。这种方法可同时对两个以内的工人进行测定，适应于组成部分较少而且比较稳定的施工过程。记录时间的精确度为 5～10s。观察的时间应记录在数示法写实记录表中（见表 3-1）。填表步骤如下：

数示法写实记录表

表 3-1

工 地 名 称				开 始 时 间			8 时 20 分		延 续 时 间		1 时 21 分 55 秒		调 查 号 次			
施工单位名称				终止时间			9 时 41 分 55 秒		记录时间				页次			
施工过程:双轮车运土方,200 米运距				观察对象:						观察对象:						
号次	施工过程组成部分名称	时间消耗量	组成部分号次	起止时间		延续时间	完成产品		附注	组成部分号次	起止时间		延续时间	完成产品		附注
				时-分	秒		计量单位	数量			时-分	秒		计量单位	数量	
一	二	三	四	五	六	七	八	九	十	十一	十二	十三	十四	十五	十六	十七
1	装土	28′15″/	×	8-20	0					1	9-04	05	3′40″			
2	运输	22′26″/	1	22	50	2′50″	m^3	0.288	产量计算如下:	2	06	25	2′20″			
3	卸土	9′09″/	2	26	0	3′10″	次	1	每车容积 =	3	07	25	1′0″			
4	空返	18′30″/	3	27	20	1′20″	m^3	0.288	1.2 × 0.6 ×	4	09	45	2′20″			
5	等候装土	2′05″/	4	30	0	2′40″	次	1	0.4 = 0.288	1	13	45	4′0″			
6	喝水	1′30″/	1	33	20	3′20″				2	16	15	2′30″			
			2	36	50	3′30″			共运土 8 车:	3	17	15	1′0″			
			3	37	50	1′0″			8 × 0.288 =	4	20	05	2′50″			
			4	40	20	2′30″			2.3m^3	5	22	10	2′05″			等候装土
			1	43	30	3′10″			按松土计算	1	26	05	3′55″			
			2	45	50	2′20″				2	29	11	3′06″			
			3	47	05	1′15″				3	30	35	1′24″			
			4	49	50	2′45″				4	33	05	2′30″			
			1	53	20	3′30″				1	36	55	3′50″			
			2	56	20	3′0″				2	39	25	2′30″			
			3	57	30	1′10″				3	40	25	1′0″			
			4	9-00	25	2′55″				6	41	55	1′30″			喝水
		81′55″				40′25″							41′30″			

观察者:

①将拟定好的所测施工过程的全部组成部分，按其操作的先后顺序填写在第二栏中，并将各组成部分依次编号填入第一栏内，对于在观察中偶然出现的组成部分可随时补充代号和名称。

②第四栏和十一栏中，填写工作时间消耗的组成部分号次，其号次应根据第一栏和第二栏填写，测定一个填写一个。如测定一个工人的工作时，应将测定的结果先填入第四～第十栏，然后再填入第十一～第十七栏；如同时测定两个工人的工作时，测定结果应在两边各栏中同时单独填写。

③第五、六、十二、十三栏中，填写起止时间。测定开始时，将开始时间填入此栏第一行，在组成部分号次栏即第四栏里划“×”符号以示区别，其余各行均填写各组成部分的终止时间。

④第七栏和十四栏，应在观察结束之后填写。将某一组成部分的终止时间减去前一组成部分的终止时间即得该组成部分的延续时间。

⑤第八、九和十五、十六栏中，可根据划分测定施工过程的组成部分对选定的计量单位和实际完成的产品量填入，如有的组成部分难以计算产量时，可不填写。

⑥第十和十七栏为辅助栏，填写工作中产生各种缺陷的原因和各组成部分内容的必要说明等。

⑦观察结束之后，应详细测量或计算最终完成产品数量，填入数示法写实记录表中第 1 页附注栏中。对所测定的原始记录应分页进行整理，先计算第七、十四栏的各组成部分延续时间，然后再分别计算每一组成部分延续时间的合计，并填入第三栏中。如同时观察两个工人，则应分别进行统计，将第一个工人的时间消耗量填入第三栏中的斜线以上，第二个工人的时间消耗量填入斜线以下。各页原始记录表整理完毕之后，应检查第三栏的时间总计是否与第七栏和十四栏的总计相等，然后填入本页的延续时间栏内。

2）图示法

图示法即用图表的形式记录时间的方法（见表 3-2）。记录时间的精确度可达到 0.5～1.0 分钟。适用于观察三个以内的工人共同完成某一产品的施工过程。此种方法记录时间与数示法比有许多优点，主要是记录技术简单，时间记录一目了然，原始记录整理方便。

图示法写实记录表的填写步骤如下：

①表中划分为许多小格，每格为 1 分钟，每张表可以记录 1 小时的时间消耗。为了记录时间方便，每 5 个小格和每 10 个小格处都有长线和数字标记。

②表中“号次”及“各组成部分名称”栏，应在实际测定过程中，按所测施工过程的各组成部分出现的先后顺序随时填写，这样便于线段连接。

图示法写实记录表

表 3-2

工地名称	×××	开始时间	8:30	延续时间	1小时	调查页次	
施工单位	×××	终止时间	9:30	记录时间	2006.7.5	页次	1
施工过程	砌1砖厚单面清水墙	观察对象	潘××（四级工）、王××（三级工）				

号次	各组成部分名称	时间（分） 5 10 15 20 25 30 35 40 45 50 55 60	时间小计（分）
1	挂线		12
2	铲灰浆		22
3	铺灰浆		27
4	摆砖、砍砖		28
5	砌砖		31

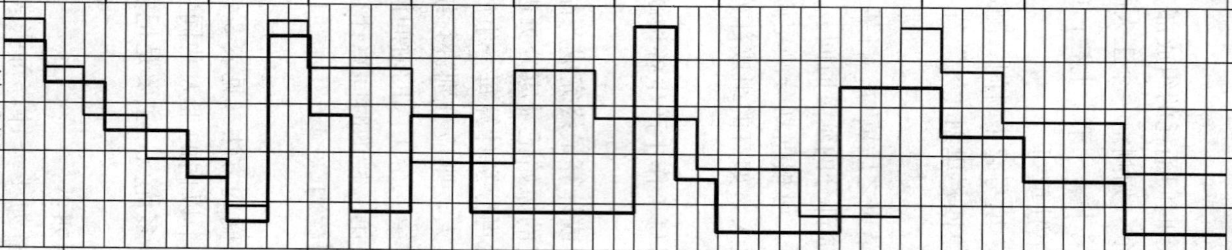

	产品数量	附注	合计 120
1 挂线			
2 铲灰浆			
3 铺灰浆			
4 摆砖、砍砖			
5 砌砖	0.48m²		

观察者：

③记录时间时用铅笔在各组成部分相应的横行中划直线段，每个工人一条线，每一线段的始端和末端应与该组成部分的开始时间和终止时间相符合。工作1分钟，直线段延伸一个小格。测定两个以上的工人工作时，最好使用不同颜色的铅笔以便区分各个工人的线段。当工人的操作由一组成部分转入另一组成部分时，时间线段亦应随着改变其位置，并应将前一线段的末端划一垂直线与后一线段的始端相连接。

④“产品数量”栏，按各组成部分的计量单位和所完成的产量填写，如个别组成部分的完成产量无法计算或无实际意义者，可不必填写。最终产品数量应在观察完毕之后，查点或测量清楚，填写在图示法写实记录表第一页附注栏中。

⑤“附注”栏应简明扼要地说明有关影响因素和造成非定额时间的原因。

⑥“时间合计”栏，在观察结束之后，及时将每一组成部分所消耗的时间合计后填入。最后将各组成部分所消耗的时间相加后，填入“总计”栏内。

3）混合法

混合法记录时间的方法，吸取了图示法和数示法的优点，用图示法的表格记录所测施工过程各组成部分的延续时间，而完成每一组成部分的工人人数则用数字予以表示。这种方法适用于同时观察三个以上工人工作时的集体写实记录。它的优点是比较经济，这一点是数示法和图示法都不能做到的。

混合法记录时间仍采用图示法写实记录表（见表3-3），其填表步骤如下：

①表中“号次”和“各组成部分名称”栏的填写与图示法同。

②所测施工过程各组成部分的延续时间，用相应的直线段表示，完成该组成部分的工人人数用数字填写在其时间线段的始端上面。当某一组成部分的工人人数发生变动时，应立即将变动后的人数填写在变动处。同时还应注意，当一个组成部分的工人人数有所变动时，必然要引起另一组成部分或数个组成部分中工人人数的变动，因此，在观察过程中，应随时核对各组成部分在同一时间内的工人人数是否等于观察对象的总人数，如发现人数不符时应立即纠正。混合法记录时间，不论测定多少工人工作，在所测施工过程各组成部分的时间栏里只用一条直线线段表示。当工人由一组成部分转向另一组成部分时，不作垂直线连接。

③“产品数量”和“附注”栏的填写方法与图示法同。

④混合法写实记录表整理时，应将所测施工过程每一组成部分中各个线段的时间分别计算出来（将工人人数与他们工作的时间分别相乘），然后将所得各值相加，即可得出完成某一组成部分的时间消耗合计，填入“时间合计”栏里。最后各组成部分时间合计相加后，填入“总计”栏内。

混合法写实记录表

表 3-3

工地名称	×××	开始时间	8:30	延续时间	1小时	调查页次	
施工单位名称	×××	终止时间	9:30	记录时间	2006.7.5	页次	1
施工过程	浇捣混凝土柱（机拌人捣）	观察对象	四级工:3人，三级工:3人				

号次	各组成部分名称	时间（分） 5 10 15 20 25 30 35 40 45 50 55 60	时间小计（分）
1	撒锹	2 1 2 2 1 2 1 1 2 1 2	78
2	捣固	4 2 4 2 1 2 1 4 3 4 2 1 1 4 2 3	148
3	转移	5 1 3 2 5 6 3 5 6 4 6 3 3	103
4	等混凝土	6 3 3	21
5	做其他工作	1 1 1	10
		合计	360

号次	各组成部分名称	产品数量	附注
1	撒锹	1.85m^3	
2	捣固	1.85m^3	
3	转移	3次	
4	等混凝土		
5	做其他工作		

观察者：

（2）写实记录法的延续时间

延续时间的确定，是指在采用写实记录法中的任何一种方法进行测定时，对每个被测施工过程或同时测定两个以上施工过程所需的总延续时间的确定。

写实记录中对延续时间的确定，应立足于既不致消耗过多的观察时间，又能得到比较可靠和准确的结果。同时还必须注意：所测施工过程的广泛性和经济价值；已经达到的工效水平的稳定程度；同时测定不同类型施工过程的数目；被测定的工人人数以及测定完成产品的可能次数等。这些因素在确定延续时间时均应认真加以考虑。

为便于测定人员确定写实记录法的延续时间，根据过去的实践经验拟定表 3-4 供测定时参考使用。应用表 3-4 确定延续时间时，必须同时满足表中三项要求，如其中任一项达不到最低要求时，应酌情增加延续时间。

表 3-4 适用于一般施工过程。如遇到个别施工过程的单位产品所需消耗时间过长时，可适当减少表中测定完成产品的最低次数，同时还应酌情增加测定的总延续时间；如遇到个别施工过程的单位产品所需时间过短时，则应适当增加测定完成产品的最低次数，并酌情减少测定的总延续时间。

写实记录法确定延续时间表 表 3-4

序号	项　目	同时测定施工过程的类型数	测定对象		
			单人的	集体的	
				2～3 人	4 人以上
1	被测定的个人或小组的最低数	任一数	3 人	3 个小组	2 个小组
2	测定总延续时间的最小值（时）	1	16	12	8
		2	23	18	12
		3	28	21	24
3	测定完成产品的最低次数	1	4	4	4
		2	6	6	6
		3	7	7	7

【例 3-1】 测定木窗框安装工程。同时测定两个类型（框周长分别为 6 米以内和 8 米以内）的施工过程，由 3 人组成的小组所完成，试确定写实记录法所需的总延续时间。

【解】 查阅表 3-4 第 1 项“集体的”的“2～3 人”一栏，至少应测定 3 个木工小组。

查阅表 3-4 第 2 项，同时测定两个类型的施工过程，由 3 人组成的小组完成时，测定的总延续时间最小值为 18h。

按照一般的工效水平，完成这两个类型的产品，每一樘平均约需要 0.67h 左右。在测定的总延续时间内，可能完成产品的次数为：18÷0.67=27 次。

查阅表 3-4 第 3 项，同时测定两个类型的施工过程，组成的小组完成时，测定完成产品的次数应不少于 6 次，测定的总延续时间保持 18h 完全满足要求。

【例 3-2】 测定板条墙面抹白灰砂浆（中级抹灰）的施工过程，由 4 人组成的小组完成，试确定写实记录法所需的总延续时间。

【解】 查阅表 3-4 第 1 项“4 人以上”一栏，至少应测定 2 个抹灰小组。

查阅表 3-4 第 2 项，测定的施工过程为一个类型，4 人组成的小组完成时，测定的总延续时间最小值为 8h。

按照一般的工效水平，这个小组完成一间房的墙面（$44.8m^2$）抹灰，平均约需 4.5h 左右。在测定的总延续时间内，可能完成产品的次数为：8÷4.5=2 次。

查阅表 3-4 第 3 项，测定的施工过程为一个类型，4 人组成的小组完成时，测定完成产品的最低次数应不少于 4 次。

显然，为了保证这一要求，上述测定的总延续时间（8h）应增加到 2 倍即 16h 左右方能满足要求。

【例 3-3】 同时测定水磨石地面的机磨和踢脚线的手磨两个施工过程，由 3 人组成的小组完成，试确定写实记录法的总延续时间。

【解】 查阅表 3-4 第 1 项“集体的”的“2～3 人”一栏，至少应测定 3 个抹灰工小组。

查阅表 3-4 第 2 项，同时测定两个类型的施工过程时，由 3 人组成的小组完成时，测定的总延续时间最小值为 18h。

按照一般的工效水平，这个小组完成一间房的地面（$15m^2$）和踢脚线磨光，平均约需 12 个 h 左右。在测定的总延续时间内，可能完成产品的次数为，18÷12=1.5 次。

查阅表 3-4 第 3 项，同时测定两个类型的施工过程，由 3 人组成的小组完成时，测定完成产品的最低次数应不少于 6 次，为满足这一要求，测定的总延续时间（18h）应增加到 4 倍，即 72h 左右。

显然，这样长的延续时间就不够经济了，一般也不易做到。因此，若将测定完成产品的最低次数调整为 3 次，测定的总延续时间增加到 36h，则既能基本保证写实记录法所需的延续时间要求，又比较省时和经济。

（3）写实记录时间的汇总整理

汇总整理就是将写实记录法所取得的若干原始记录表记载的工作时间消耗和完成产品数量进行汇总，并根据调查的有关影响因素加以分析研究，调整各组成部分不合理的时间消耗，最后确定出单位产品所必需的时间消耗量。搞好汇总整理，才能完成对某一施工过程的技术测定。

汇总整理的结果填入汇总整理表（见表 3-5），此表分为正、反两面，共三个部分。第一部分（正面）为各组成部分工作时间消耗的汇总；第二部分（反面的上半部）为汇总整理结果，第三部分（反面的下半部）为汇总整理有关说明。其汇总整理的方法和顺序如下：

1）第一部分

表中第“二”栏，填写各组成部分的名称。顺序是：基本工作时间、辅助工作时间、不可避免的中断时间、准备与结束时间、休息时间、损失时间，各类时间应列出合计。

第“三”栏，根据写实表中各组成部分工作时间消耗量合计进行填写，并应作好工时分类合计和全部消耗时间总计。

第“四”栏，各组成部分工时消耗数除以消耗时间总计数而得。

第“五～八”栏，根据写实记录表汇总后填入。

第“九”栏，用各组成部分的第“三”栏的数字除以第“七”栏的数字而得。

表中“换算系数”，是指将各组成部分的产量，换算为最终单位产品时的系数。此系数用于计算单位产品中各组成部分所必需的消耗时间。换算系数的计算方法为各组成部分完成的产量除以最终产品数量而得。

$$\text{换算系数（第“十”栏数字）}=\frac{\text{各组成部分完成产量（第“七”栏的数字）}}{\text{最终产品数量（第“八”栏的数字）}}$$

如个别组成部分无完成产量者，第“十”栏可不予填写。

第“十一”栏，这是在汇总整理中需要认真分析研究的，要详细分析第“十”栏各组成部分的换算系数是否符合实际，如发现其不合理、不实际、不符合技术要求，则应予以调整，将调整后的系数填入本栏中，并应将调整的依据和计算方法写在“附注”栏里。如此无需调整时，则仍按第“十”栏的系数填入。例如本资料的“拉线”这一组成部分，工人在实际操作中是每砌两皮砖拉一次线，按照操作规程的要求应每砌一皮砖拉一次线。因此，根据实砌皮数将“十一”栏换算系数调整为 2.81（18 皮砖）。

第“十二”栏，填写第“九”栏的数字与第“十”栏的数字的乘积，第“十三”栏填写第“九”栏的数字与第“十一”栏的数字的乘积。如个别组成部分无换算系数者，则应将该组成部分的第“三”栏的数字除以第“八”栏的数字，填入“十二”栏。

如果准备与结束时间和休息时间不合理者，应予以调整，将调整后的数字填入“十三”栏，并将调整的依据记入“附注”栏中。

第“十四”栏，用第“十三”栏各组成部分的时间消耗除以本栏定额时间合计后，按百分比数字填入。

写实记录汇总整理表

表 3-5（正面）

施工单位名称	工地名称	日　　期	开始时间	终止时间	延续时间	调查号次	页　　次
一公司		2006 年 7 月 25 日	8 时 0 分	18 时 0 分	8 小时	1	2

施工过程名称：砌一砖厚单面清水墙（3 人小组）

序号	各组成部分名称	时间消耗（分）	与全部时间的百分比	计量单位名称		产品完成数量		组成部分的平均时间消耗（分）	换算系数		单位产品的平均时间消耗		占单位产品时间消耗的百分比	附注
				按组成部分	按最终产品	组成部分的	最终产品的		实际	调整	实际	调整		
一	二	三	四	五	六	七	八	九	十	十一	十二	十三	十四	
1	拉线	28	1.94	次	m^3	9	6.41	3.11	1.40	2.81	4.35	8.74	3.90	（1）本资料拉线，每砌两皮砖拉一次，不符合操作规程，故换算系数按实际皮数应调整为 2.81 （2）清扫墙面换算系数为：1 ÷ 0.24 = 4.17
2	砌砖（包括铺砂浆）	1 186	82.36	m^3		6.41		185.02	1	1	185.02	185.02	82.65	
3	检查砌体	41	2.85	次		7		5.86	1.09	1.09	6.39	6.39	2.85	
4	清扫墙面	37	2.57	m^3		21		1.76	3.28	4.17	5.77	7.34	3.28	
	基本工作时间和辅助工作时间合计	1292	89.72								201.53	207.49	92.68	
5	准备与结束工作	29	2.01								4.52	4.52	2.02	
6	休息	76	5.28								11.86	11.86	5.30	
	定额时间合计	1 397	97.01								217.91	223.87	100	
7	等灰浆	19	1.32								2.96			
8	做其他工作	24	1.67								3.74			
	非定额时间合计	43	2.99								6.70			
	消耗时间总耗	1 440	100								224.61			

表 3-5（反面）

完成产品数量	计量单位	时间消耗（工日）				每工产量		附注
		全部量		单位产品平均时间消耗		实际	调整	
		实际	调整	实际	调整			
十五	十六	十七	十八	十九	二十	二十一	二十二	
6.41	m^3	3	3.08	0.468	0.480	2.14	2.08	

汇总整理说明：

①本资料每工日为八小时。

②本资料清理工作地点没有观察到，使用本资料时应予以适当考虑。

③等砂浆和做其他工作属于组织安排不当，消耗时间已全部强化。

④本资料施工条件正常，工人劳动干劲大，可供编制工程定额参考。

2）第二部分

汇总整理结果，填写的主要内容是，根据第一部分的汇总资料，整理时间工日消耗。

第“十五”栏和第“十六”栏按最终产品的完成数量和计量单位填写。

第“十七”栏将本表（正面）第“三”栏时间消耗总计数折算为工日数后填入。消耗时间总计值 1440min 除以 8×60min，即$\frac{1\,440}{8\times 60}=3$（工日）。

第“十八”栏，填写调整后的全部工作时间消耗数，将本表（正面）第“八”栏的数乘以第“十三”栏的单位产品定额时间合计数并折算为工日数填入。

如调整后时间消耗＝砌砖数量×调整后单位产品平均时间消耗：

调整后定额时间消耗合计＝6.41×223.87＝1 435min

调整后非定额时间消耗合计＝6.41×6.7＝43min

调整后全部工时消耗量＝$\frac{1\,478}{8\times 60}=3.08$（工日）。

第“十九”栏，将“十七”栏实际消耗时间数除以第“十五”栏完成产品数量得出的数值填入。

第“二十”栏，将第“十八”栏调整后的全部工作时间消耗数除以第“十五”栏的完成产品数量后填入。

第“二十一”栏和第“二十二”栏，分别为第“十九”栏和第“二十”栏的倒数。

3）第三部分

汇总整理说明的主要内容包括：调整所测施工过程各组成部分时间消耗的技术依据和具体计算方法；准备与结束时间和休息时间的确定，强化不合理时间消耗的理由；测定者对本资料的估价及其他有关事项。

这种表格适用于整理非循环施工过程的资料，对于整理循环过程资料时，可以用选择法测时记录表（见测时法）进行整理。

(4）写实结果的综合分析

所谓综合分析，就是对同一施工过程所测定的若干原始记录，在汇总整理的基础上，加以综合分析研究。所测的资料往往由于施工过程中各类因素的影响，其时间消耗不尽一致，有时甚至差异很大。因此这就需要对同一施工过程的测定资料，根据不同的操作对象、施工条件进行分析研究，加以综合考虑，以便提供更加完善、更加合理、更加准确的技术数据。在进行综合分析时，要求各份资料的工作内容齐全，使用的工具、机械和操作方法及其有关的主要因素基本一致。否则，不能进行综合。综合分析的方法如表 3-6。

写实记录综合分析表

表 3-6

分析汇总表		施工单位名称	二公司	编制日期	2006年7月
		施工过程名称：砌一砖厚单面清水墙			
观察的日期		2006. 7. 25	2006. 7. 26	2006. 7. 27	结论
观察的延续时间		8小时	7小时35分	5小时53分	
各次观察中因素的实况	工作地点特征	在平地上操作	在二排脚手架上操作	在三排脚手架上操作	一般宿舍楼，在三步架以内操作
	工作段的结构特征	门窗洞三个、窗盘、线角	门窗洞四个、线角留槎	两个砖垛	有门窗洞口、线角、砖垛、墙面艺术形式10%以内
	工作组织	三人分段操作	二人分段操作	三人分段操作	三人分段进行操作
	劳动组织	六级工-1，四级工-1，三级工-1	四级工-2	四级工-2，三级工-1	六级工-1，四级工-1，三级工-1
	机器工具的状况	使用一般手工工具	使用一般手工工具	使用一般手工工具	泥刀、线锤、麻线等一般工具
	使用材料说明	M2. 5混砂浆，标准砖	M2. 5混砂浆，标准砖	M2. 5混砂浆，标准砖	M2. 5混砂浆，标准砖
	质量情况	符合要求	符合要求	墙面垂直平整、灰浆不够饱满	墙面垂直平整、灰浆饱满符合要求
	完成产品的数量（单位）	6. 41m^3	5. 15m^3	3. 99m^3	

续上表

号次	各组成部分名称	单位	组成部分的平均时间消耗	换算系数	单位产品的时间消耗	占单位产品时间的百分比	组成部分的平均时间消耗	换算系数	单位产品的时间消耗	占单位产品时间的百分比	组成部分的平均时间消耗	换算系数	单位产品的时间消耗	占单位产品时间的百分比	组成部分的平均时间消耗	换算系数	单位产品的时间消耗	占单位产品时间的百分比
1	拉线	次	3.11	2.81	8.74	3.90	2	0.19	0.38	0.22	1.08	3.01	3.25	1.92	2.06	2.81	5.79	2.89
2	砌砖（包括铺砂浆）	m^3	185.02	1.00	185.02	82.65	168.92	1.00	168.92	96.45	146.08	1.00	146.08	86.49	166.67	0.00	166.67	83.21
3	检查砌体	次	5.86	1.09	6.39	2.85	1.70	1.94	3.30	1.88	1.62	3.26	5.28	3.13	3.06	2.10	6.43	3.21
4	清扫墙面	m^2	1.76	4.17	7.34	3.28	0.65	3.30	2.15	1.23	1.45	4.15	6.02	3.56	1.29	4.17	5.38	2.69
5	基本和辅助时间合计				207.49	92.68			174.75	99.78			160.63	95.10			184.27	92.00
6	准备与结束时间				4.52	2.02							4.26	2.52			4.01	2.00
7	休息				11.86	5.30			0.39	0.22			4.01	2.38			12.02	6.00
8																		
9																		
10															准备与结束时间按 2%、休息时间按 6% 确定，则基本工作与辅助工作时间为 92%，定额时间为：184.27 ÷ 0.92 = 200.3			
11																		
12																		
13																		
14																		
15	定额时间合计				223.87	100			175.14	100			168.90	100			200.30	100

1）将所测定的施工过程的各份资料中调查的主要因素和汇总整理的资料，按综合分析表的要求逐项进行填写。其中，“组成部分的平均时间消耗”、“换算系数”、“单位产品时间消耗”及各组成部分、“占单位产品时间的百分比”等栏，分别按汇总整理表（正面）第“九”栏、“十一”栏、“十三”栏、“十四”栏填写。如无调整系数者，可按实际填写，各份资料应依次填入。

2）根据各份资料调查的主要因素，经过分析研究后，拟定出符合现行工程定额规定的正常施工条件填入本表“结论”栏中。

3）将各份资料的工作时间消耗进行分析汇总。

①结论栏中“组成部分的平均时间消耗”，为各份资料组成部分的平均时间消耗之和除以资料份数而得；

②“结论”栏中的换算系数，应根据各份资料的系数分析研究确定。可采用各份资料换算系数的平均值，也可选用具有代表性的某份资料的换算系数。如与原来系数有变动者，应将变动的原因和依据予以说明；

③“结论”栏中的“单位产品时间消耗”，为“结论”栏中“组成部分的平均时间消耗”乘以“换算系数”而得；

④“结论”栏中的各组成部分“占单位产品时间消耗百分比”，计算方法与前所述同。

2. 测时法

测时法是对某一被测产品，记录其每一道工序作业时间，并求其各工序时间消耗的平均值，再将完成该产品所有工序时间消耗的平均值累计即得到完成该产品的定额工时。测时法记录时间的精确度可达 0.5s。

这种方法主要适用于机械操作，对机手并动或手工操作，应视实际情况决定；用于研究以循环形式不断重复进行的作业，观察研究其施工过程循环的组成部分的工作时间消耗；不适用于研究工人休息、准备与结束及其他非循环的工作时间。

（1）记录时间的方法

测时法按记录时间的方法不同，分为间隔测时法与连续测时法两种。

1）间隔测时法

间隔测时法又叫选择测时法或重点记时法，它不是连续地测定施工过程全部循环工作的组成部分，而是将完成产品的各个工序一一分开，间隔地选择施工过程中几个彼此不相邻的组成部分，对工时消耗进行测定。经过若干次选择测时后，直到填满表格中规定的测时次数，完成各个组成部分全部测试工程为止。间隔测时法主要用于测定工时消耗不长的循环操作过程，比较容易掌握，使用比较广泛，缺点是测定起始和结束点的时刻时，容易发生读数的偏差。

间隔测时法的方法是，先将秒表的单秒针拨至零点，当某一工序开始操作时，应立即开动秒表，到该操作结束时，按定时点停止秒表，这样即可读出它的延续时间，并记录在表格上。然后将秒表仍拨回零点，等待下一个组成部分的定时点出现时再继续进行测定。

表 3-7 所示为间隔测时法所用的表格和具体实例。测定开始之前，应将预先划分好的组成部分和定时点填入测时表格里。在测时记录时，可以按施工组成部分的顺序将测得的时间填写在表格的时间栏目内，也可以有选择地将测得的施工组成部分的所需时间填入对应的栏目内，直到填满为止。在测定过程中，凡对各组成部分的延续时间有影响的一切因素，应随时记在“附栏”中，以供整理资料测时数列时分析研究。

2）连续测时法

连续测时法又叫接续测时法，它是对产品施工过程循环的组成部分进行不间断的连续测定，不能遗漏任何一个循环的组成部分。连续测时法所测定的时间包括了施工过程中的全部循环时间，是在各组成部分相互联系中求出的每一组成部分的延续时间，这些延续时间是互相联系起来的，包括了过程的整个循环，因此它保证了所得结果具有较高的精确度，因为相邻部分的延续时间在测量时的误差可以互相抵消，而在间隔测时法中，这种误差却无法抵消，从而影响了测定的精确度。

连续测时法在观察技术上要求较高，其主要特点是在工作进行中和非循环组成部分出现之前不停止秒表。秒针走动过程中，观测者根据各组成部分之间的定时点，记录其终止时间。在测时过程中，注意随时记录对组成部分的延续时间有影响的施工因素，以便于整理测时数据时分析研究。

连续测时法在测定时间时应使用具有辅助秒针的记时表。先将两个秒针拨在零点，当测定开始时，立即开动秒表到预定的定时点时，立即使辅助针停止转动，辅助针停止的位置即所测组成部分的延续时间，然后使辅助针继续转动，至下一个组成部分定时点时，再停止辅助针（辅助针停止时，计时表仍在继续走动），如此不间断地进行测定。在测定过程中，如遇到非循环组成部分，应暂停测定，待循环组成部分出现后，再继续进行。

表 3-8 所示为连续测时法的具体实例。在测定开始之前，亦需将预先划分的组成部分和定时点分别填入测时表格内。每次测时时，将组成部分的终止时间点填入表格，测时结束后再根据后一组成部分的终止时间计算出后一组成部分的延续时间，并将其填入表格中。

(2) 测时法的观察次数

采用测时法对某一施工过程进行测时时，观测次数的多少直接影响测时资料的

表 3-7

间隔法测时记录表

观察对象：大型屋面板吊装	施工单位	工地	日期	开始时间	终止时间	延续时间	观察号次	页次
				9：00	11：00	2 小时		

时间精度：1 秒　　施工过程名称：轮胎式起重机（QL3-16 型）吊装大型屋面板

号次	组成部分名称	定时点	每次循环的工作消耗 单位：秒/块										时间整理			产品数量	附注
			1	2	3	4	5	6	7	8	9	10	正常延续时间总合	正常循环次数	算术平均值		
1	挂钩	挂钩后松手离开吊钩	31	32	33	32	① 43	30	33	33	33	32	289	9	32.1	每循环一次吊装大型屋面板一块。每块重 1.5 吨	①挂了两次钩 ②吊钩下降高度不够，第一次未脱钩
2	上升回转	回转结束后停止	84	83	82	86	83	84	85	82	82	86	837	10	83.7		
3	下落就位	就位后停止	56	54	55	57	57	② 69	56	57	56	54	502	9	55.8		
4	脱钩	脱钩后开始回升	41	43	40	41	39	42	42	38	41	41	408	10	40.8		
5	空钩回转	空钩回至构件对方处	50	49	48	49	51	50	50	48	49	48	492	10	49.2		
													合计		261.6		

连续法测时记录表

表 3-8

测定对象：混凝土搅拌机拌合混凝土 观察精确度：1 秒	施工单位名称	观察日期	开始时间	终止时间	延续时间	观察号次	页次
		2006. 06. 07					
	施工过程：混凝土搅拌机（JB-500 型）拌合混凝土						

序号	工序名称	时间	观察次数																				记录整理			附注
			1		2		3		4		5		6		7		8		9		10		延续时间总计	有效循环次数	算术平均值	
			分	秒	分	秒	分	秒	分	秒	分	秒	分	秒	分	秒	分	秒	分	秒	分	秒				
1	装料入鼓	终止时间	0	15	2	16	4	20	6	30	8	33	10	39	12	44	14	56	17	4	19	5	148	10	14. 8	
		延续时间		15		13		13		17		14		15		16		19		12		14				
2	搅拌	终止时间	1	45	3	48	5	55	7	57	10	4	12	9	14	20	16	28	18	33	20	38	915	10	91. 5	
		延续时间		90		92		95		87		91		90		96		92		89		93				
3	出料	终止时间	2	3	4	7	6	13	8	19	10	24	12	28	14	37	16	52	18	51	20	54	191	10	19. 1	
		延续时间		18		19		18		22		20		19		17		24		18		16				

准确度。实践证明，在使用测时法时，尽管选择工作条件比较正常的测时对象，即使是同一工人操作，但每次所测得的延续时间，总是不会完全相等的，更何况在不同工人中测定同一施工过程的延续时间，而且测定人员也可能由于记录时间误差或错误，所引起个别延续时间的偏差。

一般来说，观测的次数越多，资料的准确性越高，但要花费较多的时间和人力，这样即不经济，也不现实。确定观测次数较为科学的方法，应该是依据误差理论和经验数据相结合的方法来判断。为了确定必要的而又足以保证测时资料准确性的观察次数，这里提供测时所必需的观察次数表（见表 3-9）和有关精确度的计算方法，可供测定过程中检查所测次数是否满足需要。

测时法所必需的观察次数表 表 3-9

精确度要求 / 观察次数 / 稳定系数	算术平均值精确度（%）				
	5 以内	7 以内	10 以内	15 以内	25 以内
1.5	9	6	5	5	5
2	16	11	7	5	5
2.5	23	15	10	6	5
3	30	18	12	8	6
4	39	25	15	10	7
5	47	31	19	11	8

1）表中稳定系数：

$$K_p = \frac{t_{max}}{t_{min}}$$

式中：t_{max}——最大观测值；

t_{min}——最小观测值。

2）算术平均值精确度的计算公式为：

$$E = \pm \frac{1}{\overline{X}}\sqrt{\frac{\sum\Delta^2}{n(n-1)}}$$

式中：E——算术平均值精度；

$\overline{X}$——算术平均值；

n——观察次数；

Δ——每次观察值与算术平均值之差。

【例 3-4】根据表 3-7 所测数据，试计算该施工过程的算术平均值，算术平均值精确度和稳定系数，并判断观测次数是否满足要求。

【解】①吊装大型屋面板挂钩

$$\overline{X}=\frac{31+32+33+32+30+33+33+33+32}{9}=32.1$$

Δ值为：−1.1，−0.1，+0.9，−0.1，−2.1，+0.9，+0.9，+0.9，−0.1

$$E=\pm\frac{1}{\overline{X}}\sqrt{\frac{\sum\Delta^2}{n\ (n-1)}}=\pm\frac{1}{32.1}\sqrt{\frac{1.1^2+0.1^2\times3+0.9^2\times4+2.1^2}{9\ (9-1)}}$$

$$=\pm\frac{1}{32.1}\sqrt{\frac{8.89}{72}}=\pm1.09\%$$

$$K_p=\frac{t_{max}}{t_{min}}=\frac{33}{30}=1.10$$

查表3-9，表中规定算术平均值精度在5%以内，稳定系数在1.5以内，应测定9次，显然本过程的观察次数满足要求，否则，应继续测定。

②上升回转

$$\overline{X}=\frac{84+83+82+86+83+84+85+82+82+86}{10}=83.7$$

Δ值为：+0.3，−0.7，−1.7，+2.3，−0.7，+0.3，+1.3，−1.7，−1.7，+2.3

$$E=\pm\frac{1}{\overline{X}}\sqrt{\frac{\sum\Delta^2}{n\ (n-1)}}=\pm\frac{1}{83.7}\sqrt{\frac{0.3^2\times2+0.7^2\times2+1.7^2\times3+1.3^2+2.3^2\times2}{10\ (10-1)}}$$

$$=\pm\frac{1}{83.7}\sqrt{\frac{22.1}{90}}=\pm0.59\%$$

$$K_p=\frac{t_{max}}{t_{min}}=\frac{86}{82}=1.05$$

查表3-9可知，观测次数满足要求。

③下落就位

$$\overline{X}=\frac{56+54+55+57+57+56+57+56+54}{9}=55.8$$

Δ值为：+0.2，−1.8，−0.8，+1.2，+1.2，+0.2，+1.2，+0.2，−1.8

$$E=\pm\frac{1}{\overline{X}}\sqrt{\frac{\sum\Delta^2}{n\ (n-1)}}=\pm\frac{1}{55.8}\sqrt{\frac{0.8^2+0.2^2\times3+1.8^2\times2+1.2^2\times3}{9\ (9-1)}}$$

$$=\pm\frac{1}{55.8}\sqrt{\frac{11.56}{72}}\pm0.72\%$$

$$K_p=\frac{t_{max}}{t_{min}}=\frac{57}{54}=1.06$$

查表3-9可知，观测次数满足要求。

④脱钩

$$\overline{X}=\frac{41+43+40+41+39+42+42+38+41+41}{10}=40.8$$

Δ值为：＋0.2，＋2.2，－0.8，＋0.2，－1.8，＋1.2，＋1.2，－2.8，＋0.2，＋0.2

$$E=\pm\frac{1}{\overline{X}}\sqrt{\frac{\sum\Delta^2}{n(n-1)}}=\pm\frac{1}{40.8}\sqrt{\frac{0.2^2\times4+1.2^2\times2+0.8^2+1.8^2+2.8^2+2.2^2}{10(10-1)}}$$

$$=\pm\frac{1}{40.8}\sqrt{\frac{19.6}{90}}=\pm1.14\%$$

$$K_p=\frac{t_{max}}{t_{min}}=\frac{43}{38}=1.13$$

查表 3-9 可知，观测次数满足要求。

⑤空钩回转

$$\overline{X}=\frac{50+49+48+49+51+50+50+48+49+48}{10}=49.2$$

Δ值为：＋0.8，－0.2，－1.2，－0.2，＋1.8，＋0.8，＋0.8，－1.2，－0.2，－1.2

$$E=\pm\frac{1}{\overline{X}}\sqrt{\frac{\sum\Delta^2}{n(n-1)}}=\pm\frac{1}{49.2}\sqrt{\frac{0.2^2\times3+0.8^2\times3+1.2^2\times3+1.8^2}{10(10-1)}}$$

$$=\pm\frac{1}{49.2}\sqrt{\frac{9.60}{90}}=\pm0.66\%$$

$$K_p=\frac{t_{max}}{t_{min}}=\frac{51}{48}=1.06$$

查表 3-9 可知，观测次数满足要求。

(3) 测时数据的整理

观测次数确定之后，要对测时数列进行分析整理，一般采用算术平均法。观测所得数据的算术平均值，即为所求延续时间。有时测时数列中个别延续时间偏差较大，影响算术平均值的准确性，为了使算术平均值更加接近于各组成部分的延续时间正确值，在整理测时数列时可进行必要的清理，删去那些显然是错误的以及偏差极大的数值。通过清理后所得出的算术平均值，通常称为平均修正值。

1) 在清理测时数列时，首先删掉完全是由于人为的因素影响而出现的偏差，如工作时间闲聊天、材料供应不及时造成的等候，以及测定人员记录时间的疏忽而造成的错误等所测得的数据，都应加以删掉，删掉的数据在测时记录表上作“×”记号。

2) 其次，删去由于施工因素的影响而出现的偏差极大的延续时间。如手压刨刨料遇到节疤极多的木料，挖土机挖土时挖斗的边齿刮到大石块上等。此类偏差大的数还不能认为完全无用，可作为该项施工因素影响的资料，进行专门研究。对此类删去的数据应在测时记录表中作“○”记号，以示区别。

3）清理偏差大的数据时，不能单凭主观想像，这样就失去了技术测定的真实性和科学性，同时也不能预先规定出偏差的百分率，偏差百分率对某些组成部分可能显得太大，而对另一些组成可能会显得不够。为了妥善清理此类偏差，可参照下列调整系数表（见表 3-10）和偏差极限算式进行。

误差调整系数 *K* 值表 表 3-10

观察次数	调整系数	观察次数	调整系数
5	1.3	11～15	0.9
6	1.2	16～30	0.8
7～8	1.1	31～53	0.7
9～10	1.0	53 以上	0.6

极限算式如下：

$$\lim_{max} = \overline{X} + K(t_{max} - t_{min})$$
$$\lim_{min} = \overline{X} - K(t_{max} - t_{min})$$

式中：$\lim_{max}$——最大极限值；

$\lim_{min}$——最小极限值；

t_{max}——最大值；

t_{min}——最小值；

$\overline{X}$——算术平均值；

K——调整系数（见表 3-10）。

清理的方法是：首先，从测得的数列中删去人为因素的影响而出现的偏差极大的数据；然后，再从留下来的测时数列中，试删去偏差极大的可疑数据，用表3-10和极限算式求出最大极限和最小极限；最后，再从数列中删去最大或最小极限之外偏差极大的可疑数值。

【例 3-5】 从表 3-7 中号次 1 挂钩组成部分测时数列中的数值为 31、32、33、32、43、30、33、33、33、32。试确定其修正后的算术平均值。

【解】 该数列中偏差大的可疑数值为 43。根据上述方法，先删去 43 这个数值，然后用极限算式计算其最大极限。计算过程如下：

$$\overline{X}=\frac{31+32+33+32+30+33+33+33+32}{9}=32.1$$

$$\lim_{max}=\overline{X}+K(t_{max}-t_{min})=32.1+1.0\times(33-30)=35.1$$

由于43大于35.1，显然应该从数列中删去43，所求修正后的平均算术值为32.1。

如果一组测时数列中有两个误差大的可疑数据时，应从最大的一个数值开始连续进行检核（每次只能删去一个数据）。如一组测时数列中有两个以上的可疑数据时，应将这一组测时数列抛弃，重新进行观测。

测时数据在删去了最大或最小极限之外的数据之后，计算保留下来的数据的算术平均值，将其填入测时记录表的算术平均值栏内，作为该组成部分在相应的条件下所确定的延续时间。测时记录表中的“时间总和”和“循环次数”栏，应按清理后的合计数填入。

3.工作日写实法

工作日写实法主要是用来研究工人全部工作时间中各类工时消耗，包括基本工作时间、准备与结束工作时间、休息时间、不可避免的中断时间和损失时间等的一种测定方法。运用这种方法可以分析哪些工时消耗对生产是有效的，哪些工时消耗是无效的，找出工时损失的原因，拟定改进的技术和组织措施、消除引起工时损失的因素，促进劳动生产率的提高。

（1）工作日写实法的分类

工作日写实法，根据写实对象的不同，可分为个人工作日写实、小组工作日写实和机械工作日写实三种。

1）个人工作日写实法是观察、测定一个工人在一个工作日内的全部工时消耗，这种方法最为常用。

2）小组工作日写实是测定同一个小组的工人在工作日内的工时消耗，它可以是相同工种的工人，也可以是不同工种的工人；前者是为了取得同工种工人的工时消耗资料，后者则主要是为了取得确定小组定员和改善劳动组织的资料。

3）机械工作日写实是测定某一机械在一个台班内机械效能发挥的程度，以及配合工作的劳动组织是否合理，其目的在于最大限度地发挥机械的效能。

（2）工作日写实法中个人工作日写实的步骤

上述几种工作日写实法中，个人工作日写实是使用比较广的一种写实方法，掌握了个人工作日写实法，也就能够理解或掌握其他几种工作日写实法。个人工作日写实，一般分为三个阶段进行：准备阶段、观察写实阶段、分析整理阶段。

1）准备阶段：

首先是了解写实对象的技术等级、工种、政治思想、文化程度等情况；了解机器设备的性能、维修保养、使用年限等情况；了解劳动分工、工种配备、工作地点的供应等生产和劳动组织的状况。

其次是明确写实目的，正确选择写实对象，最后是确定工时消耗的分类，按照写实对象的工作性质、工作地点的组织、技术情况进行工时分类，以便保证个人工作日写实的准确性。同时，要向工人讲清个人工作日写实的目的和意义，取得写实对象的支持和配合。

2）观察写实阶段：这个阶段主要是按工时消耗的次序进行实地观察与写实。要求将工作日（工作班）全部所有的活动情况，原原本本地记录在“个人工作日写实记录表”上。

3）分析整理阶段：主要是把观察写实阶段获得的资料，进一步加以分析整理。

（3）工作日写实法的基本要求

1）因素登记表

工作日写实主要是研究工时的利用和损失时间，不按工序研究基本工作时间和辅助工作时间的消耗，在填写因素登记表时，应对施工过程的组织和技术说明可简明扼要，不予详述。

2）时间记录

工作日写实法采用的表格及记录方法与写实记录法相同。一般个人工作日写实采用图示法写实记录表或数示法写实记录表；小组工作日写实采用混合法写实记录表；机械工作日写实采用混合法或数示法写实记录表。

3）延续时间

工作日写实法的总延续时间，是以不低于一个工作日为准，如其完成产品的时间消耗大于8小时，则应酌情延长观察时间。进行工作日写实，用普通有秒针的手表即可，它要求的时间记录准确度是不少于半分钟，若进行集体工作日写实，其准确度可以放得更宽些。

4）工作日写实法的观察次数

工作日写实观察次数应根据不同的目的要求确定，一般说来，如果是为了总结先进工人的工时利用经验，测定1～2次为宜；为了掌握工时利用情况或制定标准工时规范，应测定3～5次；为了分析造成损失时间的原因，改进施工管理，应测定1～3次，以取得所需要的有价值的资料。

（4）工作日写实结果的整理和汇总

工作日写实的研究对象是工作日内全部工时的利用和损失时间，工作日写实结果的整理，采用专门的工作日写实结果表，见表3-11。

1）表中“工时分类”栏，按定额时间和非定额时间的分类预先印好。整理写实记录的原始资料时，应按本表的时间分类要求汇总填写，如非定额时间的类别本表未包括者，可填入其他损失时间栏里，并将造成非定额时间的原因注明，无论进行哪一种工作日写实，均应统计所完成的产品数量。

工作日写实结果表 表 3-11

施工单位名称	测 定 日 期	延 续 时 间	调 查 号 次	页 次
三公司	06 年 7 月 25 日	8 小时 30 分		
施工过程名称	钢筋混凝土直形墙模板安装			

工时消耗表

序号	工时消耗分类	时间消费	百分比	施工过程中的问题与建议
	一、定额时间			本资料造成非定额时间的原因主要是： 1. 劳动组织不合理，开始由三人操作，中途又增加一人，在实际工作中经常出现一人等工的现象 2. 等材料，上班后领材料时未找到材料员，而造成等工 3. 产品不符合质量要求返工，由于技术交底马虎，工人对产品规格要求也未真正弄清楚，结果造成返工 4. 违反劳动纪律。主要是迟上班和工作时间闲谈 建议： 切实加强施工管理工作，班前要认真做好技术交底，职能人员要坚守岗位，保证材料及时供应，并预先办好领料手续，提前领料，科学地按定额规定每工应完成的产量结合工人实际工效安排劳动力，加强劳动纪律教育，按时上班，集中思想工作。 经认真改善后，劳动效率可提高25%左右
1	基本工作时间：适于技术水平的	1 198	74.5	
2	不适于技术水平的			
3	辅助工作时间	53	3.30	
4	准备与结束时间	14	0.87	
5	休息时间	12	0.75	
6	不可避免中断时间	9	0.58	
7	合计	1 286	80.0	
	二、非定额时间			
8	由于劳动组织的缺点而停工	19	1.18	
9	由于缺乏材料而停工	102	6.34	
10	由于工作地点未准备好而停工			
11	由于机具设备不正常而停工			
12	产品质量不符返工	132	8.21	
13	偶然停工（停电、停水、暴风雨）			
14	违反劳动纪律	69	4.27	
15	其他损失时间			
16	合计	322	20	
17	消耗时间总计	1 608	100	
	完成产品数量：	52.15m²		
	生产率：实际：1 608/（60×8×52.15）＝0.064 可能：1 286/（60×8×52.15）＝0.051	工日/m²		可以提高：（0.064/0.051－1）×100%＝25%

2）“施工过程中的问题与建议”栏，应根据工作日写实记录资料，分析造成非定额时间的有关因素，提出切实可行、有效的技术与组织措施的建议。在研究和拟定具体措施时，要注意听取有关技术人员、施工管理人员和工人的意见，尽可能使改进意见符合客观实际，如有的问题在一时受条件限制，还不易解决时，亦应提出供有关部门参考。

3）工作日写实结果表的主要内容填写步骤为：

①根据观测资料将定额时间和非定额时间的消耗（以分为单位）填入时间消耗栏内，并分别合计和总计；

②根据各定额时间和非定额时间的消耗量和时间总消耗量分别计算各部分的百分比；

③将工作日内完成产品的数量统计后，填入完成情况表中的完成产品数量；

④将施工过程中的问题与建议填入表内。

（5）工作日写实结果汇总

工作日写实结果汇总（见表 3-12）。该表将同一工作，不同施工过程的时间消耗百分率汇总在一张表上，供编制工程定额时使用。

工作日写实结果汇总表 表 3-12

施工单位名称	三公司三处	工种			木工		
序号	工时消耗分类	测定日期	06.7.25	06.7.28	06.5.13	06.5.14	加权平均数	附注
		延续时间	8小时30分	8小时	8小时	8小时		
		施工过程名称	直形墙模板安装	基础模板安装	杯形柱基模板安装	杯形柱基模板安装		
		班（组）长姓名	×××	×××	×××	×××		
		班（组）人数	3	2	3	4	12	
	一、定额时间							
1	基本工作时间：适于技术水平的		74.5	75.91	62.8	91.22	77.38	
2	不适于技术水平的							
3	辅助工作时间		3.30	1.88	2.35	1.48	2.22	
4	准备与结束时间		0.87	1.9	2.6	0.56	1.37	
5	休息时间		0.75	3.77	2.98	4.18	2.95	
6	不可避免中断时间		0.58				0.15	
7	合计		80.0	83.46	70.73	97.44	84.07	
	二、非定额时间							
8	由于劳动组织的缺点而停工		1.18	7.74			1.59	
9	由于缺乏材料而停工		6.34		12.4		4.69	
10	由于工作地点未准备好而停工			3.52	5.91		2.06	
11	由于机具设备不正常而停工							
12	产品质量不符返工		8.21	5.28		1.6	3.47	
13	偶然停工（停电、停水、暴风雨）				3.24		0.8	
14	违反劳动纪律		4.27		7.72	0.96	3.32	
15	其他损失时间							
16	合计		20	16.54	29.27	2.56	15.93	
17	消耗时间总计		100	100	100	100	100	

表中加权平均值的计算方法为：

$$\overline{X}=\frac{\sum R\beta}{\sum R}$$

式中：$\overline{X}$——算术平均值；

R——各工作日写实表中的人数；

β——各类工时消耗百分比。

【例 3-6】 表 3-12 中，各工作日写实结果中的人数分别为 3、2、3、4 人，基本工作时间消耗的百分率为 74.5%、75.91%、62.80%、91.22%，求加权平均百分率。

【解】

$$\overline{X}=\frac{\sum R\beta}{\sum R}=\frac{3\times 74.5\%+2\times 75.91\%+3\times 62.80\%+4\times 91.22\%}{3+2+3+4}=77.38\%$$

4. 简易测定法

上述三种方法虽然均可满足技术测定的要求，但都需要花费较多的人力和时间。在实际工作中可采用简易测定法，取得所需要的各种技术资料。

简易测定法是指采用前述三种方法中的某一种方法在现场观察时，将观察的组成部分简化。只测定组成时间中的某一种定额时间，如基本工作时间（含辅助时间），然后借助“工时消耗规范”（见表 3-13）计算出所需数据的一种简易方法。该方法省去了技术测定前诸多准备工作，减少了现场取得资料的过程，节省了人力和时间。优点是简便、速度快；缺点是不适合用来测定全部工时消耗。

基本工作时间的消耗可以用以下公式求得：

$$T_{基本}=\sum T_{工序}$$

式中：$T_{基本}$——基本工作时间消耗；

$T_{工序}$——以工序组成的工时消耗。

算出基本工作时间消耗后，借助“工时消耗规范”中有关工种的规范时间，采用定额时间计算公式，即可计算出某项定额指标。其计算式为：

$$T_{时间定额}=\frac{T_{基本}\times 100}{8\times 60\left[100-(T_{准备}+T_{休息}+T_{中断})\right]}$$

或：

$$时间定额=\frac{作业时间（基本工作时间）}{1-规范时间\%}$$

【例 3-7】 为取得编制 $1\frac{1}{2}$ 砖基础墙的定额资料，拟采用简易测定法。现场技术测定资料结果表明，完成 $1m^3$ 砌体基本工作时间（含辅助工作时间）为 140min，试计算该基础墙的时间定额的基础数据。

【解】 已知基本工作时间消耗为140min。依据表3-13中砖石工程的有关数据，准备与结束时间占工作时间6%，工人休息时间占工作时间12%，不可避免中断时间占工作时间4%。

则 $$时间定额=\frac{140\times100}{8\times60\left[100-(6+12+4)\right]}=0.37（工日）$$

准备与结束、休息、不可避免中断时间，占工作班时间的百分率参考表 表3-13

序号	时间分类 工种	准备与结束时间占工作时间（%）	休息时间占工作时间（%）	不可避免的中段时间占工作时间（%）
1	材料运输及材料加工	2	13～16	2
2	人力土方工程	3	13～16	2
3	架子工程	4	12～15	2
4	砖石工程	6	10～13	4
5	抹灰工程	6	10～13	3
6	手工木作工程	4	7～10	3
7	机械木作工程	3	4～7	3
8	模板工程	5	7～10	3
9	钢筋工程	4	7～10	4
10	现浇混凝土工程	6	10～13	3
11	预制混凝土工程	4	10～13	2
12	防水工程	5	25	3
13	油漆玻璃工程	3	4～7	2
14	钢制品制作及安装工程	4	4～7	2
15	机械土方工程	2	4～7	2
16	石方工程	4	13～16	2
17	机械打桩工程	6	10～13	3
18	构件运输及吊装工程	6	10～13	3
19	水暖电气工程	5	7～10	-3

3.2.3 技术测定的资料整理

1.确定影响工时消耗的具体因素

所谓影响工时消耗的具体因素，是指在对施工过程进行观察中，实际发生的对工时消耗发生作用的那些因素。无论是采用写实记录法、测时法、工作日写实法，还是采用简单测定法，在测时的同时，就要观察影响工时消耗的各种因素，测时完毕立即在专用表格上记录下来，并作出必要的、详尽的说明。

在确定因素时，要注意两类情况的记录，一类是构成该施工过程的各个条件，一类是在观察期间各因素的变化。应确定的因素包括以下内容：

（1）观察日期、工作班时间；

（2）施工过程名称以及所属公司、工区、工程项目；

（3）气温、雨量、风力；

（4）工人的详细情况（年龄、性别、文化程度、工种、等级、工龄、从事本专业的实际工作时间、工资制度、平均工资、参加劳动竞赛的情况、工作速度、上月劳动生产率等）；

（5）所使用的材料情况（材料类别、质量）；

（6）工具、设备及机械的详细说明；

（7）产品的规格和产量；

（8）工作地点与施工过程的组织与技术说明；

（9）产品数量的计数。

2. 因素反映表

因素反映，就是调查并详述所测施工过程中的有关基本因素。目的在于对该施工过程从技术上和组织上作全面的鉴定和说明。每进行一次测定，及时将所测施工过程的有关因素以及产品数量，填写在专用的“因素登记表”里，因素登记表见表 3-14。

因 素 登 记 表 表 3-14

<table>
<tr><td colspan="2">施工过程名称</td><td>建筑机构名称</td><td colspan="2">工 地 名 称</td><td>观 察 时 间</td><td>气温</td></tr>
<tr><td colspan="2">砌三层里外混水墙</td><td>×公司×施工队</td><td colspan="2">×厂宿舍楼</td><td>2006 年 7 月 24 日</td><td>26～30℃</td></tr>
<tr><td colspan="7">工程概况：三层楼每层两单元，带壁橱、阁楼、浴室。长 27.6m，宽 14m，高 3.0m</td></tr>
<tr><td colspan="7">施工队（组）人员组成：瓦工队共 28 人。其中：一级工 10 人，二级工 12 人，五级工 4 人，六级工 2 人；男 24 人，女 4 人；50 岁以上 6 人；高中生 2 人，初中生 18 人，小学以下 8 人</td></tr>
<tr><td colspan="7">施工方法和机械设备：手工操作，里架子，配备 2～5t 塔吊一台，翻斗一辆</td></tr>
<tr><td rowspan="6">技术测定情况</td><td>定额项目</td><td>单位</td><td>完成产品数量</td><td>实际工时消耗（工日）</td><td colspan="2">单位工时消耗（工日/m³）</td></tr>
<tr><td>瓦工砌 砌 $1\frac{1}{2}$ 砖混水外墙</td><td>m³</td><td>96</td><td>64.20</td><td colspan="2">0.669</td></tr>
<tr><td>瓦工砌 砌 1 砖混水内墙</td><td>m³</td><td>48</td><td>32.10</td><td colspan="2">0.669</td></tr>
<tr><td>瓦工砌 砌 1/2 砖隔断墙</td><td>m³</td><td>16</td><td>10.70</td><td colspan="2">0.669</td></tr>
<tr><td>壮工运输和调制砂浆</td><td></td><td></td><td>105.00</td><td colspan="2"></td></tr>
<tr><td>总计</td><td></td><td>160</td><td>212.00</td><td colspan="2"></td></tr>
</table>

续上表

影响工时消耗的组织和技术因素	1. 该宿舍楼是三层混水墙到顶，墙体厚度不一，建筑面积小，操作比较复杂； 2. 砖的质量不好，选砖比较费时； 3. 低级工比例过大，浪费工时现象比较普遍； 4. 高级工比例小，低级工做高级工活也比较普遍，技壮工配合不好； 5. 工作台的位置和砖的放置，不便于工人操作； 6. 瓦工操作不符合动作经济原则，取砖和砂浆动作幅度很大，极易疲劳； 7. 劳动纪律不太好，有些青年工人工作时间聊天、打闹
填表人：	填表日期：2006 年 7 月 25 日
备注	

3. 整理施工过程观察资料的基本方法

对每次技术测定的资料进行整理后，要对整个施工过程的观测资料进行系统的分析研究和整理。整理观测资料的方法基本上是两种，一种是平均修正法，一种是图示整理法。

（1）平均修正法

平均修正法是一种在对测时数列进行修正的基础上，取出平均值的方法。修正测时数列，就是在剔除或修正那些偏高、偏低的可疑数据。目的是保证不受那些偶然数据的影响。其具体做法见测时法数据的整理。

【例 3-8】 通过技术测定得到以下数据：10、12、11、11、13、12、10、13、13、20。根据公式，参照极限系数（表 3-10）确定应剔除的可疑值。

【解】 寻找数量中的可疑数：可以初步判断出是“20”；

计算数列平均值：

$$\overline{X}=\frac{10+12+11+11+13+12+10+13+13}{9}=11.7$$

计算最大极限值：11.7＋1（13-10）＝14.7

最小极限值：11.7－1（13-10）＝8.7

20 超出最大极限值 14.7，所以应予剔除。

计算测时数列的平均修正值，可以采用算术平均值，也可以采用加权平均值。当测时数列不受或很少受到数量影响时，采用算术平均值可以保证获得可靠的值，但是，如果测时数列受到产品数量影响时，采用加权平均值是比较科学的。

【例 3-9】 通过测时获得如下资料（见表 3-15）。比较加权平均值与算术平均值。

【解】 时间消耗加权平均值$=\frac{38.6+62.8+126.9}{10+20+30}=3.81$min/件

时间消耗算术平均值$=\frac{3.86+3.14+4.23}{3}=3.74$min/件

观察结果表　　表 3-15

观察号次	1	2	3
各次观察的时间消耗（min）	38.6	62.8	126.9
观察时间内完成产品的数量（件）	10	20	30
每一件产品的时间消耗（min）	3.86	3.14	4.23

显然，这里加权平均值是可靠的值。

（2）图示整理法

图示整理法只有在同一工作过程中或其组成部分的产品具有数种规格时才采用。例如，挖不同深度的地槽，锯不同长度的木板等。随着地槽深度和截锯长度的变化，工时消耗也发生变化。

下面以木梁上钻孔眼为例，说明图示整理法的应用。根据观察，在木梁上钻直径为 5cm 孔眼的工作，获得的资料见表 3-16。

不同孔深延续时间表　　表 3-16

孔的深度（cm）	5.5	12	14	17	17	20	25	27	28.5	33
钻一个孔的延续时间（min）	2.1	3.2	4.6	4.2	5.2	5.6	7.6	8.2	9.6	12.2

采用图示整理法，是将钻不同深度孔的工时消耗量用点画在图 3-2 上，然后研究点的位置。目的是确定工时消耗量的变化与因素数值（长度、深度、直径）的关系。这一关系在图上以一根或数根曲线表示。图上的点，如果代表多次观察的平均修正值，应在点上端注明观察次数。描绘曲线时应尽量接近观察次数多的点。

图 3-2 中点与点之间虚线的折度很大，反映出某些因素的影响（如木质硬度）。一般情况下，钻孔深度的均匀变化应使工时消耗也发生均匀变化。图示整理法的任务，就是在剔除不正常因素影响的前提下确定出孔深对工时消耗的影响。整理方法是在原来折度很大的基础上，画出一条较均匀的曲线。这条曲线应尽量地通过更多的点，并使线外两边的点数相同。

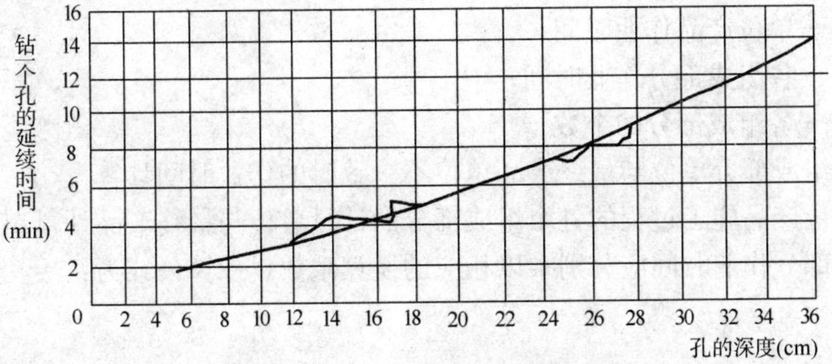

图 3-2　孔深与延续时间关系图

可见，图示整理法可以显示出观察的结果，确定出所求的定额消耗工时，并可避免发生较大的错误。此外，这种方法还可以确定某些未进行观察的同一施工过程的其他类型的延续时间。根据上例，可以确定出在木梁上钻孔（直径 5cm）的延续时间（见表 3-17）。

不同孔深与延续时间表 表 3-17

孔的深度（cm）	5	7	10	15	20	25	30	35
钻一个孔的延续时间（min）	1.9	2.3	2.9	4.2	5.7	7.7	10.3	13.4

另外，当某一过程或其他组成部分的延续时间，不是根据 1 个因素数值，而是根据 2 个或 3 个因素数值转移时，那么在图上所连成的将是 2 条、3 条或更多条曲线。

3.2.4 定额时间的确定

在全面分析了各种影响因素的基础上，通过技术测定资料，我们可以获得定额的各种必须消耗时间。将这些时间进行归纳，有的是经过换算，有的是根据不同的工时规范附加，最后把各种定额时间加以综合和类比就是整个工作过程的时间定额。

1. 作业时间

根据测定资料的分析和选择，我们可以获得各种产品的基本工作时间和辅助工作时间，将这两种时间合并，我们称之为作业时间。它是产品主要的必要消耗的工作时间，是各种因素的集中反映，决定着整个产品的定额水平。

（1）各组成部分与最终产品单位一致时的作业时间计算

如果单位产品施工过程的各个组成部分与最终产品是同一个计量单位时，则单位产品作业时间就是施工过程各个组成部分作业时间的总和，计算公式为：

$$T_1=\sum_{i=1}^{n}t_i$$

式中：T_1——单位产品作业时间；

t_i——各组成部分作业时间；

n——各组成部分的个数。

（2）各组成部分单位与最终产品单位不一致时的作业时间计算

如果单位产品施工过程的各个组成部分的计量单位与最终产品计量单位不相同时，各组成部分作业时间应分别乘以相应的换算系数。计算公式为：

$$T_1=\sum_{i=1}^{n}k_i\times t_i$$

式中：k_i——对应于 t_i 的换算系数。

（3）工作日作业时间

工作日作业时间，等于单位产品作业时间乘以每工产量。计算公式为：

$$T'_1 = T_1 \times m$$

式中：T'_1——工作日作业时间；

T_1——单位产品作业时间；

m——每工产量。

同理，如果先知道工作日作业时间，求单位产品作业时间的计算公式为：

$$T_1 = \frac{T'_1}{m}$$

（4）换算系数的分析

因为各种类型的计量单位之间有着不同的函数关系，无法统一规定。为了说明起见，现举例如下。

【例 3-10】 砌砖墙勾缝的计量单位是平方米，假定我们不是采取直接量测面积的方法，而是随着砖墙厚度按砌体体积计算，设每平方米墙面所需的勾缝时间为10min，试求各种不同墙厚每立方米砌体所需的勾缝时间。

【解】（1）1砖厚的砖墙，其每立方米所含的墙面面积是：$\frac{1}{0.24}=4.17\text{m}^2$

则每立方米砌体所需的勾缝时间是：4.17×10＝41.7min

（2）一砖半厚的砖墙，其每立方米所含的墙面面积是：$\frac{1}{0.365}=2.76\text{m}^2$

则每立方米砌体所需的勾缝时间是：2.76×10＝27.6min

（3）二砖厚的砖墙，其每立方米所含的墙面面积是：$\frac{1}{0.49}=2.04\text{m}^2$

则每立方米砌体所需的勾缝时间是：2.04×10＝20.4min

2. 准备与结束工作时间

准备与结束工作时间分为工作日和任务两种。

工作日准备与结束时间又称为班内的准备与结束时间，它只反映一天内上班的准备工作时间与下班前的结束工作时间。任务准备与结束时间是对一批任务而言，在一批任务需要几天完成时所做的准备与结束时间。

（1）工作日（班）内准备与结束时间

通常在测定资料中就可以获得一定的工作日准备与结束时间的数据，根据这些数据资料加以分析整理便可取定。另外，我们也可以通过编制准备与结束时间占工作日延续时间百分比的方式来确定准备与结束时间。部分专业工作工作日的准备与结束时间占工作日延续时间百分比表见表 3-18。

部分专业工作工作日的准备与结束时间占工作日延续时间百分比　　表 3-18

序号	工作名称	占全部时间的百分比	序号	工作名称	占全部时间的百分比
1	油漆	2～3	11	混凝土	2.5～3.5
2	白铁	2～3	12	粗木房盖及楼地板制作及安装	2～3
3	钢筋绑扎	3～4	13	木模制作、安装与拆除	3.5～4.5
4	细木机械制作	3～4	14	电焊	2～3
5	机械吊装	2.5～3.5	15	筛洗砂石	1.5～2
6	抹灰	2.5～3.5	16	单、双轮车运输	2.5～3.5
7	钢筋平直、切断、弯曲、除锈	2.5～3.5	17	人力挖土、夯土等工作	1.5～2
8	细木手工制作与安装	3.5～4.5	18	挖河卵石	1.5～2
9	粗木天棚及隔墙制作与安装	2～5	19	人工扛运	2.0～2.5
10	砖、瓦	2.0～2.5	20	铺油毡与熬沥青工作	3～4

1）工作日准备与结束时间占工作日作业时间百分比计算公式：

$$P_a=\frac{T'_2\times 100\%}{T'_1}$$

式中：P_a——工作日准备与结束时间占工作日作业时间百分比；

T'_2——工作日准备与结束时间；

T'_1——工作日作业时间。

2）单位产品准备与结束时间计算公式：

$$T_2=T_1\times P_a$$

式中：T_2——单位工作日准备与结束时间；

T_1——单位产品作业时间。

【例 3-11】已知绑扎 T 型梁钢筋，工作日作业时间是 420min，工作日准备与结束时间是 26min，共完成产品 3.66t，求仅包括作业时间和准备与结束时间的单位产品时间定额。

【解】工作日准备与结束时间占工作日作业时间百分比：

$$P_a=\frac{26\times 100\%}{420}=6.19\%$$

单位产品作业时间：$T_1=\frac{420}{3.66}=115\text{min}$

单位产品准备与结束时间：$T_2=115\times 6.19\%=7.2\text{min}$

单位产品中仅包括作业时间和准备与结束时间的时间定额：

时间定额＝115＋7.2＝122.2min/t

（2）任务的准备与结束时间

任务的准备与结束时间是在一批任务的开始与结束时产生的，不一定反映在每一个工作班里。假如一批任务需要五天完成，那么，第一天的准备时间和第五天的结束时间可能很长，因为它不同于每天上下班交底、清理工作地点以及收拾工具等的工作日准备与结束时间。

任务的准备与结束时间不能集中放入某一个工作日中，而要采取分摊计算的方法，分摊在单位产品的时间定额里。

1）单位产品时间定额只考虑作业时间和任务的准备与结束时间

计算公式为：

$$N'_{1.2}=\frac{T''_2}{V}+T_1$$

式中：$N'_{1.2}$——只考虑作业时间和任务的准备与结束时间的单位产品时间定额；

T''_2——任务的准备与结束时间；

V——任务量；

T_1——单位产品作业时间。

2）最小任务量确定及其作业

通过上式，可以知道，任务量的大小，决定着分摊数值的多少。如果我们把5%的任务的准备与结束工作时间列入单位产品的时间定额中去，那么可知：

$$N'_{1.2}=T_1\ (1+5\%)\ =1.05T_1$$

如果我们再考虑5%的计算误差，那么：

$$\frac{T''_2}{V}=\ (0.05+0.05)\ T_1=0.1T_1$$

从理论上讲，任务量V是可以扩大或减少到任何极限程度。为了合理分摊任务的准备与结束时间，在编制定额时，首先要规定一个适用于定额的最小任务量V_{min}，将V_{min}代入上式中，就得到：

$$\frac{T''_2}{V_{min}}=0.1T_1$$

即：

$$V_{min}=\frac{T''_2}{0.1T_1}$$

确定适用于定额最小任务量的目的在于，在计算小于这个任务情况下的单位产品时间定额，该时间定额应该乘以适当的修正系数，调整时间定额。

【例3-12】 屋面挂瓦每$100m^2$的作业时间为120min，排尺寸、清理场地等准备与结束时间为38min，试求V_{min}及其修正系数。

【解】 ①$N'_{1.2}=T_1\ (1+5\%)\ =1.05T_1=1.05\times120=126min$

②$V_{min}=\frac{T''_2}{0.1T_1}=\frac{38}{0.1\times120}=3.16\ (100m^2)$

取3.00（100m²）为定额适用最小任务量。

③$V\geqslant3.00$（100m²）或以上时，时间定额应为126min；

④$V=1.00$（100m²）或以上时，$K_1=\dfrac{120+38}{126}=1.25$

⑤$V=2.00$（100m²）或以上时，$K_2=\dfrac{120+38/2}{126}=1.10$

3. 休息时间

休息时间是指工人在劳动中为了恢复体力所必需消耗的休息时间。

休息时间应该根据工作繁重程度及劳动条件而定，必须根据多次观察的资料加以综合分析，拟定一个各类工程疲劳程度和应该休息的时间标准。这个标准，一般以工作日必需休息的时间占工作班全部延续时间的百分比表示。土建安装工程施工的正常情况下的工人附加必需休息时间和劳动强度见表3-19。

正常的工人附加必需休息时间表 表3-19

工 作 名 称	强 度 类 别	占全部作业时间（%）
油漆 白铁（包括通风制作） 钢筋绑扎 细木机械制作 机械吊装、低压电工、仪表安装	轻体力工作	5
钢筋平直、切断、弯曲、除锈 细木手工制作与安装 电气照明安装 金属容器及构件制作 金属油罐制作、管道安装	中体力工作	5～9
混凝土、抹灰、砖瓦 粗木房盖及楼地板制作及安装 木模制作、安装与拆除 电焊、粗木天棚及隔墙制作与安装 筛洗砂石 双胶轮车运输	重体力工作	7～13
人力挖土、夯土等工作	较重工作	10～20
挖河卵石		
人力扛运		
铺油毡与熬沥青工作	特殊工作	10～25

（1）工作日休息时间计算

运用上表中工作日休息时间占工作日全部作业时间的百分比，就可以计算出工作日休息时间的数值，即：

$$T'_3=\text{占工作日全部作业时间百分比}\times 480\text{min}$$

（2）工作日休息时间占工作日作业时间百分比计算

$$P_b=\frac{T_3{}'\times 100\%}{T'_1}$$

式中：P_b——工作日休息时间占全部作业时间百分比；

T'_3——工作日休息时间；

T'_1——工作日作业时间。

（3）单位产品休息时间计算

$$T_3=P_b\times T_1$$

（4）只计算包括作业时间和休息时间的单位产品时间定额

$$N_{1.3}=T_1+T_3=T_1+(T_1\times P_b)=T_1(1+P_b)$$

（5）只计算包括作业时间、休息时间和准备与结束时间的单位产品时间定额

$$N_{1.2.3}=T_1+T_2+T_3=T_1[1+(P_a+P_b)]$$

4. 不可避免的中断时间

不可避免的中断时间是指由于施工过程技术操作和组织上的各种原因，所造成的不可避免的中断时间。工作日的不可避免中断时间 T'_4 可以通过测定观察取得。

（1）不可避免中断时间占工作日作业时间百分比计算

$$P_c=\frac{T'_4\times 100\%}{T'_1}$$

（2）单位产品不可避免中断时间计算

$$T_4=P_c\times T_1$$

（3）不可避免中断时间的分析

在计时观察分析中，不可避免中断时间的确定是一项比较复杂的工作，应该根据具体情况分析确定。

1）当不可避免中断时间过长，生产中断，工人有机会利用这些时间消除疲劳，则休息时间可相应减少。减少幅度可视生产实际情况而定。

2）当中断时间产生在工作日的开始，此时工人才上班，不需要休息，这时只能视为不可避免中断时间。

3）有时，不可避免中断时间可能产生在小组的部分工人之间。鉴于此原因，可在制定的休息时间内减去一部分不可避免中断时间。但为了确保工人平均每小时至少有 3min 的连续休息时间，减少后的休息时间不能少于全部工作时间的 5%。

5. 定额时间的制定

人工定额的定额时间包括作业时间、准备与结束时间、休息时间、不可避免中

断时间。其计算公式为：

$$N = T_1 + T_2 + T_3 + T_4 = T_1[1+(P_a + P_b + P_c)]$$

【例 3-13】根据个人工作日写实资料，已知：作业时间 422min；完成砌砖 1.73m³，工作日准备与结束时间 26min；休息时间 17min；不可避免中断时间 15min。

试求单位产品（每 m³ 砌体）的时间定额。

【解】（1）单位产品作业时间：

$$T_1=\frac{422}{1.73}=244\text{min/m}^3$$

（2）工作日准备与结束时间占工作日作业时间百分比计算公式：

$$P_a=\frac{26\times100\%}{422}=6.16\%$$

（3）工作日休息时间占工作日作业时间百分比计算：

$$P_b=\frac{17\times100\%}{422}=4\%$$

（4）不可避免中断时间占工作日作业时间百分比计算：

$$P_c=\frac{15\times100\%}{422}=3.56\%$$

（5）单位产品时间定额：

$$\begin{aligned}N&=T_1+T_2+T_3+T_4=T_1\ [1+\ (P_a+P_b+P_c)]\\&=244\times\ (1+6.16\%+3.56\%+4\%)\ =277.5\text{min/m}^3\end{aligned}$$

3.3 科学计算法

3.3.1 工程材料分类及耗用量计算原理

1. 工程材料的分类

建筑工程所需要的一切材料、半成品及成品，按其对工程的用途，可分为工程直接性材料、辅助性材料以及周转性材料三种。

（1）工程直接性材料，为一次性消耗、直接用于工程上构成建筑物或结构本体的材料，如钢筋混凝土柱中的钢筋、水泥、砂、碎石等。

（2）辅助性材料，虽也是施工过程中所必须的材料、却并不构成建筑物或结构本体的材料，如土石方爆破工程中所需的炸药、引线、雷管等。

（3）周转性材料，也叫措施性材料，不能直接构成建筑工程实体，是在施工过程中为辅助完成建筑物或结构本体而周转使用的材料，如模板、脚手架、支撑等。

2.工程材料的耗用量计算原理

建筑工程中各种材料的耗用量主要通过以下四种方法获得：

（1）现场技术测定法

现场技术测定法又叫观察法，是通过在施工现场对生产某一产品的材料消耗量进行实际测定的一种方法。该方法是根据测定资料，通过对产品的数量、材料消耗量、材料净用量的计算，确定出单位产品的材料消耗量或损耗量。

1）采用现场技术测定法来确定工程材料消耗量时，观察对象的选择要求：

①建筑物应具有代表性；

②施工技术和条件符合操作规范的要求；

③建筑材料的规格和质量符合技术规范的要求；

④被观测对象的技术操作水平、工作质量和节约用料情况良好。

2）观察前的准备工作：

①技术准备：研究被测定的材料性质、规格和质量，研究材料的运输条件和运输方法、材料的堆放地点和堆放方法，以及操作方法和劳动组织，并准备称量工具等。

②组织准备，事先与工人队组联系，说明观测的目的和要求，在观察中及时测定完成工程数量消耗的材料数量以及材料的废料和损耗数量，并加以整理。

现场技术测定法主要适用于确定材料的损耗量。通过现场观察，可测定出材料损耗的数量，区别出哪些是可以避免的损耗，哪些是属于难于避免的损耗，明确定额中不应列入可以避免的损耗。

（2）实验室实验法

实验室实验法是在实验室内进行观察生产合格产品材料消耗量的方法。这种方法主要研究产品强度与材料消耗量的数量关系，以获得各种配合比，并以此为基础计算出各种材料的消耗数量。

这种方法的优点是能更深入、更详细地研究各种因素对材料消耗的影响；缺点是无法估计到施工现场某些因素对材料消耗量的影响。在定额实际运用中，应考虑施工现场条件和各种附加的损耗数量。

（3）现场统计法

又称为现场统计分析法，是以施工现场积累的分部分项工程使用材料数量、完成产品数量、完成工作原材料的剩余数量等统计资料为基础，经过分析整理，计算出单位产品材料消耗量的方法。

该方法的基本思路为：某分项工程施工时共领料 N_0，项目完工后，退回材料

的数量为 ΔN_0，则用于该分项工程上的材料数量为：

$$N=N_0-\Delta N_0$$

若该产品的数量为 n，则该单位产品的材料消耗量为：

$$m=\frac{N}{n}=\frac{N_0-\Delta N_0}{n}$$

该方法比较简单易行，但也有缺陷，一是该方法一般只能确定材料总消耗量，不能确定净用量和损耗量；二是其准确程度受到统计资料和实际使用材料的影响。

(4) 科学计算法

科学计算方法是根据施工图和建筑构造要求，用科学计算公式计算出产品的材料净用量的方法。这种方法较适合计算对不易产生损耗，且容易确定废料的材料消耗量的计算。在实际运用中还要计算出各种材料的损耗量，与材料净用量相加才能得到材料的总耗用量。

建筑工程材料耗用量的计算是通过以上几种方法或几种方法相结合来确定的。下面主要说明如何用科学计算法来确定直接性材料、周转性材料以及半成品配比材料的耗用量。

3.3.2 直接性材料用量计算

直接性材料，指在建筑工程施工中，一次性消耗并直接构成工程实体的材料。例如，各种墙体砖以及砌块、垫层材料、面层材料、装饰用块板、屋面瓦、门窗材料等。

1. 砖以及砌块用量计算

(1) 标准砖墙体材料用量计算

$$\text{每立方米砖墙体中砖的净用量（块）}=\frac{2\times K}{\text{墙厚}\times(\text{砖长}+\text{灰缝})\times(\text{砖厚}+\text{灰缝})}$$

每立方米砖墙体中砂浆的净用量（m^3）$=1-$砖的净用量×砖长×砖厚×砖宽

式中：K——墙厚的砖数，即一砖墙为 1，一砖半墙为 1.5。

墙厚、砖长、砖厚、砖宽、灰缝的计量单位均为 m，以下公式中均如此。

(2) 标准砖基础材料用量计算

等高式放脚基础标准砖用量计算的约定如下：

砖基础只包括从第一层放脚上表面至最后一层放脚下表面的体积，见图 3-3。

每层放脚的放出宽度为 62.5mm，每层放脚的高度为 126mm。

$$\text{砖用量}=\frac{(\text{墙厚的砖数}\times2\times\text{层数}+\sum\text{放脚层数值})\times2}{(\text{墙厚}\times\text{放脚层数}+\text{放脚宽}\times2\times\sum\text{放脚层数值})\times\text{放脚层高}\times(\text{砖长}+\text{灰缝})}\ (\text{块}/m^3)$$

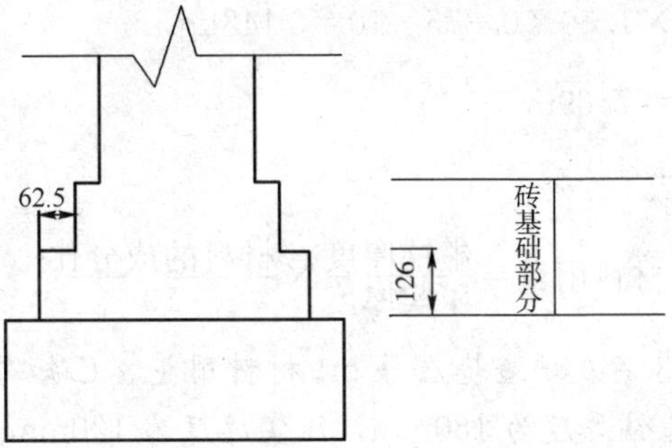

图 3-3 砖基础示意图

（3）其他砖及砌块材料用量计算

$$砖量=\frac{1}{（砖长+灰缝）\times 砖宽\times（砖厚+灰缝）}\quad（块/m^3）$$

$$砂浆量=1-（砖数\times 每块砖体积）\quad（m^3）$$

2. 垫层材料用量计算

铺设垫层材料厚度有虚铺厚度与压实厚度，两者之比称为压实系数。

$$压实系数=\frac{虚铺厚度}{压实厚度}$$

垫层材料用量计算方法有如下：

（1）质量比计算法

$$混合物重量=\frac{单位体积}{\frac{甲材料占\%}{甲材料容量}+\frac{乙材料占\%}{乙材料容量}+\cdots}\quad（kg）$$

$$材料净用量=混合物重量\times 压实系数\times 材料\%\quad（kg）$$

【例 3-14】 粘土炉渣配合比为 1∶0.6。粘土容量为 $1400kg/m^3$，炉渣容量为 $800kg/m^3$。虚铺厚度为 240mm，压实厚度为 160mm。求每 $10m^3$ 材料用量。

【解】 粘土用量（%）$=\frac{1}{1+0.6}\times 100\%=62.5\%$

炉渣用量（%）$=\frac{0.6}{1+0.6}\times 100\%=37.5\%$

压实系数 $=\frac{240}{160}=1.50$　　混合物重量 $=\frac{1}{\frac{0.625}{1\,400}+\frac{0.375}{800}}=1\,093kg$

每 $10m^3$ 材料用量：

粘土用量 $=1\,093\times 1.50\times 0.625\times 10=10\,247kg$

粘土体积 $=\frac{10\,247}{1\,400}=7.32m^3$

炉渣用量＝1 093×1.50×0.375×10＝6 148kg

炉渣体积＝$\frac{6\ 148}{800}$＝7.69m³

(2) 体积比计算法

$$每\ m^3\ 材料用量=\frac{虚铺厚度}{压实厚度}\times\frac{材料的成分比}{10}\quad (m^3)$$

【例 3-15】 求 1∶3 石灰炉渣垫层每 m³ 材料用量。已知每 m³ 粉化石灰需生石灰用量为 501.5kg，虚铺厚度为 180mm，压实厚度为 120mm。

【解】 1∶3 相当于 2.5∶7.5，每立方米材料用量为：

$$石灰用量=\frac{180}{120}\times\frac{2.5}{10}\times501.5=188kg\quad 炉渣用量=\frac{180}{120}\times\frac{7.5}{10}=1.13m^3$$

(3) 石灰、砂、碎砖三合土配合比材料用量计算方法

每立方米实体积与虚体积计算公式：

$$材料量系数=\frac{1}{甲材料实体积+乙材料实体积+\cdots}$$

$$材料实体积=材料占配合比\times(1-材料空隙率)$$

$$每立方米材料用量=每立方米虚体积\times材料量系数$$

$$材料空隙率=\left(1-\frac{容重}{密度}\right)\times100\%$$

【例 3-16】 1∶1∶4 石灰、砂、碎砖三合土垫层，求每立方米材料用量。已知石灰孔隙率 0.45，砂孔隙率 0.35，碎砖孔隙率 0.45。

【解】 石灰实体积＝1－0.45＝0.55；砂实体积＝1－0.35＝0.65；碎砖实体积＝（1－0.45）×4＝2.2。

每立方米材料用量为：

$$材料量系数=\frac{1}{0.55+0.65+2.2}=0.294\quad 石灰用量=1\times0.294\times501.5=147.5kg$$

$$砂用量=1\times0.294=0.294m^3\quad 碎砖用量=4\times0.294=1.176m^3$$

3. 块料面层材料用量计算

每 100m² 面层块料数量、灰缝及结合层材料用量计算公式如下：

$$100m^2\ 块料用量=\frac{100}{(块料长+灰缝宽)\times(块料宽+灰缝宽)}\quad (块)$$

$$100m^2\ 灰缝用量=[100-(块料长\times块料宽\times100m^2\ 块料用量)]\times灰缝厚$$

$$结合层用量=100m^2\times结合层厚度$$

【例 3-17】 1∶2 水泥砂浆贴 500mm×500mm×12mm 花岗岩板墙面，灰缝 1mm，砂浆结合层 5mm 厚，试计算 100m² 墙面的花岗岩和砂浆净用量。

【解】每 $100m^2$ 墙面花岗岩净用量 $=\dfrac{100}{(0.5+0.001)\times(0.5+0.001)}$

$=398.40$ 块/$100m^2$

每 $100m^2$ 墙面砂浆净用量＝结合层砂浆＋灰缝砂浆

$=0.005\times100+[100-(0.5\times0.5\times398.40)]\times0.012=0.505m^3/100m^2$

4. 装饰用块板用量计算

随着科学技术和建筑材料工艺的迅速发展，建筑装饰材料在不断增加，特点是装饰用块料（板）材料品种繁多，如建筑陶瓷面砖、釉面砖、天然大理石板、彩色水磨石板、塑料贴面砖、铝合金压型板、顶棚材料钙泡沫板、石膏板装饰板等。

（1）铝合金装饰板用量计算

$$100m^2\text{ 净用量}=\frac{100}{\text{块长}\times\text{块宽}}\quad\text{（块）}$$

（2）石膏装饰板、釉面砖、天然大理石用量计算

$$100m^2\text{ 净用量}=\frac{100}{(\text{块长}+\text{拼缝})\times(\text{块宽}+\text{拼缝})}\quad\text{（块）}$$

5. 屋面瓦用量计算

建筑工程房屋用瓦有平瓦（水泥瓦、粘土瓦）和波纹瓦（石棉水泥波纹瓦、塑料波纹瓦），适用规格和搭接尺寸见表 3-20。

屋面瓦的搭接表 表 3-20

项目	规格（mm）		搭接（mm）	
	长	宽	长	宽
水泥平瓦	385	235	85	33
粘土平瓦	380	240	80	33
小波石棉瓦	1 820	725	150	62.5
大波石棉瓦	2 800	994	150	165.7

屋面瓦用量计算公式为：

$$100m^2\text{ 净用量}=\frac{100}{\text{瓦有效长}\times\text{瓦有效宽}}\quad\text{（块）}$$

式中：瓦有效长——规格长减搭接长；

瓦有效宽——规格宽减搭接宽。

【例 3-18】如铺 $100m^2$ 水泥瓦屋面，求水泥瓦净用量。

【解】查表 3-20 得，规格为 385mm×235mm，搭接长为 85mm，宽为 33mm。

$$100m^2\text{ 净用量}=\frac{100}{(0.385-0.085)\times(0.235-0.033)}=1\,651\text{ 块}$$

6. 卷材（油毡）用量计算

油毡规格为 0.915m×21.86m，每卷 $20m^2$。按《屋面工程施工质量验收规范》（GB 50207—2002）规定要求搭接长边不小于 10cm，短边不小于 15cm。

$$100m^2\text{ 净用量}=\frac{20\times100}{(\text{卷材宽}-\text{长边搭接})\times(\text{卷材长}-\text{短边搭接})}\quad(m^2)$$

【例 3-19】 卷材铺设时长边搭接 12cm，短边搭接 16cm，求 $100m^2$ 材料净用量。

【解】 $100m^2\text{ 净用量}=\frac{20\times100}{(0.915-0.12)\times(21.86-0.16)}=115.93m^2$

7. 门窗材料用量计算

（1）门窗框木材净用量的计算

每 1 延长米门窗框木材的净用量（m^3）

$$=\text{毛断面}\times\left(\text{框料 1 延长米}+\frac{\text{一樘门窗框后备长度}}{\text{一樘框料延长米}}\right)$$

式中毛断面为净断面加刨光损耗，一面刨光加 3mm，两面刨光加 5mm。

（2）门窗扇木材净用量的计算

1）门窗扇的框料计算方法同门窗框。

2）门扇板材的净用量计算：

每平方米门扇的板材净用量（m^3）

$$=[(\text{门扇高}-\text{冒头总高}+\text{板材后备长度})\times(\text{门扇宽}-\text{主梃总宽}+\text{板材后备长度})]\times\text{毛板厚度}\times\frac{1}{\text{门扇面积}}$$

其中木材后备长度见表 3-21。

木材后备长度参考表 表 3-21

序号	名　称	说　明	后备长度（cm）
1	门框立坎	1. 有下坎者按图注外口尺寸	2
		2. 无下坎者按图注外口尺寸	5
2	门框上、中、下坎	按图注外口尺寸	2
3	窗框	按图注尺寸	2
4	门窗立梃	按图注尺寸	5
5	门扇冒头	按图注尺寸	2
6	门心板	按图注尺寸长宽各增加	2
7	窗扇立梃	按图注尺寸	4

续上表

序号	名　　称	说　　明	后备长度（cm）
8	窗扇上下冒头	按图注尺寸	2
9	亮子料	应加长度与窗扇同	
10	门窗扇玻璃棂	按图注尺寸	2
11	间壁墙筋	按图注尺寸	2
12	天棚主楞、楼地楞	按图注尺寸	2
13	木装修板枋料		2

【例 3-20】 试计算图 3-4 所示全板镶板门的锯材净用量。

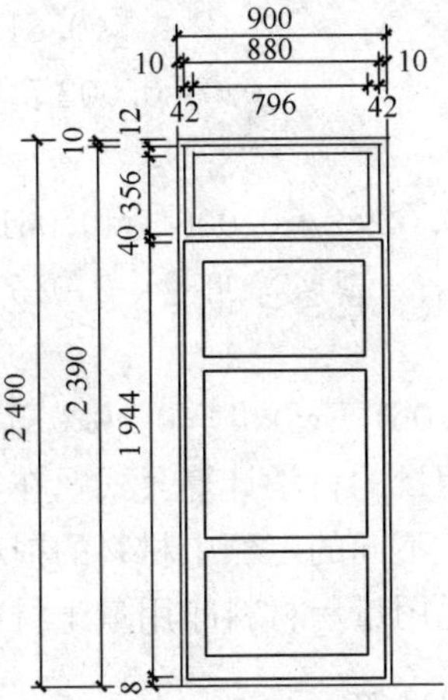

图 3-4　全板镶板门示意图

【解】（1）门框锯材净用量的计算

95×42 断面（小枋）门框锯材净用量＝(0.095＋0.005)×(0.042＋0.003)×［(2.39×2＋0.88)＋(0.05×2＋0.02)］

＝0.004 5×5.78＝0.026 0m^3

95×50 断面（中枋）门框锯材净用量＝(0.095＋0.005)×(0.050＋0.005)×(0.88＋0.02)

＝0.005 5×0.9＝0.005 0m^3

（2）门扇锯材净用量的计算

①门扇框料

95×40 断面（小枋）锯材净用量＝(0.095＋0.005)×(0.040＋0.005)×［(0.816×3＋1.944×2)＋(0.02×3＋0.05×2)］

＝0.004 5×6.496＝0.029 2m^3

175×40 断面（厚板）锯材净用量＝（0.175＋0.005）×（0.040＋0.005）×（0.816＋0.02）

＝0.008 1×0.836＝0.006 8m^3

②门扇板材

门扇板材净用量＝［1.994－（0.175＋0.095×3）＋0.02×3］（0.816－0.095×2＋0.02）×（0.01＋0.005）

＝1.594×0.646×0.015＝0.015 4m^3

（3）亮子锯材净用量

55×40 断面（小枋）亮子锯材净用量＝（0.055＋0.005）×（0.040＋0.005）［（0.816＋0.356）×2］

＝0.002 7×2.344＝0.006 3m^3

总结得出：

小枋净用量＝0.026 0＋0.029 2＋0.006 3＝0.061 5m^3

中枋净用量＝0.005 0m^3　　薄板净用量＝0.015 4m^3

厚板净用量＝0.006 8m^3

每樘门锯材净用量为：0.061 5＋0.005 0＋0.015 4＋0.006 8＝0.088 7m^3

以上是对直接性材料净用量的科学计算公式，在实际制定各种定额的材料消耗量时，要考虑材料的损耗量，不同的定额中材料的损耗率不同。其计算公式如下：

材料总耗用量＝材料净用量＋材料损耗量

3.3.3　周转性材料用量计算

周转性材料是指在施工过程中随着多次使用而逐渐消耗的材料。该类材料在使用过程中不断补充、不断重复使用。如临时支撑、钢筋混凝土工程用的模板、脚手架的架料以及土方工程使用的挡土板等。因此，周转性材料应按照多次使用，分次摊销的方法进行计算。

周转性材料消耗的指标有：一次使用量、周转使用量、回收量、摊销量、补损率。

一次使用量是周转材料周转一次的基本量，即一次投入量；周转使用量是每周转一次的平均使用量，即全部周转次数共投入量除以周转次数的数量；回收量是指总回收量除以周转次数的平均回收量；摊销量是指定额规定的平均一次消耗量，是应分摊到每一分项工程上的消耗量，也是纳入定额的实际消耗量；周转次数是周转材料重复使用的次数，可以用统计法或观察法确定；补损率是指周转材料第二次及以后各次周转中，为了补充上次使用产生不可避免损耗量的比率，一般采用平均损耗率来表示。

1. 现浇混凝土模板用量计算

（1）每 m^3 混凝土的模板一次使用量计算

$$每m^3混凝土的模板一次使用量=\frac{1m^3混凝土接触面积\times每m^2接触面积模板净用量}{1-制作损耗率}$$

（2）周转使用量计算

$$周转使用量=一次使用量\times\frac{1+（周转次数-1）\times补损率}{周转次数}$$

（3）回收量计算

$$回收量=一次使用量\times\frac{1-补损率}{周转次数}$$

（4）摊销量计算

$$摊销量=周转使用量-回收量\times折旧率$$

【例 3-21】 根据选定的现浇混凝土矩形梁设计图纸算出，每 $10m^3$ 矩形梁模板接触面积为 $69.8m^2$，每 $10m^2$ 接触面积需板材 $1.64m^3$，制作损耗率为 5%，周转次数为 6，补损率为 15%，木板折旧率为 50%。试计算每 $10m^3$ 矩形梁的模板摊销量。

【解】 模板一次使用量计算：$一次使用量=\frac{6.98\times1.64}{1-5\%}=12.05m^3$

周转使用量计算：$周转使用量=12.05\times\frac{1+（6-1）\times15\%}{6}$

$$=12.05\times0.29=3.49m^3$$

回收量计算：$回收量=12.05\times\frac{1-15\%}{6}=12.05\times0.14=1.69m^3$

摊销量计算：$摊销量=3.49-1.69\times50\%=2.65m^3/10m^3$

2. 预制混凝土模板用量计算

预制混凝土构件模板摊销量计算，不考虑损耗率，按多次使用，平均分摊的办法计算。其计算公式为：$摊销量=\frac{一次使用量}{周转次数}$

【例 3-22】 根据选定的预制钢筋混凝土过梁图纸，计算出每 $10m^3$ 构件的模板接触面积为 $98.64m^2$，每 $10m^2$ 所需板材用量为 $1.32m^3$，制作损耗率为 5%，周转次数为 30。试计算每 $10m^3$ 预制过梁的模板摊销量。

【解】 模板一次使用量计算：$一次使用量=\frac{9.864\times1.32}{1-5\%}=13.71m^3$

模板摊销量计算：$摊销量=\frac{13.71}{30}=0.457m^3/10m^3$

3.混凝土模板用量通用计算

模板摊销量计算不分现浇和预制构件，均采用一个公式计算，其计算公式为：

$$摊销量=\frac{一次使用量\times(1+施工损耗率)}{周转次数}$$

【例 3-23】根据某施工图计算出每 $10m^3$ 矩形柱的组合钢模板接触面积为 $87m^2$，损耗率为 1%，周转次数为 50 次。试计算每 $10m^3$ 矩形柱的组合钢模板摊销量。

【解】组合钢模板摊销量 $=\frac{87\times(1+1\%)}{50}=1.76m^2/10m^3$

4.脚手杆、板和钢管脚手架用量计算

脚手架材料的摊销公式为：

$$摊销量=\frac{单位一次使用量\times(1-残值率)\times一次使用期}{耐用期}$$

【例 3-24】已知 9m 内木制单排的脚手杆一次使用量 $5.12m^3$，残值率为 10%，一次使用期为 3 个月，耐用期为 96 个月，求其摊销量。

【解】 摊销量 $=\frac{5.12\times(1-10\%)\times3}{96}=0.144m^3$

3.3.4 半成品配比材料用量计算

直接性材料除了以上介绍的以外，还包括一些半成品配比材料，这些材料的用量可以通过试验室实验的方法来确定。

1.抹灰砂浆材料用量计算

抹灰砂浆分为水泥砂浆、石灰砂浆、混合砂浆（水泥石砂浆）。抹灰砂浆配合比均以体积比计算，其材料用量按体积比计算公式为：

$$砂子用量(m^3)=\frac{砂子比例数}{配合比总比例数-砂子比例数\times砂子空隙率}$$

$$水泥用量(kg)=\frac{水泥比例数\times水泥堆积密度}{砂子比例数}\times砂子用量$$

$$石灰膏用量(m^3)=\frac{石灰膏比例数}{砂子比例数}\times砂子用量$$

当砂用量计算超过 $1m^3$ 时，因其孔隙容积已大于灰浆数量，均按 $1m^3$ 计算。其水泥堆密度按 1 300kg/m^3，砂密度按 2.6g/cm^3，砂堆密度按 1 500kg/m^3，即有：

$$砂孔隙率=\left(1-\frac{1\,500}{2.6\times1\,000}\right)\times100\%=42\%$$

【例 3-25】水泥石灰浆配合比为 1∶0.3∶3（水泥∶石灰膏∶砂），$1m^3$ 石灰膏需要生石灰重量为 600kg，求每立方米砂浆的各材料用量。

【解】 砂子用量（m^3）$=\dfrac{3}{1+0.3+3-3\times0.42}=0.987m^3$

$$水泥用量（kg）=\frac{1\times1\,300}{3}\times0.987=427.7kg$$

石灰膏用量（m^3）$=\dfrac{0.3}{3}\times0.987=0.099m^3$　生石灰（kg）$=0.099\times600=59.4kg$

2.纯水泥浆材料用量计算

纯水泥浆，其用水量按水泥的35%计算，即$m_w=0.35m_c$。

1m^3纯水泥浆中水泥净体积与水的净体积之和应为1m^3水泥浆。则有：

$$\frac{m_c}{\rho_c}+\frac{m_w}{\rho_w}=1$$

式中：m_c——1m^3纯水泥浆中水泥用量，kg；

m_w——1m^3纯水泥浆中水用量，$m_w=0.35m_c$，kg；

ρ_c——水泥的密度，kg/m^3；

ρ_w——水的密度，kg/m^3。

【例3-26】 计算1m^3纯水泥砂浆的材料用量。水泥堆密度按1 300kg/m^3，密度按3.10g/cm^3，用水量按水泥的35%计算，水密度按1 000kg/m^3。

【解】

$$\frac{m_c}{\rho_c}+\frac{m_w}{\rho_w}=1$$

因用水量按水泥的35%计算，即$m_w=0.35m_c$，代入已知数据可得：

$$\frac{m_c}{3\,100}+\frac{0.35m_c}{1\,000}=1$$

解方程可得：$m_c=1\,487kg$，则$m_w=0.35\times1\,487=520kg$。

可得出：水泥在混合前的体积为：$v=\dfrac{m}{\rho}=\dfrac{1\,487}{1\,300}=1.144m^3$

3.耐酸砂浆材料用量计算

耐酸砂浆属于特种砂浆，其配合比均按质量比方法计算，计算公式为：

设甲、乙、丙三种材料，其密度分别为A、B、C，配合比分别为a、b、c，则

$$单位用量G=\frac{1}{a+b+c}\times100\%\qquad 甲材料用量=G\times a$$

$$乙材料用量=G\times b\qquad 丙材料用量=G\times c$$

$$配合后1m^3砂浆质量=\frac{1}{\dfrac{G\times a}{A}+\dfrac{G\times b}{B}+\dfrac{G\times c}{C}}$$

1m^3砂浆需要各种用量为：

甲材料=每立方米砂浆容量×（$G\times a$）　乙材料=每立方米砂浆容量×（$G\times b$）

丙材料＝每立方米砂浆容量×（$G\times c$）

另外，材料用量还可以简化为下式计算：

材料用量＝配合比（质量比）×材料容量

【例 3-27】 耐酸沥青砂浆配合比（质量比）为 1.3∶2.4∶7.2（沥青∶石英粉∶石英砂），求材料用量。其中沥青密度 1 100kg/m³，石英粉密度 2 700kg/m³，石英砂密度 2 700kg/m³。

【解】 单位用量 $G=\dfrac{1}{1.3+2.4+7.2}\times 100\%=0.0917$

$$沥青单位用量=0.0917\times 1.3=0.119$$

$$石英粉单位用量=0.0917\times 2.4=0.220$$

$$石英砂单位用量=0.0917\times 7.2=0.660$$

$$1\mathrm{m}^3\ 耐酸砂浆容量=\frac{1}{\dfrac{0.119}{1\,100}+\dfrac{0.220}{2\,700}+\dfrac{0.660}{2\,700}}=2\,304\mathrm{kg}$$

$$沥青质量=2\,304\times 0.119=274\mathrm{kg}$$

$$石英粉质量=2\,304\times 0.220=507\mathrm{kg}$$

$$石英砂质量=2\,304\times 0.660=1\,521\mathrm{kg}$$

3.4　定额制定简易方法

定额制定简易方法主要包括比较类推法、统计分析法以及经验估计法。

3.4.1　比较类推法

1. 比较类推法的概念

比较类推法又叫典型定额法，它是以同类或相似类型的产品、工序的典型定额项目的水平或技术测定的实耗工时记录为依据，经过与相邻定额的分析比较、归类、推导确定同一组相邻定额工时消耗量的方法。

2. 比较类推法的特点

（1）按比例类推定额

比较类推法主要采用正比例的方法来推算其他同类定额的消耗量，进行比较的定额项目之间必须是相似的或同类型的，具有明显的可比性，如果缺乏可比性就不能采用此法。

（2）方法简便，有一定的适用范围

该方法适用于同类型、规格多、批量小的施工过程。随着施工机械化、标准化、装配化程度的不断提高，这种方法的适用范围逐步扩大。

(3) 采用典型定额类推

为了提高定额的准确程度和可靠性，通常采用以主要项目作为典型定额来类推。在对比分析时，要抓住主要影响因素，并考虑技术革新和挖潜的可能性。

3. 比较类推的计算方法

比较类推法常用的有比例数示法和坐标图示法两种。

(1) 比例数示法

比例数示法又叫比例推算法。选择好典型定额项目后，通过技术测定或根据统计资料确定出它们的定额水平，以及相邻项目间的比例关系，运用正比例的方法计算出同一组定额中其余相邻的项目水平的方法。

比例数示法可用下列公式进行计算：

$$t=p\times t_0$$

式中：t——比较类推相邻定额项目的工时消耗量；

t_0——典型定额项目的工时消耗量；

p——已确定出的比例。

【例 3-28】 已知人工挖地槽土方的一类土时间定额及一类土与二、三、四类土人工挖地槽定额的比例关系如表 3-22 所示，试计算二，三，四类土人工挖地槽的时间定额。

挖地槽时间定额比例数示法确定表 表 3-22

项目	比例关系	挖地槽深在 1.5m 以内 上口宽在（ ）m 以内		
		0.8	1.5	3
一类土	1.00	0.133	0.115	0.108
二类土	1.43	0.190	0.164	0.154
三类土	2.50	0.333	0.288	0.270
四类土	3.76	0.500	0.432	0.406

【解】 当地槽上口宽在 0.8m 以内的时间定额：

二类土：$t=1.43\times 0.133=0.190$

三类土：$t=2.50\times 0.133=0.333$

四类土：$t=3.76\times 0.133=0.500$

当地槽上口宽在 0.8～1.5m 之间时的时间定额：

二类土：$t=1.43\times 0.115=0.164$

三类土：$t=2.50\times 0.115=0.288$

四类土：$t=3.73\times 0.115=0.432$

当地槽上口宽在1.5～3.0m之间时的时间定额：

二类土：$t=1.43\times0.108=0.154$

三类土：$t=2.50\times0.108=0.270$

四类土：$t=3.76\times0.108=0.406$

（2）坐标图示法

坐标图示法又叫图表法，即采用坐标图和表格来制定工程定额的方法。以横坐标表示影响因素的变化，纵坐标表示产量或工时消耗的变化。

其具体做法是：选择一组同类型典型定额项目，采用技术测定或统计资料确定各项的定额水平，在坐标图上用“点”表示，连接各点成一曲线，此曲线即是影响因素与工时（产量）之间的变化关系，它反映出工时消耗量随着影响因素变化而变化的规律。从定额曲线上即可找出所需的全部项目的定额水平。

采用坐标图示法，选择的一组典型定额项目（即坐标点），数量越多，精确度越高；数量越少，精确度越低。但过多或过少都会失去比较类推的意义。实践证明，同一组典型定额项目（坐标点）一般以4点以上为宜，不得少于3点。

【例3-29】机动翻斗车运输砂子，已知典型的定额项目的时间定额如表3-23所示，试求运距为200m、600m，1 200m，2 000m的时间定额。

机动翻斗车运砂子的典型时间定额 表3-23

项　目	单　位	运　距（m）			
		140	400	900	1 600
运砂子	工日	0.126	0.182	0.240	0.333

【解】用表中所列的典型时间定额为点作图，得出运砂子的曲线（见图3-5）。从图中的曲线上即可找出所需要的同一组相邻项目的定额水平，如表3-24。从图上定额曲线可以看出，机动翻斗车运输，工日消耗量随着运距增加而逐步增加，运

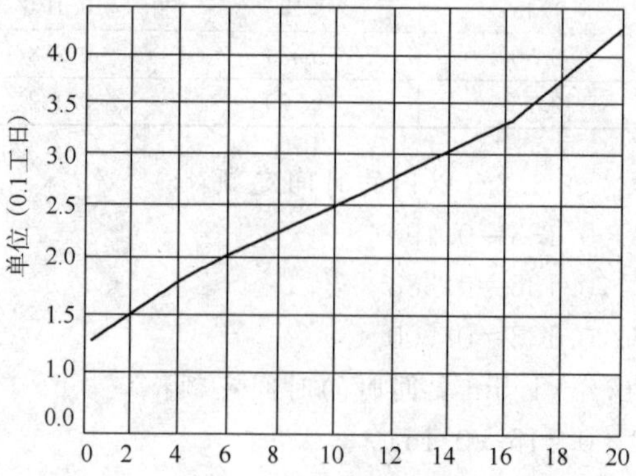

图3-5 机动翻斗车运砂子时间定额坐标图

距越短，水平变化越小，运距越长，水平变化越大，反映了影响因素同工时之间一定的变化规律。

用坐标图示法确定出的定额　　表3-24

项　目	单　位	运距（m）			
		200	600	1 200	2 000
运砂子	工日	0.150	0.208	0.278	0.390

表中相邻运距项目的时间定额，即系从坐标图上的定额曲线，通过网格部分计算出的定额水平。这些数据还可以根据有关资料作必要的修正，使定额水平更符合影响因素与工时之间的变化规律。用这种方法制定定额，简便易行，一目了然。

3.4.2　统计分析法

1. 统计分析法的概念

统计分析法，就是把过去施工中同类工程或生产同类产品工时消耗（或产品完成数量）的统计资料，同当前生产技术、施工组织条件的变化因素结合起来，进行分析研究后，确定定额的方法。

2. 统计分析法的要求

统计分析法简便易行，工作量小，适合于施工（生产）条件正常、产品稳定、批量大、统计工作制度健全的施工（生产）过程和施工企业，通常与技术测定法并用。但是由于统计资料只是实耗工时的记录，在统计时并没有剔除生产技术组织中不合理的因素，只能是反映已经达到的劳动生产率水平，因此，也只适用于某些次要的定额项目以及某些无法进行技术测定的项目。

采用统计分析法制定定额时，应着重考虑和做好以下五项工作。

（1）健全原始记录和统计工作制度；

（2）统计资料要以单项统计和实物效率统计资料为主；

（3）合理选择统计资料和统计对象；

（4）统计资料的整理、优化；

（5）统计资料的比较。

3. 统计分析法的计算方法（以达到平均先进水平为例）

（1）二次平均法

统计分析资料反映的是工人过去已经达到的水平，在统计时并没有也不可能剔除施工（生产）过程中不合理的因素，因而这个水平一般偏于保守。为了使确定的定额水平保持平均先进性，可采用二次平均法对统计分析资料进行整理、优化。

二次平均法的计算公式及步骤如下：

1）剔除统计资料中特别偏高、偏低，根据因素分析属于明显不合理的数据。

2）计算平均数（简单算术平均值或加权平均数）。简单算术平均值的计算公式为：

$$\bar{t}=\frac{t_1+t_2+\cdots t_n}{n}=\frac{\sum_{i=1}^{n}t_i}{n}$$

式中：n——表示数据个数；

$\sum_{i=1}^{n}t_i$——表示各个数据之和（“加总”）。

加权平均数的计算公式为：

$$\bar{t}=\frac{1}{\sum f}\sum ft$$

式中：f——表示频数，即某一数值在数列中出现的次数；

$\sum f$——表示将数列中各个不同数值出现次数的总和；

$\sum ft$——表示将数列中各个不同数值与各自出现的次数相乘，然后把各个乘积加起来的总和。

3）计算平均先进值

将数列中小于平均值的各数值求平均值（对于时间定额）或将数列中大于平均值的各数值求平均值（对于产量定额），然后再将其与简单算术平均数相加求平均数，即求第二次平均数。该平均数就是确定定额水平的依据。计算公式为：

对于工时定额：$$\bar{t}_o=\frac{\bar{t}+\bar{t}_n}{2}$$

式中：$\bar{t}_o$——二次平均后的平均先进值；

$\bar{t}$——全数平均值；

$\bar{t}_n$——小于全数平均值的各个数值的平均值。

对于产量定额：$$\bar{p}_o=\frac{\bar{p}+\bar{p}_k}{2}$$

式中：$\bar{p}_o$——二次平均后的平均先进值；

$\bar{p}$——全数平均值；

$\bar{p}_k$——大于全数平均值的各个数值的平均值。

【例 3-30】已知由统计得来的工时消耗数据资料为：40、60、70、70、70、60、50、50、60、60，试用二次平均法计算其平均先进值。

【解】求第一次平均值：

$$\bar{t}=\frac{1}{10}（40+60+70+70+70+60+50+50+60+60）=59$$

或 $\bar{t}=\frac{1}{1+2+3+4}(1\times40+2\times50+4\times60+3\times70)=59$

求平均先进值：

$$\bar{t}_n=\frac{40+50+50}{3}=46.67$$

求二次平均先进值为：

$$\bar{t}_o=\frac{\bar{t}+\bar{t}_n}{2}=\frac{59+46.67}{2}=52.84$$

此 52.84 即可作为这一组统计资料整理优化后的数值，可用作确定定额的依据。

【例 3-31】 某企业一个车间 2 月份生产类似产品的资料如表 3-25，试计算平均先进值。

××车间 2 月份生产情况统计表 表 3-25

产量（件/日）	完成人数	组中值	每组产量
16～20	12	18	216
21～25	40	23	920
26～30	56	28	1 568
31～35	32	33	1 056
合计	140		3 760

【解】 计算总平均值：

$$\bar{t}=\frac{1}{\sum f}\sum ft=\frac{\sum(\text{每组产量})}{\sum(\text{每组工人})}=\frac{3\,760}{140}=26.9$$

计算总平均值所在组先进部分的工人数：

平均值所在组先进部分的工人数

$$=\frac{\text{平均值所在组上限值}-\text{平均值}}{\text{平均值所在组的组距}}\times\text{平均值所在组人数}=\frac{30-26.9}{30-26}\times56=44$$

计算平均值所在组先进部分的组中值：

$$\text{平均值所在组先进部分的组中值}=\frac{\text{平均值所在组上限}+\text{平均数}}{2}=\frac{30+26.9}{2}=28.5$$

计算平均值所在组先进部分的产量：

平均值所在组先进部分的产量＝平均值所在组先进部分的工人数×平均值所在组先进部分的组中值＝44×28.5＝1 254

计算平均先进值：

$$\text{平均先进值}=\frac{1\,254+1\,056}{44+32}=30\text{ 件/日}$$

与其他生产环节的措施平衡后，每日 30 件即为工人的平均先进产量定额，按此产量定额可求出相对应的时间定额。

$$\text{工人每班 8 小时} = 60\text{ 分} \times 8 = 480\text{ 分}$$

$$\text{时间定额} = \frac{480\text{ 分}}{30\text{ 件}} = 16\text{ 分/件}$$

此结果即可作为这一组统计资料整理优化后的数值，可用作确定定额的依据。

(2) 概率测算法

用二次平均法计算出的结果，一般偏向于先进，可能多数工人达不到，不能较好地体现平均先进的原则。概率测算可以运用统计资料计算出可望有多少百分比的工人，可能达到作为确定定额水平的依据，其计算公式及步骤如下：

1）确定有效依据

对取得某施工过程的若干次工时消耗数据进行整理分析，剔除明显偏低或偏高的数据。

2）计算工时消耗的平均值

$$\bar{t} = \frac{t_1 + t_2 + \cdots t_n}{n} = \frac{\sum_{i=1}^{n} t_i}{n}$$

（公式中字母的含义同二次平均法计算公式）

3）计算工时消耗数据的样本标准差

$$S^2 = \frac{1}{n-1}\sum_{i=1}^{n}(x_i - \bar{t})^2$$

或
$$S = \sqrt{\frac{1}{n-1}\sum_{i=1}^{n}(x_i - \bar{t})^2}$$

式中：S——样本标准差；

n——数据个数；

x_i——工时消耗数据（i=1、2、3……n）；

$\bar{t}$——工时消耗平均值。

4）运用正态分布公式确定定额水平

$$t = \bar{t} + \lambda S$$

式中：t——定额工时消耗；

$\bar{t}$——工时消耗平均值；

λ——S 的系数，从正态分布表 3-26 中可以查到对应于 λ 值的概率 P（λ）；

S——样本标准差。

正 态 分 布 表 表 3-26

λ	P (λ)	λ	P (λ)	λ	P (λ)	λ	P (λ)	λ	P (λ)
−2.5	0.01	−1.5	0.07	−0.5	0.31	0.5	0.69	1.5	0.93
−2.4	0.01	−1.4	0.08	−0.4	0.34	0.6	0.73	1.6	0.95
−2.3	0.01	−1.3	0.10	−0.3	0.38	0.7	0.76	1.7	0.96
−2.2	0.01	−1.2	0.12	−0.2	0.42	0.8	0.79	1.8	0.96
−2.1	0.02	−1.1	0.14	−0.1	0.46	0.9	0.82	1.9	0.97
−2.0	0.02	−1.0	0.16	−0.0	0.50	1.0	0.84	2.0	0.98
−1.9	0.03	−0.9	0.18	0.1	0.54	1.1	0.86	2.1	0.98
−1.8	0.04	−0.8	0.21	0.2	0.58	1.2	0.88	2.2	0.98
−1.7	0.04	−0.7	0.24	0.3	0.62	1.3	0.90	2.3	0.99
−1.6	0.06	−0.6	0.27	0.4	0.66	1.4	0.92	2.4	0.99

【例 3-32】已知某施工过程工时消耗的各次统计值为 40、60、70、70、70、60、50、50、60、60（同例 3-30），试用概率测算法确定 86%的工人能够达到的定额值和超过平均先进值的概率各为多少？

【解】求算术平均值：

$$\bar{t}=\frac{1}{10}(40+60+70+70+70+60+50+50+60+60)=59$$

计算样本标准差

$$S=\sqrt{\frac{1}{n-1}\sum_{i=1}^{n}(x_i-\bar{t})^2}$$

$$=\sqrt{\frac{1}{10-1}[(40-59)^2+2\times(50-59)^2+4\times(60-59)^2+3\times(70-59)^2]}$$

$$=9.94$$

确定使 86%的工人能够达到的工时消耗定额，由正态分布表 3-26 可查到，当 $P(\lambda)=0.86$ 时，$\lambda=1.1$，故使 86%的工人能够达到的工时消耗定额为：

$$t=\bar{t}+\lambda S=59+1.1\times9.94=69.93$$

确定能超过平均先进值的概率：

由例 3-30 求出的平均先进值为 52.84，计算出能达到此值的概率：

$$\lambda=\frac{\bar{t}_0-\bar{t}}{S}=\frac{52.84-59}{9.94}=-0.62$$

查表 3-26 得 $P(-0.62)=0.264$，即只有 26.4%的工人能达到这个水平。

3.4.3 经验估计法

1. 经验估计法的概念

经验估计法一般是由定额人员、工程技术人员和工人结合在一起，根据个人或集体的实践经验，经过图纸分析和现场观察、了解施工工艺、分析施工生产的技术组织条件和操作方法的繁简难易程度，通过座谈、分析计算后确定定额消耗量的方法。

2. 经验估计法的资料依据

（1）施工过程和工艺规程，例如施工程序、施工组织、施工操作方法、质量要求等等。

（2）施工过程中使用的机具，设备的型号、规格和效能。

（3）施工过程中采用的原材料和构件的品种、规格、性能，以及对劳动效率的影响情况。

（4）施工时的劳动组织情况，如工人的技术等级、人员配备和实际技术水平、劳动效率等等。

（5）同类或类似工序历史上已达到的生产水平和劳动量消耗的统计资料。

3. 经验估计法的基本方法

（1）经验估计法的概念

运用经验估计法制定定额，以施工工序为对象，将工序细分为操作，先分别估出操作的基本工作时间，然后考虑辅助工作时间、准备与结束时间和休息时间，再根据这些时间综合整理并对整理结果予以优化处理，最终得出该项工序的时间定额或产量定额。

（2）经验估计法的优缺点

经验估计法的优点是简便易行；工作量小，易于掌握，随着情况变化便于对定额进行及时的制定和修改；速度快，可以缩短制定定额的时间。

其不足之处是：对新工艺、新技术、新施工方法或新型机械设备的安装进行估计时，其定额容易出现偏高或偏低的现象；定额时间水平不易平衡，或高或低，准确性比较差；对构成定额的各种因素缺乏分析研究；技术依据不足，容易受到参加制订定额人员的水平和经验的影响，不易挖掘生产潜力。

因而，经验估计法只适用于产品品种多、批量小、不易计算工作量的施工作业，通常作为一次性定额使用。对常用施工项目，不宜采用经验估计法制定定额。

（3）经验估计法制定定额的注意事项

1）依靠群众，加强调查研究

应选择那些作风正派，具有丰富实践经验的工人和工程技术人员参加估计工作，对同一项定额应选择几种不同类型反复座谈讨论，多方征求群众意见，然后定案，避免将个人或局部的经验作为确定定额水平的依据，使制定出的定额趋于片面性。

2）加强分析、研究工作

仔细分析施工过程的生产技术组织条件，研究历史经验资料，充分考虑完成定额的各类影响因素，反复比较平衡，尽可能提高经验估计定额的精确度，减少主观片面性的影响。

3）对经验估计资料进行优化处理

经验估计定额由于受估计工作人员的经验和水平的局限，对同一个项目的定额，往往会提出先进、保守和一般几种不同的水平，定额的准确性很难保证。因此，必须对提出的各种数据进行分析、整理。

4）严格审批程序，加强定额管理

经验估计定额要按规定程序审批，未经批准不得执行。采用经验估计定额实行计件工资时，要建立工时实耗记录，单独核算定额完成情况。对完成定额的超额幅度一般应有所限制。

4. 经验估计法的计算方法

（1）算术平均值法

当对一个施工工序或产品进行工时消耗量估计时，大家提出了较多的估计值，这时就可以采用算术平均值的方法计算工时消耗量。其计算公式为：

$$\overline{X}=\frac{1}{n}\sum_{i=1}^{n}x_i$$

式中：$\overline{X}$——算术平均值；

n——数据个数；

x_i——第 i 个数据。

如果经验估计过程中，大家提出的估计值较多（如 10 个以上）时，我们还可以采用去掉其中最大、最小值后，再用算术平均值的方法来确定定额工时消耗量。

【例 3-33】 某项工序的工时消耗量通过有经验的有关人员分析后，提出了如下数据：1.24、1.36、1.24、1.20、1.52、1.23、1.30、1.32、1.18、1.12、1.19，试用算术平均值法确定定额工时。

【解】 去掉一个最大值 1.52，去掉一个最小值 1.12；

计算其余数据的算术平均值：

$$\overline{X}=\frac{1}{n}\sum_{i=1}^{n}x_i=\frac{1}{9}(1.24+1.36+1.24+1.20+1.23+1.30+1.32+1.18+1.19)=1.25\text{ 工时}$$

(2) 经验公式与概率估计法

为了尽量提高经验估计定额的准确度，使制定的定额水平比较合理，可以在经验公式的基础上采用概率的方法来估算定额工时。

该方法是有经验的人员，分别对某一个施工过程进行估算，从而得出三个工时消耗数值：先进的（乐观估计）为α，一般的（最大可能）为m，保守的（悲观估计）为b，然后用经验公式求出它们的平均值$\bar{t}$。经验公式如下：

$$\bar{t}=\frac{\alpha+4m+b}{6}$$

均方差为：
$$\sigma=\left|\frac{\alpha-b}{6}\right|$$

根据正态分布的公式，调整后的工时定额为：$t=\bar{t}+\lambda\sigma$

式中的λ为σ的系数，从正态分布表3-26中，可以查到对应λ值的概率P（λ）。

【例3-34】 已知完成某施工过程的先进工时消耗6h，保守的工时消耗为14h，一般的工时消耗为7h，问：(1) 如果要求在9.3h内完成，其完成任务的可能性有多少？(2) 要使完成任务的可能性P（λ）=90%，则下达的工时定额应是多少？

【解】 (1) 求9.3h内完成该施工过程的可能性：

已知：$\alpha=6\text{h}$，$b=14\text{h}$，$m=7\text{h}$，$t=9.3\text{h}$

$$\bar{t}=\frac{\alpha+4m+b}{6}=\frac{6+4\times7+14}{6}=8\text{h}$$

$$\sigma=\left|\frac{\alpha-b}{6}\right|=\left|\frac{6-14}{6}\right|=1.3h$$

$$\lambda=\frac{t-\bar{t}}{\sigma}=\frac{9.3-8}{1.3}=1$$

由$\lambda=1$从表3-26中查得对应的P（λ）=0.84

即在给定工时消耗为9.3h时，要求完成任务的可能性有84%。

(2) 由P（λ）=90%=0.9，由表3-26中查得相应的$\lambda=1.3$，代入计算公式得：

$$t=8+1.3\times1.3=9.7\text{h}$$

即当要求完成任务的可能性P（λ）=90%时，下达的工时定额应为9.7h。

习题

1. 简述工程定额的编制方法。
2. 在技术测定法中如何确定工程定额中工人和机械工作时间消耗量的过程？

3. 定额时间如何确定?

4. 计算 $10m^3$240mm 厚砖墙标准砖和砌筑砂浆净用量。

5. 某标准砖基础，基础墙厚 240mm，有三层等高式放脚，试计算该基础每立方米用标准砖净数量。

6. 蒸压实心灰砂砖规格为 240mm×175mm×115mm，横竖砖缝为 10mm，计算每立方米净用砖数以及砂浆用量。

7. 有铝合金装饰压型板，规格为 800mm×600mm，求 $100m^2$ 净用压型板块数。

8. 天然大理石，规格为 300mm×300mm，灰缝为 5 mm，求 $100m^2$ 净用大理石块数及砂浆用量。

9. 水泥石灰浆配合比为 1∶0. 3∶4（水泥∶石灰膏∶砂），其水泥堆密度按 1 300kg/m^3 计，$1m^3$ 石灰膏需要生石灰重量为 600kg，砂子孔隙率为 42%求每立方米材料用量。

10. 定额制定的简易方法有哪些?

11. 采用测时法测定某施工过程的工时消耗，并计算算术平均值、先进平均值、稳定系数和时间定额。要求至少测 10 次以上并剔除不合理因素。

12. 采用写实法测定某施工过程的工时消耗，并计算出时间定额和产量定额。

第4章 企业定额和施工定额

学习要点

本章详细讲解了企业定额的概念、分类、作用、编制原则、编制依据、编制方案与步骤，并在此基础上了介绍了企业施工定额的概念、作用及其人工消耗定额、材料消耗定额、施工机械台班消耗定额的编制和应用，阐述了计价定额的编制原理和过程。通过本章的学习应了解企业定额的概念、分类、作用及编制依据，熟悉企业定额的编制方案与步骤；掌握企业施工定额人工消耗、材料消耗、机械台班消耗定额的编制和应用；掌握计价定额组成、编制原理和方法；并对工程量清单模式下人工消耗、材料消耗、机械台班消耗定额的编制有所了解和掌握。

4.1 企业定额概述

随着我国加入WTO与工程量清单计价方法的实施步骤不断加快，作为施工企业，将面临着更为严峻的挑战。施工企业必须及早更新观念，提高竞争意识，在市场竞争中形成自己成熟有效的定额和价格体系，才能在日趋激烈的国际、国内市场竞争中立于不败之地。因此施工企业如何结合本企业特色和经营状况编制自己的一套企业定额，已经成为当务之急。

企业定额在不同的历史时期有着不同的概念。在计划经济时期，企业定额是国家统一定额、行业定额或地方定额中缺项定额的补充，供企业内部临时使用，而不是一级管理层次。在市场经济条件下，企业定额有了新的内涵，它是企业参与市场竞争，自主报价的依据。《建筑工程施工发包与承包计价管理办法》（中华人民共和国建设部令第107号）第七条第二款规定："投标报价应当依据企业定额和市场价格信息，并按照国务院和省、自治区、直辖市人民政府建设行政主管部门发布的工程造价计价办法进行编制"。它应该能反映企业的综合实力、技术水准和经营水准，是企业确定工程成本和投标报价的依据。

2003年国家颁布了《建设工程的工程量清单计价规范》（GB 50500—2003），

要求施工企业必须具备自身的技术专长、工程设备及材料来源渠道以及自身的管理水平等因素来编制企业的企业定额，同时为了在激烈的市场竞争中立于不败之地，在投标中能够中标，其制定的企业定额还必须具有本身的特色，这样才能真实地反映中标企业的工程施工管理水平。

4.1.1 企业定额概念、分类及作用

1. 企业定额概念

企业定额是企业内部根据自身的生产力水平，结合企业实际情况编制的符合本企业实际利益的定额。它是一个企业自身的劳动生产率、成本降低率、机械利用率、管理费用节约率与材料合理使用等的集中体现，也是企业采用先进工艺改变常规施工程序从而大大节约企业成本开支的方法。企业定额水平一般应高于国家现行定额水平，才能满足生产技术发展、企业管理和市场竞争的需要，才能在激烈的市场竞争中赢得利润。

对于建筑安装企业来说，所谓企业定额，是指建筑安装企业根据本企业的技术水平和管理水平，编制完成单位合格产品所必需的人工、材料和施工机械台班的消耗量以及其他生产经营要素消耗的数量标准。企业定额反映企业的施工生产与生产消费之间的数量关系，是施工企业生产力水平的体现。

企业的技术和管理水平不同，企业定额的定额水平也就不同。因此，企业定额是施工企业进行施工管理和投标报价的基础和依据，企业定额是企业的商业秘密，是企业参与市场竞争的核心竞争能力的具体表现。

2. 企业定额的分类

企业计价定额包括企业的计量定额、直接费定额和费用定额三个部分，而计量定额是其他定额编制的基础。

(1) 计量定额

计量定额是以工作内容为对象，以各种因素消耗量形式表现的定额。主要包括材料消耗定额、材料损耗率定额、劳动定额、机械使用定额、机械台班费用定额等。

这些定额的编制除了参考全国统一建设工程基础定额的编制方法和内容外，还要考虑企业的具体情况。如企业的劳动力搭配情况、机械设备装备情况、材料利用及来源情况等，通过一定的方法形成企业的计价基础定额。

(2) 直接费定额

直接费定额是根据企业的计量定额所列的各种因素消耗量与各种因素的单价综合而成的，包括人工费、材料费、机械费、设备费等。各种要素的单价要结合市场行情和企业自身的承受能力而灵活确定。

(3) 费用定额

费用定额是直接费定额中没有包括而又直接或间接地为组织工程建设所进行的生产经营活动所需费用标准。费用定额的编制应根据国家对建设工程费用定额项目划分的原则确定项目，根据建筑市场竞争状况、企业的财务状况以及企业对某一特定项目的预期目标而采用灵活的策略，具体确定计算尺度。

这三种定额由于其内容不相一致，因而其使用时间的长短是不同的。计量定额由于只受企业素质等重大因素的影响，因此在一定时期内保持相对稳定，但在国家政策有重大变化时应予以及时调整；直接费定额和费用定额由于其受价格因素的直接影响且价格因素处于不稳定之中，因此计价定额应因时、因地、因事进行调整。

3. 企业定额的构成及表现形式

企业定额，是由企业自行编制，只限于本企业内部使用的定额，包括企业及附属的加工厂、车间编制的定额，以及具有经营性质的定额标准、出厂价格、机械台班租赁价格等。

企业定额的构成及表现形式因企业的性质不同、取得资料的详细程度不同、编制的目的不同、编制的方法不同而不同。其构成及表现形式主要有以下几种：

(1) 企业劳动定额。

(2) 企业材料消耗定额。

(3) 企业机械台班使用定额。

(4) 企业施工定额。

(5) 企业定额估价表。

(6) 企业定额标准。

(7) 企业产品出厂价格。

(8) 企业机械台班租赁价格。

4. 企业定额的作用

企业定额是施工企业内部管理的定额，它涉及到企业内部管理的方方面面，包括企业生产经营活动的计划、组织、协调、控制和指挥等各个环节，其作用重大，在企业管理工作中的基础作用主要表现在以下几个方面：

(1) 企业定额是企业计划管理的依据

企业定额在企业计划管理方面的作用，表现在它既是企业编制施工组织设计的依据，也是企业编制施工作业计划的依据，同时还是投标报价的依据。

(2) 企业定额是组织和指挥施工生产的有效工具

企业组织和指挥施工班组进行施工，是按照作业计划通过下达施工任务单和限额领料单来实现的。

施工任务单，既是下达施工任务的技术文件，也是班组经济核算的原始凭证。它列出了应完成的施工任务，也记录着班组实际完成任务的情况，并且依此进行班组工人的工资结算。施工任务单上的工程计量单位、产量定额和计件单位，均取自施工的劳动定额，工资结算也要根据劳动定额的完成情况计算。

限额领料单是施工队随任务单同时签发的领取材料的凭证。这一凭证是根据施工任务和施工的材料定额填写的。其中领料的数量，是班组为完成规定的工程任务消耗材料的最高限额。这一限额也是评价班组完成任务情况的一项重要指标。

（3）企业定额是计算工人劳动报酬的根据

企业定额是衡量工人劳动数量和质量，提供出成果和效益较好的标准，是计算工人工资的基础依据。这样才能做到完成的定额好，工资报酬就多，达不到定额，工资报酬就会减少。真正实现多劳多得，少劳少得的社会主义分配原则。

（4）企业定额是企业激励工人的条件

企业定额是实现激励的标准尺度。完成和超额完成定额，不仅能获取更多的工资报酬以满足生理需要，而且也能满足自尊和获取他人（社会）认同的需要，并且进一步满足尽可能发挥个人潜力以实现自我价值的需要。

（5）企业定额有利于推广先进技术

企业定额水平中包含着某些已成熟的先进的施工技术和经验，工人要达到和超过定额，就必须掌握和运用这些先进技术。

（6）企业定额是编制施工预算，加强企业成本管理的基础

施工预算是施工单位用以确定单位工程人工、机械、材料和资金需要量的计划文件。施工预算以施工定额为编制基础，既反映设计图纸的要求，也考虑在现有条件下可能采取的节约人工、材料和降低成本的各项具体措施。

严格执行施工定额不仅可以起到控制成本、降低费用开支的作用，同时为企业加强班组核算和增加盈利，创造了良好的条件。

（7）企业定额是施工企业进行工程投标、编制工程投标报价的基础和主要依据

在确定工程投标报价时，首先是依据企业定额计算出施工企业拟完成投标工程需要发生的计划成本。在掌握工程成本的基础上，再根据所处的环境和条件，确定在该工程上拟获得的利润、预计的工程风险费用和其他应考虑的因素，从而确定投标报价。因此，企业定额是施工企业编制计算投标报价的根基。

4.1.2 企业定额的编制原则

1. 平均先进性原则

平均先进是就定额的水平而言的。定额水平是指规定消耗在单位产品上的劳动、机械和材料数量的多少，即按照一定施工程序和工艺条件下规定的施工生产中

活劳动和物化劳动的消耗水平。所谓平均先进水平，是在正常的施工条件下，大多数施工队组和大多数生产者经过努力能够达到和超过的水平。

企业定额应以企业平均先进水平为基准，制定企业定额。使多数员工经过努力，能够达到或超过企业平均先进水平，以保持定额的先进性和可行性。

2. 简明适用性原则

简明适用是就企业定额的内容和形式而言，要方便于定额的贯彻和执行。制定企业定额的目的就在于适用于企业内部管理，具有可操作性。定额的简明性和适用性，是既有联系，又有区别的两个方面。编制施工定额时应加以全面贯彻，当二者发生矛盾时，定额的简明性应服从适应性的要求。

贯彻定额的简明适用性原则，关键是做到定额项目设置完全，项目划分粗细适当。还应正确选择产品和材料的计量单位，适当利用系数，并辅以必要的说明和附注。总之，贯彻简明使用性原则，要努力使施工定额达到项目齐全、粗细恰当、步距合理的效果。

3. 以专家为主编制定额的原则

编制施工定额，要以专家为主。企业定额的编制要求有一支经验丰富、技术与管理知识全面、有一定政策水平的稳定的专家队伍，同时也要注意必须走群众路线，尤其是在现场测和组织新定额试点时。

4. 独立自主的原则

企业独立自主地制定定额，主要是自主地确定定额水平，自主地划分定额项目，自主地根据需要增加新的定额项目。但是，企业定额毕竟是一定时期企业生产力水平的反映，它不可能也不应该割断历史。因此，企业定额应是对原有国家、部门和地区性施工定额的继承和发展。

5. 动态管理原则

企业定额是一定时期内技术发展和管理水平的反映，所以在一段时期内表现出稳定的状态。这种稳定性又是相对的，它还有显著的时效性。如果当企业定额不再适应市场竞争和成本监控的需要时，它就要重新编制和修订，否则就会挫伤群众的积极性，甚至产生负效应。

6. 保密原则

企业定额的指标体系及标准要严格保密。建筑市场强手林立，竞争激烈。就企业现行的定额水平，工程项目在投标中如被竞争对手获取，会使本企业陷入十分被动的境地，给企业带来不可估量的损失。所以，企业要有自我保护意识和相应的保密措施。

4.1.3 企业定额的编制依据

1. 劳动制度及相关政策

建筑安装工人技术等级标准、建筑安装工人及管理人员工资标准、劳动保护制度、工资奖励制度、用工制度、利税制度、八小时工作日制度等。

2. 技术依据

技术依据分为两类：规范类和技术测定及统计资料类。

（1）规范类

如《施工及验收规范》、《建筑安装工程安全操作规程》、机械设备说明书、国家建筑材料标准等。各类规范、规程、标准和制度，必须是国家颁发施行（或试行）的现行文件，对于已经停止使用的规范、规程、标准和制度，不能作为制定企业定额的依据而加以引用。

（2）技术测定和统计资料类

主要是指现场技术测定数据和工时消耗的单项和综合统计资料。

技术测定资料、数据和统计资料必须准确可靠，在收集选用技术测定和统计资料时，应特别注意因素分析，采用事实求是的科学态度，采用数理统计的科学方法，力求最大限度地减少误差。

3. 经济依据

《全国统一建筑安装工程量劳动定额》、《全国统一安装工程焊接材料消耗定额》、《全国统一施工机械台班费用定额》、《全国统一建筑工程基础定额》以及《建设工程工程量清单计价规范》、《建筑安装工程费用项目组成》（建标【2003】206号）等定额和建筑材料价格信息。

经建设部第 119 号公告批准颁布，于 2003 年 7 月 1 日开始实施的《建设工程工程量清单计价规范》（GB 50500—2003）确定了工程量计价的原则、方法和必须遵守的规则，包括统一项目编码、项目名称、计量单位、工程量计算规则等。清单计价留给了企业自主报价、参与市场竞争的空间，也即构成报价的施工方法、施工措施和人工、材料、机械的消耗水平、取费等，完全由企业根据自身和市场情况来确定，给企业充分选择的权利。

4.1.4 企业定额的编制方案与步骤

1. 企业定额的编制方案

编制企业定额的关键工作是确定人工、材料和机械台班的消耗量，计算分项工程单价或综合单价。

人工消耗量的确定，首先是根据企业环境，拟定正常的施工作业条件，分别计算测定基本用工和其他用工的工日数，进而拟定施工作业的定额时间。

材料消耗量的确定是通过企业历史数据的统计分析、理论计算、实验试验、实地考察等方法计算确定材料包括周转材料的净用量和损耗量，从而拟定材料消耗的定额指标。

机械台班消耗量的确定，同样需要按照企业的环境，拟定机械工作的正常施工条件，确定机械工作效率和利用系数，据此拟定施工机械作业的定额台班与机械作业相关的工人小组的定额时间。

2.编制步骤

企业定额的编制过程是一个系统而又复杂的过程，一般包括以下步骤：

（1）制定《企业定额编制计划书》。《企业定额编制计划书》一般包括以下内容：

1）企业定额编制的目的。企业定额编制的目的一定要明确，因为编制目的决定了企业定额的适用性，同时也决定了企业定额的表现形式。例如，企业定额的编制目的如果是为了控制工耗和计算工人劳动报酬，应采取劳动定额的形式；如果是为了企业进行工程成本核算，或为企业走向市场参与投标报价提供依据，则应采用施工定额或定额估价表的形式。

2）定额水平的确定原则。企业定额水平的确定，是企业定额能否实现编制目的的关键。定额水平过高，背离企业现有水平，使定额在实施工程中，企业内多数施工队、班组、工人通过努力仍然达不到定额水平，不仅不利于定额在本企业内推行，还会挫伤管理者和劳动者双方的积极性；定额水平过低，起不到鼓励先进和督促落后的作用，而且对项目成本核算和企业参与市场竞争不利。因此，在编制计划书中，必须对定额水平进行确定。

3）确定编制方法和定额形式。定额的编制方法很多，对不同形式的定额，其编制方法也不相同。例如劳动定额的编制方法有：技术测定法、统计分析法、类比推算法、经验估算法等；材料消耗定额的编制方法有观察法、试验法、统计法等。因此，定额编制究竟采取哪种方法应根据具体情况而定。企业定额编制通常采用的方法一般有两种：定额测算法和方案测算法。

4）拟成立企业定额编制机构，提交需参编人员名单。企业定额的编制工作是一个系统性的工程，它需要一批高素质的专业人才，在一个高效率的组织机构统一指挥下协调工作。因此，在定额编制工作开始时，必须设置一个专门的机构，配置一批专业人员。

5）明确应收集的数据和资料。定额在编制时要搜集大量的基础数据和各种法律、法规、标准、规程、规范文件、规定等，这些资料都是定额编制的依据。所以，在编制计划书中，要制定一份按门类划分的资料明细表。在明细表中，除一些必须采用的法律、法规、标准、规程、规范资料外，应根据企业自身的特点，选择本企业适用的基础性数据资料。

6）确定工期和编制进度。定额的编制是为了使用，具有时效性，所以，应确定一个合理的工期和进度计划表，这样，既有利于编制工作的开展，又能保证编制工作的效率和效益。

（2）搜集资料、调查、分析、测算和研究。搜集的资料包括：

1）现行定额，包括基础定额和预算定额、工程量计算规则。

2）国家现行的法律、法规、经济政策和劳动制度等与工程建设有关的各种文件。

3）有关建筑安装工程的设计规范、施工及验收规范、工程质量检验评定标准和安全操作规程。

4）现行的全国通用建筑标准设计图集、安装工程标准安装图集、定型设计图纸、具有代表性的设计图纸、地方建筑配件通用图集和地方结构构件通用图集，并根据上述资料计算工程量，作为编制定额的依据。

5）有关建筑安装工程的科学实验、技术测定和经济分析数据。

6）高新技术、新型结构、新研制的建筑材料和新的施工方法等。

7）现行人工工资标准和地方材料预算价格。

8）现行机械效率、寿命周期和价格；机械台班租赁价格行情。

9）本企业近几年各工程项目的财务报表、公司财务总报表，以及历年收集的各类经济数据。

10）本企业近几年各工程项目的施工组织设计、施工方案，以及工程结算资料。

11）本企业近几年所采用的主要施工方法。

12）本企业近几年发布的合理化建议和技术成果。

13）本企业目前拥有的机械设备状况和材料库存状况。

14）本企业目前工人技术素质、构成比例、家庭状况和收入水平。

资料收集后，要对上述资料进行分类整理、分析、对比、研究和综合测算，提取可供使用的各种技术数据。内容包括：企业整体水平与定额水平的差异；现行法律、法规，以及规程规范对定额的影响；新材料、新技术对定额水平的影响等。

（3）拟定编制企业定额的工作方案与计划。编制企业定额的工作方案与计划包括以下内容：

1）根据编制目的，确定企业定额的内容及专业划分。

2）确定企业定额册、章、节的划分和内容的框架。

3）确定企业定额的结构形式及步距划分原则。

4）具体参编人员的工作内容、职责、要求。

（4）企业定额初稿的编制。

1）确定企业定额的定额项目及其内容。企业定额项目及其内容的编制，是根据定额的编制目的及企业自身的特点，本着内容简明适用、形式结构合理、步距划分合理的原则，首先将一个单位工程，按工程性质划分为若干个分部工程，如土建专业的土石方工程、桩基础工程等；然后将分部工程划分为若干个分项工程，如土石方工程分为人工挖土方、淤泥、流沙、人工挖沟槽、基坑、人工挖桩孔等分项工程；最后，确定分项工程的步距，并根据步距对分项工程进一步地详细划分为具体项目。步距参数的设定一定要合理，既不应过粗，也不宜过细。如可根据土质和挖掘深度作为步距参数，对人工挖土方进行划分。同时应对分项工程的工作内容做简明扼要的说明。

2）确定定额的计量单位。分项工程计量单位的确定一定要合理，设置时应根据分项工程的特点，本着准确、贴切、方便计量的原则设置。定额的计量单位包括自然计量单位（如：台、套、个、件、组等）和国家法定计量单位（如：m、km、m^2、m^3、kg、t 等）。一般情况下，当实物体的三个度量都会发生变化时，采用立方米为计量单位，如土方、混凝土、保温材料等；如果实物体的三个度量中有两个度量不固定，采用平方米为计量单位，如地面、抹灰、油漆等；如果实物体截面积形状大小固定，则采用延米为计量单位，如管道、电缆、电线等；不规则形状的，难以度量的则采用自然单位或质量单位为计量单位。

3）确定企业定额指标。确定企业定额指标是企业定额编制的重点和难点，企业定额指标的编制，应根据企业采用的施工方法、新材料的替代以及机械装备的装配和管理模式，结合搜集整理的各类基础资料进行确定。确定企业定额指标包括确定人工消耗指标、确定材料消耗指标、确定机械台班消耗指标等。

4）编制企业定额项目表。分项工程的人工、材料和机械台班的消耗量确定以后，接下来就可以编制企业定额表中的各项内容。

企业定额项目表是企业定额的主体部分，它由表头栏和人工栏、材料栏、机械栏组成。表头部分表述各分项工程的结构形式、材料做法和规格档次等；人工栏是以工种表示的消耗的工日数及合计；材料栏是按消耗的主要材料和消耗性材料依主次顺序分列出的消耗量；机械栏是按机械种类和规格型号分列出的机械台班使用量。

5）企业定额的项目编排。定额项目表，是按分部工程归类，按分项工程子目编排的一些项目表格。也就是按施工的程序，遵循章、节、项目和子目等顺序编排。

定额项目表中，大部分是以分部工程为章，把单位工程中性质相近，且材料大致相同的施工对象编排在一起。每章（分部工程）中，按工程内容、施工方法和使用的材料类别的不同，分成若干个节（分项工程）。在每节（分项工程）中，可以分成若干项目，在项目下边，还可以根据施工要求、材料类别和机械设备型号的不同，细分成不同子目。

6）企业定额相关项目说明的编制。企业定额相关项目的说明包括：前言、总说明、目录、分部（或分章）说明、建筑面积计算规则、工程量计算规则、分项工程工作内容等。

7）企业定额估价表的编制。企业根据投标报价工作的需要，可以编制企业定额估价表。

企业定额估价表是在人工、材料、机械台班三项消耗量的企业定额的基础上，用货币形式表达每个分项工程及其子目的定额单位估价计算表格。企业定额估价表的人工、材料、机械台班单价是通过市场调查，结合国家有关法律文件及规定，按照企业自身的特点来确定的。

（5）评审及修改。

评审及修改主要是通过对比分析、专家论证等方法，对定额的水平、使用范围、结构及内容的合理性，以及存在的缺陷进行综合评估，并根据评审结果对定额进行修正。

（6）定稿、刊发及组织实施。

4.2 企业施工定额的编制

4.2.1 施工定额概述

1.施工定额的概念及性质

施工定额是以同一性质的施工过程或工序为测算对象，确定建筑安装工人在正常的施工条件下，为完成某种单位合格产品的人工、材料和机械台班消耗的数量标准。施工定额由劳动定额、材料消耗定额、机械台班消耗定额组成，是最基本的定额。

国家相关部门明确地赋予建筑安装企业编制施工定额以及对其进行管理的权限。建筑安装企业应根据本企业的生产力水平和管理水平制定施工定额，这是企业的内部定额。因此，同类企业和同一地区的建筑安装企业编制的施工定额水平可能存在差别，并且各企业之间一般对自己编制的施工定额及其水平保密。

2.施工定额的作用

施工定额是建筑安装企业管理工作的基础，它的主要作用表现在以下几个方面：

（1）施工定额是企业编制施工预算，进行工料分析和“两算”对比的基础。

（2）施工定额是编制施工组织设计、施工作业计划的依据。

（3）施工定额是加强企业成本管理的基础。

（4）施工定额是建筑安装企业投标报价的基础。

（5）施工定额是组织和指挥施工生产的有效工具。

（6）施工定额是计算工人劳动报酬的依据和为提高工人劳动积极性创造了条件。

3.施工定额的编制水平

所谓平均先进水平是指在正常条件下，多数生产者经过努力可以达到、少数生产者可以接近、个别生产者可以超过的水平。一般情况下，它低于先进水平而略高于平均水平。可以说它是一种鼓励先进、勉励中间、鞭策后进的定额水平，是编制施工定额的理想水平。

4.施工定额的编制程序

施工定额的编制工作量大，工作周期长，同时这项工作又具有很强的技术性和政策性，专业技术要求高，内容繁杂。因此，必须采取各种有效的措施，拟定合理的编制程序以保证编制的质量。一般的编制程序为：

（1）拟定编制方案。主要指明确编制定额的原则、基本方案和主要依据。

（2）选择计量单位。人工、材料、机械的计量单位应能反映出单位合格产品生产过程中资源消耗的数量，并与全国统一定额、前期定额的计量单位相一致，以保持定额连续性和基层人员的掌握使用。

（3）确定制表方案。定额表格的内容应明了易懂，便于查阅。定额表格一般应包括：工作内容的说明、施工方法、劳动组织、技术等级、产品类型及计量单位、人工、材料、机械台班的消耗数量。在表的适当位置，应列出定额编号，以便查用和审查。

（4）拟定定额的适用范围。定额编制的一个重要步骤就是定额范围的限定。施工定额适用范围的拟定，首先应明确定额适用于何种经济体制的施工企业，其次应结合施工定额的作用和一般工业与民用建筑安装施工的技术经济特点，在定额划分的基础上，对各类施工过程和工序定额拟定出适用范围。

（5）确定定额水平。定额水平要根据测定的资料，经过认真地核实和计算，反复进行平衡后，才能把确定的数量标准填入定额表格。

（6）写编制说明和附注。总说明应包括编制依据、编制原则、资源消耗的计算方法、使用注意等；分册说明应包括定额项目和工作内容、施工方法、有关规定和计算方法、质量要求等；分节说明应包括子目工作内容、质量要求、施工方法、施工条件、小组成员等。

(7) 定额水平的测算方法。在新编定额或修订单项定额工作完成后，均需进行定额水平的测算对比，只有经过新编定额与现行定额可比项目的水平测算对比，才能对新编定额的质量和可行性作出评价，决定可否颁发执行。

(8) 汇编成册。审定、颁发。

4.2.2 人工消耗定额编制

人工消耗定额又称劳动消耗定额，是一个综合概念，根据用途和使用范围不同，有全国统一劳动定额、地区统一劳动定额和企业内部劳动定额等。

1. 劳动定额的概念

劳动消耗定额简称劳动定额或人工定额，它是规定在一定生产技术组织条件下，完成单位合格产品所必需的劳动消耗量的标准。这个标准是国家和企业对工人在单位时间内完成的产品数量、质量的综合要求。它表示建筑安装工人劳动生产率的一个先进合理指标。全国统一劳动定额与企业内部劳动定额在水平上具有一定的差别。企业应以全国统一劳动定额为标准，结合单位实际情况，制定符合本企业实际的企业内部劳动定额，不能完全照搬照套。

劳动定额按其表示形式有时间定额和产量定额两种。

(1) 时间定额

是指在一定的生产技术和生产组织条件下，某工种、某技术等级的工人小组或个人，完成单位合格产品所必须消耗的工作时间。定额工作时间包括工人的有效工作时间、必需的休息时间和不可避免的中断时间。时间定额以工日为单位，每个工日按八小时计算，计算方法如下：

$$单位产品时间定额（工日）=\frac{1}{每日产量}$$

或

$$单位产品时间定额（工日）=\frac{小组成员工日数的总和}{台班产量（班组完成产品数量）}$$

例如：1985 年国家城乡建设环境保护部制定的《建筑安装工程统一劳动定额》规定：砌 $1m^3$ 一砖厚单面清水砖墙，时间定额是 0.65 工日，它的工作内容包括砌墙面艺术形式、墙垛、平碹及安装平碹模板等全部操作过程。时间定额是在实际工作中经常采用的一种劳动定额形式，它的单位单一，具有便于综合、累计的优点。在计划、统计、施工组织、编制预算中经常采用此种形式。

（2）产量定额

是指在一定的生产技术和生产组织条件下，某工种、某技术等级的工人小组或个人，在单位时间（工日）完成合格产品的数量。其计算方法如下：

$$产量定额=\frac{1}{单位产品时间定额（工日）}$$

$$台班产量=\frac{小组成员工日数的总和}{单位产品时间定额（工日）}$$

产量定额的计量单位，是以单位时间的产品计量单位表示，如立方米、平方米、吨、块、根等。产量定额具有形象化的特点，在工程施工时便于分配任务。

产量定额是根据时间定额计算的，其高低与时间定额成反比。

2. 人工消耗定额的编制

人工消耗定额编制的基本方法有经验估算法、统计分析法、比较类推法和技术测定法等，具体做法已在第三章介绍。

4.2.3 材料消耗定额编制

1. 材料消耗定额的概念

材料消耗定额是指在节约与合理使用材料的条件下，生产单位合格产品所必须消耗的一定规格的建筑材料、半成品或配件的数量标准。材料消耗包括材料的净用量和必要的工艺性损耗数量。直接构成建筑安装工程实体的材料称为材料消耗净用量定额（材料的净用量）。不可避免的施工废料和材料施工操作损耗量称为材料损耗量定额（材料损耗量）。工程材料按使用次数，又分为直接性材料和周转性材料。

材料消耗净用量定额和材料损耗量定额之间具有下式关系：

$$材料的消耗量=材料的净用量+材料损耗量$$

材料的损耗量与材料的消耗量之比的百分数为材料的损耗率，材料的损耗率是通过观测和统计得到，通常由国家有关部门确定。用公式表示为：

$$材料损耗率=\frac{材料损耗量}{材料消耗量}\times 100\%$$

$$材料消耗量=\frac{材料净用量}{1-材料损耗率}$$

材料消耗定额不仅是实行经济核算，保证材料合理使用的有效措施，而且是确定材料需用量，编制材料计划的基础，同时也是定额承包或组织限额领料、考核和分析材料利用情况的依据。

2. 制定材料消耗定额的基本方法

材料消耗定额一般是通过理论计算、施工过程中材料消耗的观察测定、试验室条件下的实验以及技术资料的统计等方法制定的。确定材料消耗的基本方法有：①观测法；②试验法；③统计法；④理论计算法等。由于这些方法已在第三章中介绍，这里不再赘述。

3. 直接性材料用料计算

用计算法确定材料用量，方法比较简单，下面介绍两种用计算法确定材料用量。

（1）100m² 块料面层材料消耗量的计算

块料面层一般是指有一定规格尺寸的瓷砖、锦砖、预制水磨石板、大理石及各种装饰板等，通常以 100m² 为单位，其计算公式如下：

$$100\text{m}^2\ \text{面层用量}=\frac{100}{(\text{块长}+\text{拼缝})\times(\text{块宽}+\text{拼缝})}\div(1-\text{损耗率})$$

【例 4-1】 石膏装饰板规格为 500×500mm，其拼缝宽度为 2mm，其损耗率为 1%，求 100m² 需用石膏板块数。

【解】 石膏板的消耗量$=\dfrac{100}{(0.5+0.002)(0.5+0.002)}\div(1-0.01)$

$=401$（块）

（2）普通抹灰砂浆配合比用料量计算

抹灰砂浆的配合比通常是按砂浆的体积比计算的，每立方米砂浆各种材料消耗量计算公式如下：

$$\text{砂消耗量}(\text{m}^3)=\frac{\text{砂比例数}}{\text{配合比总比例数}-\text{砂比例数}\times\text{砂空隙率}}\div(1-\text{损耗率})$$

$$\text{水泥消耗量}(\text{kg})=\frac{\text{水泥比例数}\times\text{水泥密度}}{\text{砂比例数}}\times\text{砂用量}\div(1-\text{损耗率})$$

$$\text{石灰膏消耗量}(\text{m}^3)=\frac{\text{石灰膏比例数}}{\text{砂比例数}}\times\text{砂用量}\div(1-\text{损耗率})$$

【例 4-2】 水泥、石灰、砂配合比为 1∶1∶3，砂空隙率为 41%，水泥密度 1 200kg/m³，砂损耗率 2%，水泥、石灰损耗率各为 1%，求每立方米砂浆各种材料用量。

【解】 砂消耗量$=\dfrac{3}{(1+1+3)-3\times0.41}\div(1-0.02)=0.81\text{m}^3$

水泥消耗量$=\dfrac{1\times1\,200}{3}\div(1-0.01)\times0.81=327.3\text{kg}$

石灰膏消耗量$=\dfrac{1}{3}\times0.81\div(1-0.01)=0.27\text{m}^3$

当砂用量超过 1m³ 时，因其空隙容积大于灰浆数量均按 1m³ 计算。

4. 周转性材料消耗量计算

建筑安装工程施工中除了耗用直接构成工程实体的各种材料、成品、半成品外，还要消耗一些工具性材料，如：挡土板、脚手架及模板等。这类材料在施工中不是一次消耗完，而是随着使用次数逐渐消耗的，故称为周转性材料。周转性材料在定额中按多次使用，分次摊销的方法计算。定额表中规定的数量是使用一次摊销的实物量。

下面介绍以模板为例介绍周转性材料的摊销计算方法。

（1）捣制结构模板摊销量计算

1）考虑模板周转使用补充和回收的计算

$$摊销量=周转使用量-周转回收量$$

$$周转使用量=\frac{一次使用量+一次使用量\times（周转次数-1）\times损耗率}{周转次数}$$

$$周转回收量=\frac{一次使用量-（一次使用量\times损耗率）}{周转次数}$$

【例 4-3】 根据选择定的某工程捣制钢筋混凝土独立基础的施工图计算，每 m^3 独立基础的模板接触面积为 $2.1m^2$。根据计算，每 m^2 模板接触面积需用枋板材 $0.083m^3$，模板周转 6 次，每次周转损耗率为 16.6%。试计算钢筋混凝土独立基础的模板周转使用量、回收量和定额摊销量。

【解】 利用上面公式计算模板周转使用量

$$周转使用量=\frac{0.083\times2.1+0.083\times2.1\times（6-1）\times16.6\%}{6}$$

$$=\frac{0.319}{6}=0.053（m^3）$$

计算模板回收量

$$回收量=\frac{0.083\times2.1-（0.083\times2.1\times16.6\%）}{6}=\frac{0.145}{6}=0.024（m^3）$$

$$摊销量=0.053-0.024=0.029（m^3）$$

2）不考虑周转使用补充和回收量的计算公式为：$推销量=\frac{一次使用量}{周转次数}$

3）预制混凝土构件模板摊销量计算

预制混凝土构件模板虽然也是多次使用，反复周转，但与捣制构件的模板计算方法不同。预制混凝土构件是按多次使用平均摊销的方法计算模板摊销量，不计算每次周转损耗率（即补充损耗率）。所以计算预制混凝土构件模板摊销量时，只需按图计算出模板一次使用量，再根据确定的模板周转次数计算摊销量。

一次使用量＝每 m^3 混凝土构件的模板接触面积×每 m^2 接触面积的模板净用量

4.2.4 施工机械台班消耗定额编制

施工机械台班消耗定额，简称机械台班定额。它是指施工机械在正常的施工条件下，合理地均衡组织劳动和使用机械时，该机械在单位时间内的生产效率。施工机械台班定额是施工机械生产率的反映，编制高质量的施工机械台班定额是合理组织机械化施工、有效地利用施工机械、进一步提高机械生产率的必备条件。

1. 机械台班定额表现形式

施工机械台班定额按其表现形式不同，可以分为机械时间定额和机械产量定额两种。

(1) 机械时间定额

是指在合理的劳动组织与合理使用机械条件下，生产某一单位合格产品所必须消耗的机械台班数量。计算单位用台班或台时来表示。

工人使用一台机械，工作一个班称为一个台班。它既包括机械本身的工作，又包括使用该机械的工人的工作。

(2) 机械台班产量定额

是指在合理的劳动组织与合理使用机械条件下，规定某种机械设备在单位时间内，必须完成合格产品的数量。其计量单位是以产品的计量单位来表示的。

机械时间定额与机械台班产量定额互为倒数关系，即：

$$\text{机械时间定额}=\frac{1}{\text{机械台班产量定额}}\text{（台班）}$$

或

$$\text{机械台班产量定额}=\frac{1}{\text{机械时间定额}}$$

由于机械必须由工人小组配合，所以列出单位合格产品的时间定额，同时列出人工时间定额。

2. 确定机械净工作一小时的正常生产率

确定机械净工作一小时的正常生产率，对于循环动作机械和连续动作机械，要采取不同的方法。

(1) 循环动作机械

循环动作机械净工作一小时的正常生产率 N_t 等于机械净工作一小时正常循环次数 n 乘以每一次循环生产的产品数量 Q。具体计算方法按下列公式计算：

净工作一小时的正常循环次数＝60×60÷一次循环的正常延续时间（s）

确定机械净工作一小时的循环次数，首先必须确定每一次循环的正常延续时间。每一次循环的正常延续时间，等于各循环组成部分正常延续时间之和，若组成部分有交叠时间，则必须减去。

一次循环的正常延续时间＝∑（循环的组成部分正常延续时间－交叠时间）

或　　　　　　　　　　　　＝∑循环的组成部分正常延续时间

（2）连续动作机械

对于连续动作机械，其净工作一小时的正常生产率 N_t，一般是通过试验或实际观察在一定时间内完成的合格产品数量来确定的，其计算公式为：

机械净工作一小时正常生产率＝工作时间内生产数量/工作时间（h）

3. 确定机械的时间利用系数

为了提高机械在工作班内的生产率，应该尽可能提高机械的净工作时间，减少其他工作时间和非定额时间。

机械的时间利用系数 K 就是机械在一个台班内的净工作时间与工作班延续时间之比值，计算公式如下：

$$\text{机械时间利用系数 } K=\frac{\text{机械在一个台班内的净工作时间}}{\text{一个台班延续时间（一般为 8 小时）}}$$

4. 确定定额

（1）确定机械产量定额和时间定额

将机械净工作一小时的正常生产率 N_t，乘以工作班延续时间（一般为 8 小时），再乘以机械时间利用系数 K，即可得到机械台班的产量定额 N，即：

$$N=8\cdot N_t\cdot K$$

对于某些一次循环大于一个小时的机械施工过程，可不必先计算净工作一小时的正常生产率，而直接用一次循环时间 t，求出台班循环次数 T/t，再根据每次循环的产品数量 m，确定台班产量定额，计算公式为：

$$N=(T/t)\cdot m_t\cdot K$$

（2）确定工人的时间定额

操作机械工人或配合机械工人的时间定额，可根据机械的产量定额或时间定额与工人人数计算，其计算公式如下：

人工时间定额＝工人人数×机械时间定额

人工时间定额＝工人人数（工日数）/机械台班产量定额

5. 机械台班消耗定额编制示例（机械挖土产量定额的制定）

以正铲挖土配合 8t 自卸汽车运输土方的产量定额制定为例。

施工条件：三类土，挖方高度在 1.5m 以上的大型土石方，汽车外运 5km，工作面有推土机配合。机械配备：油压正铲，机斗容量 $1m^3$，自卸汽车载重量 8t。

根据分析整理的各种调查资料和所配备的机械台班技术参数的各项基础数据见表 4-1～表 4-5。

土壤的可松系数 表 4-1

项　目	一、二类土	三　类　土	四　类　土
可松系数	1.21	1.27	1.33

各种铲斗的充盈系数 表 4-2

项　目	机　型		
	正铲	反铲	拉铲
最佳挖土状态	1.05	0.96	1.02
非最佳挖土状态	1.00	0.90	1.02

土壤天然状态下的密度 表 4-3

项　目	一、二类土	三　类　土	四　类　土
密度（kg/m³）	1 600	1 800	1 900

1.0m³ 正铲挖土机械的原始数据 表 4-4

项　目		装　车			不　装　车		
		一、二类土	三类土	四类土	一、二类土	三类土	四类土
每次挖土时间		31	33.5	40	29	32	36
挖土机定额容量（m³）	1	0.83	0.79	0.75	0.83	0.79	0.75
	2	0.87	0.83	0.79	0.87	0.83	0.79
台班挖土次数		743	688	576	794	720	640

说明：①每次挖土时间包括挖土、卸土的作业时间加作业宽放时间。
②挖土机定额容量 1、2 分别是非最佳挖土状态和最佳挖土状态下的斗容量。
③台班挖土次数按台班有效工作时间 384min 计算。

8t 自卸汽车固定作业时间及定额容量 表 4-5

挖土机类别	作业时间合计（min）	装车时间（min）	卸车时间（min）	调位时间（min）	等装时间（min）	每车定额容量（m³）
一类	8.8	5.5	1	1.3	1.0	4.40
二类	7.5	4.3				
三类	6.4	3.1				

说明：一类挖土机指台班产量为 300m³ 以内，二类挖土机指台班产量为 450m³ 以内，三类挖土机指台班产量为 450m³ 以上。

（1）挖土机台班产量的计算

查表4-4，$1m^3$ 正铲挖土机在装车的条件下台班挖土次数688次，在最佳挖土状态下，挖土机定额容量 $0.83m^3$，不装车挖土次数为720次。

则台班产量为 $0.83\times688=571m^3$（挖四类土时为 $0.79\times576=455m^3$）。

（2）计算8t自卸汽车的台班产量

自卸汽车行驶速度及往返消耗时间　　表4-6

运距（km）	时速（km/h）	分速（km/min）	往返耗时（min）
0.5	12	0.2	5
1	15	0.25	8
2	18	0.3	13
3	22	0.37	16
4	24	0.4	20
5	24	0.4	25
6	26	0.43	28
7	26	0.43	32
8	26	0.43	37
9	27	0.45	40
10	29	0.48	41

说明：10km以上运输时速均取定为29km/h，每增加1km运距增加往返耗时4min。

查表4-6，自卸汽车运输5km需往返时间25min，8t自卸汽车固定作业时间6.4min（挖土机台班产量大于 $450m^3$），每运输一次共耗时31.4min。根据调查测算，自卸汽车每台班有效工作时间为380min，则每台班可运输12次。查表每车定额容量为 $4.4m^3$（三类土），$4.2m^3$（四类土），则8t自卸汽车的台班产量为：

$$4.4\times12=52.80m^3\text{（三类土）}$$

$$4.2\times12=50.40m^3\text{（四类土）}$$

（3）有关系数的制定

挖土机在非最佳状态下的台班产量，查表4-2，挖土机在非最佳状态下的斗定额容量为 $0.79m^3$，则台班产量为 $0.79\times688=544m^3$，则挖土机在非最佳状态下的挖土机台班产量可乘以系数 $544/571=0.95$。

但是自卸汽车如果配合斗容量较大的挖土机，而挖土机的台班产量小于 $300m^3$，自卸汽车的台班产量可能受到影响，故可采用系数调整的办法。

查表4-5，在一类挖土机配合下自卸汽车每次固定作业时间为8.8min，则每台班可运输次数为 $380\div(25+8.8)=11$ 次，则台班产量为 $4.4\times11=48.4m^3$，则自卸汽车在配合三类挖土机的台班产量乘系数 48.4/52.8＝0.92。

在不同施工条件、不同机械配备情况下，采用系数调整的办法可扩大定额的使用范围，减少定额的项目，增加灵活性。

挖掘机挖土和自卸汽车运土的劳动定额见表 4-7，表 4-8，劳动组织为每台挖掘机配 2 人，每台自卸汽车配 1 人。

挖掘机挖土每一台班的劳动定额 表 4-7

项目				装车			不装车		
				一、二类土	三类土	四类土	一、二类土	三类土	四类土
正铲挖掘机斗容量（m^3）	0.5	挖土深度（m）	1.5 以内						
			1.5 以外						
	0.75		2.0 以内						
			2.0 以外						
	1.0		2.0 以内		$\frac{0.368}{5.44}$			$\frac{0.352}{5.68}$	
			2.0 以外		$\frac{0.350}{5.71}$	$\frac{0.440}{4.55}$		$\frac{0.334}{5.98}$	
	1.25		2.0 以内						
			2.0 以外						
编号									

注：表中横线以上数量为时间定额，即小组成员工日数的总和，横线以下数量为机械的台班产量。

自卸汽车配合挖土机运土每 1 台班的劳动定额 表 4-8

自卸汽车载重量（t）	挖装机械类型	运距（km 以内）				
		1	2	3	4	5
8	一类					$\frac{2.08}{0.48}$
	二类					$\frac{1.96}{0.51}$
	三类					$\frac{1.89}{0.53}$
	四类					$\frac{1.96}{0.51}$
编号						

注：表中横线以上为时间定额，横线以下为产量定额。

4.3 企业计价定额的编制

企业计价（预算）定额是施工企业确定生产建筑产品价格的依据，也是施工企业确定生产建筑工程某一计量单位的分部分项工程或构件的人工、材料和机械台班消耗量的标准，反映平均先进消耗水平。企业定额的编制必须与《全国统一建筑工程基础定额》、《建设工程工程量清单计价规范》、《建筑安装工程费用项目组成》（建标【2003】206号）等相适应，它们是编制企业计价定额的基础。

企业定额的项目划分、计量单位、计算规则、定额册、章、节的编排等，应尽量与《建设工程工程量清单计价规范》保持一致。在《建设工程工程量清单计价规范》的基础上加入企业的消耗指标和定额基价，就可形成自己的企业计价定额。

4.3.1 建筑安装工程费用构成

建筑安装工程费由直接费、间接费、利润和税金构成。

1. 直接费

直接费即工程的直接成本，由直接工程费和措施费组成。

（1）直接工程费：是指施工过程中耗费的构成工程实体的各项费用，包括人工费、材料费、施工机械使用费。

1）人工费：是指直接从事建筑安装工程施工的生产工人开支的各项费用，内容包括：

①基本工资：是指发放给生产工人的基本工资。

②工资性补贴：是指按规定标准发放的物价补贴、煤或燃气补贴、交通补贴、住房补贴、流动施工津贴等。

③生产工人辅助工资：是指生产工人年有效施工天数以外非作业天数的工资，包括职工学习、培训期间的工资，调动工作、探亲、休假期间的工资，因气候影响的停工工资，女工哺乳时间的工资，病假在六个月以内的工资及产、婚、丧假期的工资。

④职工福利费：是指按规定标准计提的职工福利费。

⑤生产工人劳动保护费：是指按规定标准发放的劳动保护用品的购置费及修理费，徒工服装补贴，防暑降温费，在有碍身体健康环境中施工的保健费用等。

2）材料费：是指施工过程中耗费的构成工程实体的原材料、辅助材料、构配件、零件、半成品的费用，包括以下内容：

①材料原价（或供应价格）。

②材料运杂费：是指材料自来源地运至工地仓库或指定堆放地点所发生的全部费用。

③运输损耗费：是指材料在运输装卸过程中不可避免的损耗。

④采购及保管费：是指组织采购、供应和保管材料过程中所需要的各项费用，包括采购费、仓储费、工地保管费、仓储损耗等。

⑤检验试验费：是指对建筑材料、构件和建筑安装物进行一般鉴定、检查所发生的费用，包括自设试验室进行试验所耗用的材料和化学药品等费用。不包括新结构。新材料的试验费和建设单位对具有出厂合格证明的材料进行检验、对构件做破坏性试验及其他特殊要求检验试验的费用。

3）施工机械使用费：是指施工机械作业所发生的机械使用费以及机械安拆费和场外运费。施工机械台班单价应由下列七项费用组成：

①折旧费：指施工机械在规定的使用年限内，陆续收回其原值及购置资金的时间价值。

②大修理费：指施工机械按规定的大修理间隔台班进行必要的大修理，以恢复其正常功能所需的费用。

③经常修理费：指施工机械除大修理以外的各级保养和临时故障排除所需的费用。包括为保障机械正常运转所需替换设备与随机配备工具附具的摊销和维护费用、机械运转中日常保养所需润滑与擦拭的材料费用及机械停滞期间的维护和保养费用等。

④安拆费及场外运费：安拆费指施工机械在现场进行安装与拆卸所需的人工、材料、机械和试运转费用以及机械辅助设施的折旧、搭设、拆除等费用；场外运费指施工机械整体或分体自停放地点运至施工现场或由一施工地点运至另一施工地点的运输、装卸、辅助材料及架线等费用。

⑤人工费：指机上司机（司炉）和其他操作人员的工作日人工费及上述人员在施工机械规定的年工作台班以外的人工费。

⑥燃料动力费：指施工机械在运转作业中所消耗的固体燃料（煤、木柴）、液体燃料（汽油、柴油）及水、电等费用。

⑦养路费及车船使用税：指施工机械按照国家规定和有关部门规定应缴纳的养路费、车船使用税、保险费及年检费等。

（2）措施费：是指为完成工程项目施工，发生于该工程施工前和施工过程中非工程实体项目的费用，包括以下内容：

1）环境保护费：是指施工现场为达到环保部门要求所需要的各项费用。

2）文明施工费：是指施工现场文明施工所需要的各项费用。

3）安全施工费：是指施工现场安全施工所需要的各项费用。

4）临时设施费：是指施工企业为进行建筑工程施工所必须搭设的生活和生产用的临时建筑物、构筑物和其他临时设施等费用。

临时设施包括临时宿舍、文化福利及公用事业房屋与构筑物、仓库、办公室、加工厂以及规定范围内道路。水、电、管线等临时设施和小型临时设施等；临时设施费用包括：临时设施的搭设、维修、拆除费或摊销费。

5）夜间施工费：是指因夜间施工所发生的夜班补助费、夜间施工降效、夜间施工照明设备摊销及照明用电等费用。

6）二次搬运费：是指因施工场地狭小等特殊情况而发生的二次搬运费用。

7）大型机械设备进出场及安拆费：是指机械整体或分体自停放场地运至施工现场或由一个施工地点运至另一个施工地点，所发生的机械进出场运输及转移费用及机械在施工现场进行安装、拆卸所需的人工费、材料费、机械费、试运转费和安装所需的辅助设施的费用。

8）混凝土、钢筋混凝土模板及支架费：是指混凝土施工过程中需要的各种钢模板、木模板、支架等的支、拆、运输费用及模板皮架的摊销或租赁费用。

9）脚手架费：是指施工需要的各种脚手架搭、拆、运输费用及脚手架的摊销或租赁费用。

10）已完工程及设备保护费：是指竣工验收前，对已完工程及设备进行保护所需费用。

11）施工排水、降水费：是指为确保工程在正常条件下施工，采取各种排水、降水措施所发生的各种费用。

2. 间接费

建筑安装工程间接费指虽然不直接由施工的工艺过程所引起，但却与工程的总体条件有关的建筑安装企业为组织施工和进行经营管理以及间接为建筑安装生产服务的各项费用，由规费、企业管理费组成。

(1) 规费：是指政府和有关权力部门规定必须缴纳的费用（简称规费），包括：

1）工程排污费：是指施工现场按规定缴纳的工程排污费。

2）工程定额测定费：是指按规定支付工程造价（定额）管理部门的定额测定费。

3）社会保障费。

①养老保险费：是指企业按规定标准为职工缴纳的基本养老保险费。

②失业保险费：是指企业按照国家规定标准为职工缴纳的失业保险费。

③医疗保险费：是指企业按照规定标准为职工缴纳的基本医疗保险费。

④住房公积金：是指企业按规定标准为职工缴纳的住房公积金。

⑤危险作业意外伤害保险：是指按照《建筑法》规定，企业为从事危险作业的

建筑安装施工人员支付的意外伤害保险费。

（2）企业管理费：是指建筑安装企业组织施工生产和经营管理所需费用，具体包括：

1）管理人员工资，是指管理人员的基本工资、工资性补贴、职工福利费、劳动保护费等。

2）差旅交通费，是指企业职工因公出差、工作调动的差旅费，住勤补助费，市内交通及误餐补助费、职工探亲路费，劳动力招募费，离退休职工一次性路费及交通工具油料、燃料、牌照、养路费等。

3）办公费，是指企业办公用文具、纸张、账表、印刷、邮电、书报、会议、水、电、燃煤（气）等费用。

4）固定资产折旧、修理费，是指企业属于固定资产的房屋、设备、仪器等折旧及维修等费用。

5）工具用具使用费，是指企业管理使用不属于固定资产的工具、用具、家具、交通工具、检验、试验、消防等的摊销及维修费用。

6）工会经费，是指企业按职工工资总额计提的工会经费。

7）职工教育经费，是指企业为职工学习先进技术和提高文化水平按职工工资总额计提的费用。

8）劳动保险费，是指企业支付离退休职工的退休金（包括提取的离退休职工劳保统筹基金）、价格补贴、医药费、易地安家补助费、职工退职金、六个月以上的病假人员工资、职工死亡丧葬补助费、抚恤费，按规定支付给离休干部的各项经费。

9）职工养老保险费及待业保险费，是指职工退休养老金的积累及按规定标准计提的职工待业保险费。

10）保险费，是指企业财产保险、管理用车辆等保险费用。

11）税金，是指企业按规定交纳的房产税、车船使用税、土地使用税、印花税及土地使月费等。

12）其他费，包括技术转让费、技术开发费、业务招待费、排污费、绿化费、广告费、公正费、法律顾问费、审计费、咨询费等。

3. 利润

利润是指施工企业完成所承包工程获得的盈利。从理论上讲，企业全部劳动成员的劳动，除了因支付劳动力所得的报酬以外，还创造了一部分新增的价值，这部分新增价值凝固在工程产品之中，这部分价值的价格形态就是企业的利润。

在工程量清单计价模式下，利润不再单独体现，而是被分别计入分部分项工程费用、措施项目费和其他项目费当中。具体计算方法可以以人工费或人工费加机械费或直接费为基础乘以利润率，即：

$$利润=计算基础\times利润率(\%)$$

利润是企业追求的最终目标，其一切生产经营活动都是围绕利润进行的。利润是企业扩大再生产的基础，也是企业实行经济核算，使企业成为独立经营、自负盈亏的市场竞争主体的前提。因此，合理确定利润水平（利润率）对企业的生存和发展是至关重要的。在投标报价时，要根据企业自身实力、投标策略来确定利润水平，使报价既具竞争力，又能保证其他各方面的利益实现。

4. 税金

税金是指国家税法规定的应计入建筑安装工程造价内的营业税、城市维护建设税及教育附加费等。

（1）营业税

营业税指从事建筑业、交通运输业和各种服务行业的单位和个人，就其营业收入征收的一种税。营业税应纳税额的税率为3%，计征基数为直接费+间接费+利润。

（2）城市维护建设税

城市维护建设税是国家为了加强城市的维护建设，扩大和稳定城市维护建设资金来源，对有经营收入的单位和个人征收的一种税。城市维护建设税应纳税额的税率按纳税人工程所在地不同分为三个档次，即：市区为7%，县城、镇为5%，不在市区、县城、镇的为1%，计征基数为营业税额。

（3）教育费附加

教育费附加是指为了加快发展地方教育事业，扩大地方教育资金来源而征收的一种地方税。教育费附加应纳税额的税率按工程所在地政府规定执行，一般为营业税的3%。

（4）税金计算

税金计算公式为：

$$税金=税前工程造价\times税率$$

4.3.2 人工单价的组成与确定

1. 传统定额模式下人工工日单价的组成与确定

人工费由完成设计文件规定的全部内容所需定额工日消耗数量以及零星工作的工日消耗数量乘以人工工日单价计算而成。人工工日单价是指预算定额中一个建筑安装工人在一个工作日应计入的全部人工费用，包括：

（1）基本工资：指发放给生产工人的基本工资，包括岗位工资、技能工资和工龄工资。其中岗位工资和技能工资是根据国家有关部门制定的《全民所有制大中型建筑安装企业岗位技能工资试行方案》设定的，六类地区工人岗位工资标准设八个岗位。六类地区技能工资分为初级工、中级工、高级工、技师和高级技师五类工资标准二十六档。计算公式如下：

基本工资＝生产工人人均基本工资÷年法定工作日

年法定工作日＝年日历天数（365天）－周末（104天）－法定节日（10天）

（2）工资性津贴：指按规定标准和范围发放给生产工人的所有补贴，包括物价补贴、煤（燃）气补贴、交通补贴、住房补贴、流动施工津贴、地区补贴等。计算公式为：

工资性津贴＝生产工人年人均津贴额÷年法定工作日

（3）辅助工资：指生产工人年有效施工天数以外非作业天数的工资，包括职工学习、培训期间的工资，调动工作、探亲、休假期间的工资，因气候影响的停工工资，女工哺乳时间的工资，病假在六个月以内的工资及产、婚、丧假期的工资。计算公式为：

辅助工资＝（基本工资＋工资性津贴）×今年平均非工作天数÷年法定工作日

（4）职工福利费：指按规定标准计提的职工福利的费用。它主要用于职工的医药费（包括企业职工参加职工医疗保险交纳的医疗保险费）、医务人员的工资、医务经费、职工生活困难补助、职工浴室、幼儿园工作人员的工资及按国家规定开支的其他职工福利支出。计算公式为：

职工福利费＝生产工人年人均职工福利费÷年法定工作日

（5）劳动保护费：指按规定标准发放的劳动保护用品的购置费及修理费，徒工服装补贴，防暑降温费，在有碍身体健康环境中施工的保健费用等。计算公式为：

劳动保护费＝生产工人年人均劳动保护费发放额÷年法定工作日

（6）住房公积金：

住房公积金＝生产工人年人均住房公积金金额÷年法定工作日

（7）工会经费：

工会经费＝生产工人年人均工会经费金额÷年法定工作日

（8）教育经费：

教育经费＝生产工人年人均教育经费金额÷年法定工作日

（9）危险作业意外伤害保险费：

危险作业意外伤害保险费＝从事危险作业人员年平均意外伤害保险费金额÷（年法定工作日×生产工人年平均数）

人工单价就是上述九项费用之和。生产工人工资标准的确定，应根据有关文件精神，并结合本部门、本地区、本企业的具体情况，经反复测算取定。

2. 清单计价模式下人工工日单价的组成与确定

人工工日单价是指从事建设工程施工生产的工人日工资水平，是企业支付给从事建设工程施工的本企业生产工人的工资，其构成包括以下几个部分：

(1) 本企业待业工人最低生活保障工资。这部分工资是企业中从事施工生产和不从事施工生产（企业内待业或失业）的每个职工都必须具备的，其标准不低于国家关于失业职工最低生活保障金的发放标准。

(2) 由国家法律规定的强制实施的各种工资性费用支出项目，包括职工福利费、生产工人劳动保护费、住房公积金、劳动保险费、医疗保险费等。

(3) 投标单位驻地至工程所在地生产工人的往返差旅费，包括短、长途汽车费，火车费，旅馆费，路途及住宿补助费，市内交通及补助费。此项费用可根据投标人所在地到建设工程所在地的距离和路线调查确定。

(4) 外埠施工补助费。由企业支付给外埠施工生产工人的施工补助费。

(5) 夜餐补助费。指推行三班作业时，支付给夜间施工生产工人的夜间餐饮补助费。

(6) 医疗费。对工人轻微伤病进行治疗的费用。

(7) 法定节假日工资。法定节假日休息，如五一、十一支付的工资。

(8) 法定休假日工资。法定休假日休息支付的工资。

(9) 病假或轻伤不能工作而必须支付的工资。

(10) 因气候影响的停工工资。

(11) 危险作业意外伤害保险费。按照《建筑法》的规定，为从事危险作业的建筑施工人员支付的意外伤害保险费。

(12) 效益工资（奖金）。工人的效益奖金原则应在超额完成任务的前提下发放，费用可在超额结余的资金款项中支付，鉴于当前我国发放奖金的具体状况，奖金费用应归入人工费。

(13) 应包括在工资中未明确的其他项目。

注意，其中第 (1)、(2)、(3) 项是由国家强制规定实施的，综合工日单价中必须包含此三项，且不得低于国家规定标准。第 (3) 项费用可以按管理费处理，不计入人工费中，其余各项由投标人自主决定选用的标准。

4.3.3 材料单价的组成与确定

1. 传统定额模式下材料单价组成与确定

材料的预算价格是指材料从其来源地到达施工工地仓库后的出库价格，一般由材料原价、供销部门手续费、包装费、运输费、运输损耗费、采购及保管费组成，其计算方法如下：

材料预算价格＝(原价＋供销部门手续费＋包装费＋运输费＋运输损耗费)
×（1＋采购保管费率）－包装品回收价格

材料预算价格根据国家价格法规和政策充分考虑国家经济建设发展、材料供求关系的变化、地区建设工程的分布状况、投资金额、工程类别、材料来源、运输方式、运输距离等因素，采用加权平均方法，确定地区材料预算价格，如实反映一个地区一定时期的价格水平。此价格由工程造价管理部门编制，为建设单位和承包单位工程计价的依据。

市场材料预算价由市场材料信息价和综合价两部分组成。

市场信息价是指各地工程造价管理部门对放开材料原价管理的材料，按照市场销售价公布的材料价格。此价格供建设单位与承包单位双方工程计价时参考。

综合价是指各地工程造价管理部门对放开材料原价管理的材料，按规定编制的运输费、运输损耗费、包装费、采购保管费等的价格。此价格为工程计价的依据，与市场信息价配套使用。

（1）材料原价

材料原价是指生产或供应单位的材料销售价格。同一种材料因来源地、供应单位或生产厂不同时，应根据供应数量比例，采取加权平均方法计算原价。

（2）供销部门手续费

供销部门手续费是指材料不直接从生产厂家采购，从物资部门或供销部门采购时所增加的费用（或服务费）。供销部门手续费标准按物价部门批准的综合管理费标准计算，当供销部门手续费已包括在供销部门供应的材料原价内时，不能再计算。

供销部门手续费＝材料原价×供销部门手续费费率×由供应部门供应比重

目前，我国大部分地区执行国家经委规定的供销部门手续费率：金属材料2.5％，机电材料1.8％，化工材料2％，木材3％，轻工材料3％，建筑材料3％。

（3）材料包装费和回收价值

材料包装费是为了便于运输或保护材料免受损坏或损失而必须进行包装时所需的费用。包括水陆运输中的支撑、篷布等所耗用的材料和费用。包装费和回收价值计算按以下几种情况分别计算：

1）生产厂家负责包装者，如水泥、玻璃、铁钉、卫生瓷器等，其包装费已计入原价的，不再另行计算包装费。但包装材料回收值，应从材料包装费中扣除。计算公式如下：

$$\text{包装材料回收价值}=\frac{\text{包装器材价值}\times\text{回收率}\times\text{回收价值率}}{\text{包装器材标准容量}}$$

$$包装费=\frac{包装器材原值\times(1-回收率\times回收价值率)+使用期维修费}{周转使用次数\times包装容器标准容量}$$

$$包装材料回收价值=\frac{包装器材价值\times回收率\times回收价值率}{包装器材标准容量}$$

2）采购部门自备包装材料或容器，按下列公式计算包装费：

$$包装费=\frac{包装器材原值\times(1-回收率\times回收价值率)+使用期维修费}{周转使用次数\times包装容器标准容量}$$

3）包装器材的回收值，应指当地旧、废包装器材出售价格计算；没有回收价值的不予计算。

包装材料的回收量率、回收价值率、周转使用次数、残值回收率见表4-9。

包装品回收量率、回收价值率、周转使用次数、残值回收率表　　表4-9

包装品材料分类 包装品回收使用情况分类		回收率（%）	回收价值率（%）	使用次数	残值回收率（%）
木制品	箱	70	20	4	5
	桶	70	20	5	3
竹制品					10
塑、纤箱、桶				8	
金属制品	桶	95	50	10	3
	丝、线	20	50		
	铁皮	50	50		
纸制品	袋、箱、桶	50	50		
玻璃陶瓷制品		30	60		

4）租赁包装品者，其包装费按租金计算。

凡不需包装的材料不得计算包装费。应包装的材料，没有包装，仍应计算包装费。但是由于未包装而发生的规定运输损耗以外的运输损耗及费用，不得计算。

5）材料净重与毛重的比例修正系数。

材料运输费是按材料毛重计算的，而材料预算价格按净重计算，毛重与净重之差别就在材料包装器材的重量。毛重与净重的比例修正系数见表4-10。

材料毛重与净重的比例修正系数参考表　　表4-10

序号	材料名称	单位	修正系数	序号	材料名称	单位	修正系数
	一、一般土建工程材料			4	水玻璃	t	1.15
1	水泥	t	1.01	5	防腐剂	t	1.11
2	白灰	t	1.01	6	氯化铵	t	1.15
3	沥青	t	1.08	7	大理石粉	t	1.02

续上表

序号	材料名称	单位	修正系数	序号	材料名称	单位	修正系数
8	软沥青	t	1.08	18	石油沥青	t	1.06
9	乙炔（116.2kg）	100m²	1.27	19	黄色炸药	t	1.15
10	汽油	t	1.10	20	各种漆	t	1.10
11	油灰	t	1.10		二、卫生工程材料		
12	电石	t	1.15	1	石棉板	t	1.02
13	玻璃	t	1.10	2	绝缘管	t	1.02
14	白石子	t	1.02	3	矿物棉	t	1.34
15	铁钉	t	1.10	4	耐火粘土砖	t	1.01
16	五金制品	t	1.07	5	矿渣棉	t	1.34
17	电焊条	t	1.07				

（4）材料运输费

材料运输费又叫材料运杂费，是指材料由来源地或交货地运至施工现场仓库或存放点运输全过程中所支付的一切费用。

材料来源地根据因地制宜、就近取材、流向合理的原则确定。材料运输费按国家、地方管理部门批准的铁路、公路、水路等运价规定计算。材料运输流程示意见图 4-1。

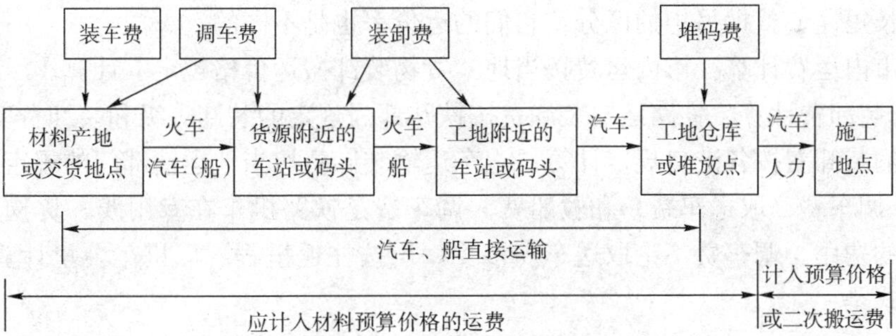

图 4-1　材料运输流程示意图

材料运输费由运费、调车费或驳船费、装卸费、附加工作费和材料场外运输合理损耗（运输损耗费）组成。由于运输工具不同，有的规定也不尽统一，其费用组成和计费依据也不相同。

1）各种运费计算

①铁路运费计算。根据铁道部《铁路货物运输规则》按以下三个条件确定铁路运费：

a. 按托运货物的质量确定运费标准。分为整车托运和零担托运两种方式。整车货物以吨（t）为单位，不足1t者，按1t计算。零担托运货物以10kg为单位，不足10kg者按10kg计算，每批零担货物起码质量为20kg。整车托运较零担托运节省，但整车托运的起码质量必须达到货车标准质量的一半以上。

b. 按托运货物等级规定运费标准。货物等级又叫运价号，它是根据货物价值、运输的难易、有无危险性等，把货物分成若干等级，不同等级的运费标准不一样。

c. 按不同运输里程规定运费标准。货物运输里程不同，运价率也不一样，运输里程愈远，运价率愈大。如果同样的材料有两处以上的来源地时，按所占比重，用加权平均法计算运费。

②水路运费计算。水路运费也按不同等级，不同运价里程和质量分别规定的，但水路运输没有整车和零担运输之分。航线不同（分上、中、下游，顺水或逆水）其运价率不一样，还有联运价、直达运价及附加费等特殊运价的规定。

③公路运费计算。公路运输分汽车、马车、人力车等运输方式，所用运输工具不同，运费标准也不一样，按所属省、市、自治区公路（市内）交通运输部门规定计算。

a. 计算质量。包装物毛重、皮重量计算。散装货物以过磅或按每立方米（m^3）折重计算，轻浮货物在满载情况下，不足车载量按车载吨位计算。

b. 计算里程。按装卸货物中心的实际里程计算，里程在1km以内，以0.25km为运算单位。1km以上至10km，以0.5km为运算单位。10km以上的，以1km为运算单位。

有长短途、整批另担的区分，它们的运价率也是不同的。

④市内运费计算。市内运费按当地“货物装卸搬运价格规定”计算。

2）装卸费计算。铁路运输装卸费按铁路部门规定的装卸等级和装卸费率计算；水路运输装卸费按各港口规定计算；汽车运输装卸费按当地运输部门的规定计算。

3）调车费（取送车费）和驳船费。调车费是铁路机车在专用线、货物专线调送车辆的费用。调车费不论取送车皮多少，均按往返里程、以机车公里计算费用，计算公式是：

$$\text{每吨货物调车费}=\frac{\text{调车里程}\times 2\times \text{每机车公里调车费用}}{\text{每次车辆数}\times \text{车辆技术装载量}}$$

驳船费是在港口用驳船从码头到船舶取送货物的费用，按驳船费率计算。

4）附加工作费。材料运输费，除前面讲的运费、调车费或驳船费、装卸费和下面讲的材料运输损耗费以外的其他费用都叫附加工作费，如铁路运输中超长物资（13m以上）的游车费、零担运输的货迁费等；水路运输中的养河费、小河过坝费、枯水季节的提拔费、石灰片石附加费、回程空驶费等。市镇短途搬运中的过磅费、堆码费、危险品附加费，每件货物超过规定者（如250kg），按笨重运价计算等。材料运到工地仓库或堆场卸车后，需要搬运、堆放、整理以减少材料损失并腾出道路以利交通，这部分费用若已包括在装卸费中就不另计算。

（5）材料场外运输合理损耗费用

材料场外运输合理损耗费简称运输损耗费，又叫材料运输途中损耗费，是指材料在到达施工现场仓库或堆放地点之前的全部运输过程中的途中合理损耗及附加工作费。

1）按运输损耗率计取。

材料运输损耗费＝场外运输损耗量×材料到仓库的价格。

式中：场外运输损耗量＝材料净用量×损耗率；材料净用量是指计划采购量。

材料到仓库的价格，包括原价、供销部门手续费、包装费、运输费，但不包括采购保管费。

2）按预算价格的百分比计取。

场外运输损耗费＝材料预算单价×损耗率

主要材料运输损耗率见表 4-11。

主要材料运输损耗率表 表 4-11

材料种类	损耗率（%）	材料种类	损耗率（%）
各种标准砖及粘土空心砖瓦	2.0	陶管、瓷管、瓷制品	3.0
实心砌块	1.5	块状沥青	1.0
耐火砖	1.0	桶装沥青	3.0
水泥、石棉、玻纤瓦	1.5	石墨制品	2.0
生石灰	3.0	石灰膏	1.5
石膏、耐火泥、烧碱	1.0	缸砖、面砖、瓷砖	3.0
河砂、炉渣、石屑	2.5	混凝土管、水泥电杆	0.5
空心砌块	2.5	毛石	0.5
袋装水泥	1.0	煤、焦炭	1.0
散装水泥	2.5	混凝土、石块、石板	1.0
玻璃及制品	4.0	条石、方整石	1.0
砾石、蛭石、珍珠岩、米石子	2.0	石膏板、石棉瓦、钙塑板类	2.0

（6）材料采购及保管费

材料采购及保管费指材料供应部门（包括工地仓库及以上各级材料管理部门）在组织采购、供应和保管材料过程中所需的各种费用，包括材料在工地、仓库储存保管期间所发生的损耗费。其中包括：各级采购和保管人员的工资、职工福利费、办公费、差旅交通费、办公用房和仓库等固定资产使用费、工器用具使用费、劳动保护费、检验试验费、材料储存损耗，以及其他零星费用。

采购保管费率，一般建筑材料为3%，钢材、木材、水泥为2.5%，安装材料及暖卫设备为1.5%。凡由建设单位供应的材料，施工单位按采购保管费的70%收取保管费。

【例4-4】 某地方材料，经货源调查后确定，甲地可以供货20%，原价93.50元/t；乙地可供货30%，原价91.20元/t；丙地可以供货15%，原价94.80元/t；丁地可以供货35%，原价90.80元/t。甲乙两地为水路运输，甲地运距103km，乙地运距115km，运费0.35元/（km·t），装卸费3.4元/t，驳船费2.5元/t，途中损耗3%；丙丁两地为汽车运输，运距分别为62km和68km，运费0.45元/（km·t），装卸费3.6元/t，调车费2.8元/t，途中损耗2.5%。材料包装费均为10元/t，采购保管费率2.5%，计算该材料的预算价格。

【解】 ①加权平均原价

（93.50×0.2+91.20×0.3+94.80×0.15+90.80×0.35）元/t=92.06元/t

②地方材料直接从厂家采购，不计供销部门手续费。

③包装费10元/t。

④运杂费

a. 运费：（（0.2×103+0.3×115）×0.35+（0.15×62+0.35×68）×0.45）元/t=34.18元/t

b. 装卸费：（（0.2+0.3）×3.4+（0.15+0.35）×3.6）元/t=3.5元/t

c. 调车驳船费：（（0.2+0.3）×2.5+（0.15+0.35）×2.8）元/t=2.65元/t

d. 加权平均途耗率：（0.2+0.3）×3%+（0.15+0.35）×2.5%=2.75%

e. 材料运输损耗费：（92.06+10+34.18+3.5+2.65）元/t×2.75%=3.92元/t

材料运杂费：（34.18+3.5+2.65+3.92）元/t=44.25元/t

⑤该地方材料预算价格

（92.06+10+44.25）元/t×（1+2.5%）=149.97元/t

2. 清单模式下材料单价的组成和确定

清单模式下材料单价的组成与确定主要有以下几个方面：

（1）材料原价（或供应价）。一般是指材料的出厂价、进口材料抵岸价或市场批发价（元/计量单位）。

（2）材料运杂费。指材料自来源地（或交货地）运至工地仓库或存放地所发生的装、卸、运、堆放等过程的费用，以及运输、装卸的损耗，材料运输包装费用及摊销费用（元/计量单位）。运输、装卸损耗费计算公式如下：

运输、装卸损耗费=材料原价（或供应价）×相应材料损耗率

（3）采购及保管费。

采购及保管费=（材料原价+材料运杂费）×采购及保管费率（元/计量单位）

（4）检验试验费。

检验试验费＝按规定每批材料抽检所需费用÷该批材料数量（元/计量单位）

材料单价为上述四项费用之和，计量单位为元/计量单位。

4.3.4 机械台班单价的组成与确定

1.传统定额模式下机械台班单价的组成与确定

一台施工机械工作 8 小时为一个台班，每个台班必须消耗的人工、物料和应分摊的费用即是一个机械台班单价。施工机械的费用按因素性质可以分为两大类，即第一类费用和第二类费用。

（1）第一类费用的组成及确定

第一类费用不管机械开动的情况怎样，不管施工的特点和条件，都需要支出，是一种比较固定的费用。它是由国家主管部门统一制定颁发，根据施工机械的年工作制，按全年所需分摊到每个台班中，并且以货币形式列入施工机械台班使用费中去的，在编制台班费用时不允许调整，是一种比较固定的经常费用，因此又叫不变费用，可以从定额中直接转抄其货币指标。

第一类费用包括八项内容：折旧费、大修理费、经常修理费、替换设备及工具附具费、润滑材料及擦拭材料费、安装拆卸及辅助设施费、机械场外迁费、机械管理费。

1）机械台班折旧费

机械台班折旧费是指按规定的机械使用期限逐渐收回其原始价值的费用。

台班折旧费＝机械预算价格×（1－残值率）×贷款利息系数÷耐用总台班

式中：贷款利息系数＝1＋（折旧年限＋1）/2×当年银行贷款利率

国产机械预算价格＝机械出厂价格×1.05

进口机械预算价格＝机械进口到岸价格（又称抵岸价格）×1.11

机械预算价格，是指机械的出厂价格，加上供应机构的手续费和机械由出厂地点运至建筑单位所需的一次性运杂费。

机械残值率，是指机械使用后的残余价值。一般以机械预算价格的百分率表示。其取值：大型施工机械为 5%；运输机械为 6%；中小型机械为 4%。

机械使用总台班按使用周期和大修理间隔台班之积确定。

即：　　使用总台班＝使用周期×大修理间隔台班

或　　使用总台班＝年工作台班×使用年限

2）大修理费（大修费）

是指机械使用达到规定使用时间必须进行大修理以恢复机械正常使用功能所需

的费用。对机械进行全面修理，更换其主要部件和配件，修理的范围广，需要费用多，间隔时间长是其特点。

$$台班大修理费=\frac{一次大修理费\times大修理次数}{使用总台班}=\frac{一次大修理费\times（使用周期-1）}{使用总台班}$$

式中：$使用周期=\frac{使用总台班}{大修理间隔台班}$

3）经常修理费

是指机械中修、定期保养及日常例行保养的费用。

$$经常修理费=\frac{中修费+\sum（各级保养一次费\times各级保养次数）}{大修理间隔台班}$$

或

$$经常修理费=台班大修理费\times K_a$$

式中，K_a 为系数，是根据历次编定额时台班维修费与台班大修理费之间的比例关系资料确定的。

4）替换设备及工具附具费

指机械正常运转所需附属消耗的如轮胎、电缆、蓄电池、传动皮带、钢丝绳、胶皮管、砂轮、碎石机轧板等替换设备以及随机使用的工具和附件摊销及维护的费用。

$$台班替换设备及工具附具费=\sum\left[\frac{替换设备、工具附具一次量\times预算单价\times（1-残值率）}{替换设备、工具附具耐用总台班}\right]$$

5）润滑材料及擦拭材料费

指机械运转及日常保养所需的润滑脂和擦拭用布及棉纱的费用。

$$台班润滑材料及擦拭材料费=\sum(润滑材料台班使用量\times相应单价)$$

$$润滑材料台班使用量=\frac{一次使用量\times每个大修间隔平均加油次数\times相应单价}{大修理间隔台班}$$

6）台班安装拆卸及辅助设施费

机械在工地进行安装、拆卸所需的工料、械具、试运转以及辅助设施的搭设、拆除等费用。辅助设施包括安装机械的基础、底座、固定锚桩、行走轨道（折旧）、枕木等项内容。

$$台班安装拆卸及辅助设施费=\frac{一次安拆费\times年安拆次数}{年工作台班数}+\frac{辅助设施一次使用量\times（1-残值率）\times预算价格}{摊销台班数}$$

7）机械场外迁移费

指机械整体或分件自停放场运至工地，或由一个工地至另一个工地，运距在25km以内的机械进出场运输或转移费。中小型机械在25km以内外运输费，已包括在台班单价中，超过25km或到外埠的转移运输费用，无论大中型机械均按远征工程另行计算费用，不包括在定额范围内。

$$机械场外迁移费=\frac{(每次运费+每次装卸费)\times 每年平均次数}{年工作台班}$$

8）机械管理费（机械保管费）

为机械管理部门保管机械的费用，不论施工机械由独立的机械供应站掌管或由施工企业附属的机运部门掌管，都必须计取此项费用。包括停车库、停车棚、行政、材料库等各种房屋设施的折旧维修费；管理人员的工资、行政费、劳保费、职工福利费以及机械在规定年工作台班以外的保养费用。

$$台班机械管理费=\frac{机械预算价格\times 保管费率(1.5\%)}{年工作台班}$$

也可采用按台班折旧费乘系数的方法计取，即：

$$台班机械管理费=台班折旧费\times K_b$$

式中：$K_b=\frac{机械管理费}{机械基本折旧费}$

（2）第二类费用的组成及计算方法

施工机械第二类费用也称可变费用，在施工机械台班定额中，是以每台班实物消耗量指标来表示的，包括机上人工费、动力燃料消耗费、车辆养路费及牌照税等三项内容。

1）机上人工费

指机上工人工资。机上工人如司机、司炉以及其他操作机械的工人。机下辅助的工人不包括在内，人工消耗量指标应在工程定额的人工部分列出，人工等级按预算定额规定的技术等级，工资标准包括附加工资在内按当地的工资标准计算。机上操作人员的配备应根据机械性能、操作需要和连续作业等特点确定。

2）动力、燃料费

施工机械分电动、风动、机动三种。施工机械的动力、燃料消耗定额中，除本身在运转时所消耗的以外，还包括电动机械与施工现场最后一级降压变压器之间的线路电损及辅助用电、机动机械启动时所用燃料和附加用的燃料、油过滤损耗等。

3）台班养路费及牌照税

养路费是指自行机械行驶在城市以外的公路上按当地交通部门规定缴纳的养路费，作为交通部门以路养路的费用。牌照税是税务部门按照规定征收的车辆牌照税。

$$台班养路费=\frac{机械自重或核定吨位\times 年工作月数\times 每吨每月养路费}{年工作台班}$$

2.清单计价模式下机械台班单价的组成和计算

清单计价模式下施工机械台班单价主要包括以下几个方面：

（1）折旧费：指施工机械在规定的使用年限内，陆续收回其原值及购置资金的时间价值。

(2) 大修理费：指施工机械按规定的大修理间隔台班进行必要的大修理，以恢复其正常功能所需的费用。

(3) 经常修理费：指施工机械除大修理外的各级保养和临时故障排除所需费用。

(4) 机上人工费：指机上司机（司炉）和其他操作人员的工作台班人工费及上述人员工作台班以外的人工费。

(5) 燃料动力费：指施工机械在运转作业中所消耗的固体燃料、液体原料及水电等费用。

(6) 除大型机械安拆和场外运输费以外的其他机械安拆和厂外运输费。

(7) 其他费用：指施工机械按国家规定和省有关部门规定应交纳的养路费、车船使用税、保险费及年检费等。

如果使用租赁机械，则租赁机械台班费是指根据施工需要向其他企业或租赁公司租用施工机械所发生的台班租赁费。台班租赁费是以台班租金为基础，加上运转费用确定。在投标工作的前期，应进行市场调查，调查的内容包括租赁市场可供选择的施工机械种类、规格、型号、完好性、数量、价格水平，以及租赁单位的信誉度等，并通过比较选择拟租赁的施工机械的种类、规格、数量及单位，并以施工机械台班租赁费作为机械台班单价。

4.3.5 建筑安装工程其他费用的确定

建筑安装工程其他费用包括：人工费调整费、零星用工、现场签证费用、材料调整费用、定额机械费调整、换算、补充定额单价取定、其他直接费、间接费、其他项目等。

1.人工费调整费

人工费调整费是指国家有关规定，结合各地区实际情况，在定额基价人工费基础上调整的部分。建筑工程综合定额中各章工资单价不再按工作物等级确定，而是按平均工资单价确定。

2.关于零星用工

零星用工是指与建筑物或构筑物施工无关（承包工程范围外）的用工。经甲方签证后，根据建筑安装工程人工费计算，列入定额直接费中。

施工过程中发生停水、停电等各种费用，按签证计算。

3.关于现场签证费用

现场签证费用是指在承包工程范围内，凡属下列情况可办理现场签证费用。

(1) 在非正常施工条件下新采取的特殊技术措施费。

（2）工程直接费未包括，且规定允许计算的各项费用。

（3）设计变更、材料改造造成的工程量变化而调整的费用。

（4）因工程停、缓建造成的损失费用。

（5）不可预见的地下障碍物的拆除与处理费用。

（6）由设计或建设单位原因造成的各项损失费用。

（7）受建设单位委托，在承包工程范围内发生的零星用工。

发生以上现场签证时，要参考有关定额制定人工、材料、机械的消耗量，或拟编一次性补充定额，或按当地有关规定计取，办理现场签证。签证包括：工程数量签证；单价签证；费用签证等几种形式。工程甲、乙双方签字后生效，列入定额直接费。属于其他直接费中施工因素增加费范围内的，不允许办理现场签证。甲乙双方在合同中或协议中包干支付的，不能再办理现场签证，也不允许计取其他费用。

4.关于材料费调整问题

（1）材料调整系数

定额和单位估价表都有时效时，为了让定额和单位估价表能在一定时期稳定使用，对人工、机械、材料的时间差价可以用调整系数的方法解决，由主管部门测定发布。材料调整规定由地市定额站测定发布。材料调整系数的使用应注意以下几个问题：

1）为了适应工程造价动态管理要求，由各地市职能部门根据材料预算价格的变化情况，统一测定，每年发布一到两次（为了结算需要年底必需发布一次）。

$$综合价差系数=\sum\frac{现行地区材料预算价格计算的直接费}{现行预算定额基价计算的直接费}\times 典型工程比例（\%）$$

2）材料价差调整系数的适用范围，应与地区材料预算价格的适用范围相同。

3）当年工程材料差价一次包死的跨年度工程，按年度完成的工程量，执行各年度调整系数。

4）材料调整费用部分不得作为计取其他直接费和间接费、利润的基础。

（2）议价材料的调整

对材料市场采购价和材料预算价之差的议价差。可按以下规定处理：

1）在建设单位未向施工企业提供统配（或部管）材料指标，而又不供应的情况下，方可找补议价差。

2）允许调议价差的材料品种范围由各地市定额主管部门根据情况合理确定，在建设材料预算价格手册中说明。

3）议价差的计算方法是报告期的市场采购价减报告期的市地预算价（或采购原价减材料预算原价）。

4）议价差不能作为计取其他直接费、间接费及利润的基础。

（3）政策性材料价差调整

在材料预算价格的执行过程中，可能会由于材料的来源地、原价、运价标准等发生变化，使得预算价格脱离实际。因此要对部分材料进行调整，其调整方法有以下几种形式：

1）用材料预算数量乘以市场采购价与预算价之差。

2）用直接费或材料费乘系数计算。

3）用材料预算数量乘以规定上调额。

5.其他直接费、间接费、其他等项目

以国家和地方的定额权威部门发布的规定为准则进行调整。

6.换算、补充定额单价取定

换算补充定额时，不得使用报告期人工、材料、机械单价，应按定额规定各省统一的价格换算、补充定额，其目的是为了获得统一的取费计算基础。

编补充定额时，应分建筑分册补充定额（简称建补）和装饰分册补充定额（简称装补），并分别执行各自的费用标准和预（结）算程序。

7.关于定额机械费调整问题

（1）定额中的机械台班单价和消耗量，除注明者外，均不得调整。

（2）总包企业承包工程应与其资质相符。因此，总包企业应全面负责各种机械，若总包企业需租用外单位机械时，其机械费差价由总包施工企业承担，不得转嫁给建设单位。

（3）若遇新技术、新工艺等特殊工程，需使用特种机械时，需报地方权威标准定额站批准后，方可按租赁或分包专业公司的主管部门所规定的价格找补差价，差价只计取定额管理费和税金。

4.4 企业定额的应用

企业定额的建立和运用可以提高企业管理水平，用企业定额对直接影响成本的资金因素、工期因素、质量因素、环境因素、技术因素、投标人对市场占有率因素等做准确地测算、分析和评判是提高企业管理水平的重要工作，是企业科学地进行经营决策的依据。它对加强成本管理、挖掘企业降低成本潜力、提高经济效益具有重大意义。

企业定额能够满足工程量清单计价的要求，企业定额是施工企业根据自身的技术专长，施工设备配备情况，材料来源渠道及管理水平等所规定的为完成工程实体消耗的各种人工、材料、机械和其他费用的标准。量体现在定额消耗水平上，而价则反映在实现工程量清单报价的过程中。依据企业定额对工程量清单实施报价，能够较为准确地体现施工企业的实际管理水平和施工水平。

4.4.1 企业定额在成本控制中的应用

1. 施工项目成本控制的意义和目的

施工项目的成本控制，通常是指在项目成本的形成过程中，对生产经营所消耗的人力资源、物质资源和费用开支，进行指导、监督、调节和限制，及时纠正将要发生和已经发生的偏差，把各项生产费用控制在计划成本的范围之内，以保证成本目标的实现。

施工项目成本控制的目的，在于降低项目成本，提高经济效益。然而项目成本的降低，除了控制成本支出以外，还必须增加工程预算收入，因为只有在增加收入的同时节约支出，才能提高施工项目成本的降低水平。

2. 施工项目成本控制的对象和内容

（1）以施工项目成本形成的过程作为控制对象

根据对项目成本实行全面、全过程控制的要求，具体的控制内容包括：

1）在工程投标阶段，应根据工程概况、招标文件、企业定额进行项目成本的预测，提出投标决策意见。

2）施工准备阶段，应结合设计图纸的自审、会审和其他资料（如地质勘探资料等），编制实施性施工组织设计，通过多方案的技术经济比较，从中选择经济合理、先进可行的施工方案，编制明细而具体的成本计划，对项目成本进行事前控制。

3）施工阶段，以施工图预算、施工预算、劳动定额、材料消耗定额和费用开支标准等，对实际发生的成本费用进行控制。

4）竣工交付使用及保修期阶段，应对竣工验收过程发生的费用和保修费用进行控制。

（2）以分部分项工程作为项目成本的控制对象

为了把成本控制工作做得扎实、细致，落到实处，还应以分部分项工程作为项目成本的控制对象。在正常情况下，项目应该根据分部分项工程的实物量，参照施工预算定额，联系项目管理的技术素质、业务素质和技术组织措施的节约计划，编制包括工、料、机消耗数量、单价、金额在内的施工预算，作为对分部分项工程成本进行控制的依据。工程施工预算的格式见表4-12。

分部分项工程施工预算

工程名称______施工面积______ m^2　工程造价______元　开工日期____年____月____日　工程地点______　表 4-12

分项工程编号	分项工程工序名称	单　位	工程量	定额 数量 金额															
					名称														
					规格														
					单位														
					单价														
				定额															
				数量															
				金额															
				定额															
				数量															
				金额															
				定额															
				数量															
				金额															
				定额															
				数量															
				金额															
				定额															
				数量															
				金额															
本页小计				数量															
				金额															

3.施工项目成本控制的实施

（1）施工前期的成本控制

1）工程投标阶段

①根据工程概况、招标文件以及企业定额，联系建筑市场和竞争对手的情况，进行成本预测，提出投标决策意见。

②中标以后，根据项目的建设规模，组建与之相适应的项目经理部，同时以标书为依据确定项目的成本目标，并下达给项目经理部。

2）施工准备阶段

①根据设计图纸和有关技术资料，对施工方法、施工顺序、作业组织形式、机械设备、技术经济措施等进行认真的研究分析，并运用价值工程原理，制定出科学先进、经济合理的施工方案。

②根据企业下达的成本目标，以分部分项工程实物工程量为基础，联系劳动定额、材料消耗定额和技术组织措施的节约计划，在优化的施工方案的指导下，编制明细而具体的成本计划，并按照部门、施工队和班组的分工进行分解，作为部门、施工队和班组的责任成本落实下去，为今后的成本控制做好准备。

3）间接费用预算的编制及落实

根据项目建设时间的长短和参加建设人数的多少，编制间接费用预算，并对上述预算进行明细分解，以项目经理部有关部门（或业务人员）责任成本的形式落实下去，为今后的成本控制和绩效考核提供依据。

（2）施工期间的成本控制

1）加强施工任务单和限额领料单的管理（施工任务单的格式见表4-13，限额领料单的格式见表4-14）。特别要做好每一个分部分项工程完成后的验收（包括实际工程量的验收和工作内容、工程质量、文明施工的验收），以及实耗人工、实耗材料的数量核对，以保证施工任务单和限额领料单的结算资料绝对正确，为成本控制提供真实可靠的数据。

2）将施工任务单和限额领料单的结算资料与施工预算进行核对，计算分部分项工程的成本差异，分析差异产生的原因，并采取有效的纠偏措施。

3）做好月度成本原始资料的收集和整理，正确计算月度成本，分析月度预算成本与实际成本的差异。对于一般的成本差异要在充分注意不利差异的基础上，认真分析有利差异产生的原因，以防对后续作业成本产生不利影响或因质量低劣而造成返工损失；对于比例异常的现象，则要特别重视，并在查明原因的基础上，采取果断措施，尽快加以纠正。

施工任务单

项目名称　　　　　　　　编号　　　　　　　　开工日期

部位名称　　　　　　　　签发人　　　　　　　交底人

施工班组　　　　　　　　签发日期　　　　　　回收日　　　　　　表 4-13

定额编号	分项工程名称	单位	定额工数			实际完成情况				考勤记录						
			工程量	时间定额 / 定额系数	定额工数	工程量	实需工数	实耗工数	工效（%）	姓名	日期					
小计																
材料名称	单位	单位定额	定额数量	实需数量	实耗数量	施工要求及注意事项										
						验收内容		签证人								
						质量分										
						安全分										
						文明施工分										

计划施工日期　　年　　月　　日——年　　月　　日　　拖　　　天

实际施工日期　　年　　月　　日——年　　月　　日　　工期超　　天

限额领料单 表 4-14A

____年____月____日

单位工程			施工预算工程量				任务单编号			
分项工程			实际工程量				执行班组			
材料名称	规格	单位	施工定额	计划用量	实际用量	计划单价	金额	级配	节约	超用

限额领料发放记录 表 4-14B

月/日	名称、规格	单位	数量	领用人	月/日	名称、规格	单位	数量	领用人	月/日	名称、规格	单位	数量	领用人
/					/					/				
/					/					/				
/					/					/				
/					/					/				
/					/					/				
/					/					/				

4）在月度成本核算的基础上，实行责任成本核算。也就是利用原有会计核算的资料，重新按责任部门或责任者归集成本费用，每月结算一次，并与责任成本进行对比，由责任部门或责任者自行分析成本差异和产生差异的原因，自行采取措施纠正差异，为全面实现责任成本创造条件。

5）定期检查各责任部门和责任者的成本控制情况，检查成本控制责、权、利的落实情况（一般为每月一次）。发现成本差异偏高或偏低的情况，应会同责任部门或责任者分析产生差异的原因，并督促他们采取相应的对策来纠正差异；如有因责、权、利不到位而影响成本控制工作的情况，应针对责、权、利不到位的原因，调整有关各方的关系，落实责、权、利相结合的原则，使成本控制工作得以顺利进行。

（3）竣工验收阶段的成本控制

1）精心安排，干净利落地完成工程竣工扫尾工作。

2）重视竣工验收工作，顺利交付使用。在验收以前，要准备好验收所需要的各种书面资料（包括竣工图）送甲方备查，对验收中甲方提出的意见，应依据设计要求和合同内容认真处理。

3）及时办理工程结算。一般来说：工程结算造价＝原施工图预算±增减账。但在施工过程中，有些按实结算的经济业务，是由财务部门直接支付的，项目预算员不掌握资料，往往在工程结算时遗漏。因此，在办理工程结算以前，要求项目预算员和成本员进行一次认真全面的核对。

4）在工程保修期间，应由项目经理指定保修工作的责任者，并责令保修责任者根据实际情况提出保修计划，以此作为控制保修费用的依据。

4.4.2 企业成本控制方法

1.以施工图预算控制成本支出

在施工项目的成本控制中，可按施工图预算，实行以收定支，或者称为量入为出，具体处理方法如下：

（1）人工费的控制。假定预算定额规定的人工费单价为13.80元，合同规定人工费补贴为20元/工日，两者相加，人工费的预算收入为33.80元/工日。在这种情况下，项目经理部与施工队签订劳务合同时，应该将人工费单价定在30元以下（辅工还可再低一些），其余部分考虑用于定额外人工费和关键工序的奖励费。如此安排，人工费就不会超支，而且还留有余地，以备关键工序的不时之需。

（2）材料费的控制。在实行按量价分离方法计算工程造价的条件下，水泥、钢材、木材等三材的价格随行就市，实行高进高出；地方材料的预算价格＝基准价×（1＋材料价差系数）。在对材料成本进行控制的过程中，首先要以上述预算价格来控制地方材料的采购成本，至于材料消耗量的控制，则应通过限额领料单去落实。

由于材料市场价格变动频繁，往往会发生预算价格与市场价格严重背离而使采购成本失去控制的情况。因此，项目材料管理队员有必要经常关注材料市场价格的变动，并积累系统详实的市场信息。

（3）钢管脚手、钢模板等周转设备使用费的控制。施工图预算中的周转设备使用费＝耗用数×市场价格。而实际发生的周转设备使用费＝使用数×企业内部的租赁单价或摊销率。由于两者的计量基础和计价方法不相同，只能以周转设备预算收费的总量来控制实际发生的周转设备使用费的总量。

（4）施工机械使用费的控制。施工图预算中的机械使用费＝工程量×定额台班单价。由于项目施工的特殊性，实际的机械利用率不可能达到预算定额的取定水平，再加上预算定额所设定的施工机械原值和折旧率又有较大的滞后性，因而使施工图预算的机械使用费往往小于实际发生的机械使用费，形成机械使用费超支。

由于上述原因，有些施工项目在取得甲方的谅解后，于工程合同中明确规定一定数额的机械费补贴，在这种情况下，就可以施工图预算的机械使用费和增加的机械费补贴来控制机械费支出。

(5) 构件加工费和分包工程费的控制。在市场经济体制下，钢门窗、木制成品、混凝土构件、金属构件和成型钢筋的加工，以及打桩、土方、吊装、安装、装饰和其他专项工程（如屋面防水等）的分包，都要通过经济合同来明确双方的权利和义务。在签订这些经济合同的时候，特别要坚持以施工图预算控制合同金额的原则，绝不允许合同金额超过施工图预算。根据部分工程的历史资料综合测算，上述各种合同金额的总和约占全部工程造价的55%～70%。由此可见，将构件加工和分包工程的合同金额控制在施工图预算以内，是十分重要的。如果能做到这一点，实现预期的成本目标就有了相当大的把握。

2. 以施工预算控制人力资源和物质资源的消耗

(1) 项目开工以前，应根据设计图纸计算工程量，并按照企业定额或上级统一规定的施工预算定额编制整个工程项目的施工预算，作为指导和管理施工的依据。如果是边设计边施工的项目，则编制分阶段的施工预算。

在施工过程中，如遇工程变更或改变施工方法，应由预算员对施工预算做统一调整和补充，其他人不得任意修改施工预算，或故意不执行施工预算。

施工预算对分部分项工程的划分，原则上应与施工工序相吻合，或直接使用施工作业计划的“分项工程工序名称”，以便与生产班组的任务安排和施工任务单的签发取得一致。

(2) 对生产班组的任务安排，必须签发施工任务单和限额领料单，并向生产班组进行技术交底。施工任务单和限额领料单的内容，应与施工预算完全相符，不允许篡改施工预算，也不允许有定额不用而另行估工。

(3) 在施工任务单和限额领料单的执行过程中，要求生产班组根据实际完成的工程量和实耗人工、实耗材料做好原始记录，作为施工任务单和限额领料单结算的依据。

(4) 任务完成后，根据回收的施工任务单和限额领料单进行结算，并按照结算内容支付报酬（包括奖金）。一般情况下，绝大多数生产班组能按质按量提前完成生产任务。因此，施工任务单和限额领料单不仅能控制资源消耗，还能促进班组全面完成施工任务。

为了保证施工任务单和限额领料单结算的正确性，要求对施工任务单和限额领料单的执行情况进行认真的验收和核查。

为了便于任务完成后进行施工任务单和限额领料单与施工预算的逐项对比，要求在编制施工预算时对每一个分项工程工序名称统一编号，在签发施工任务单和限额领料号时也要按照施工预算的统一编号对每一个分项工程工序名称进行编号，以便对号检索对比，分析节超。由于施工任务单和限额领料单的数量比较多，对比分析的工作量也很大，可以应用电子计算机来代替人工操作（对分项工程工序名称统一编号，可为应用计算机创造条件）。分部分项工程实际消耗与施工预算对比表的格式见表 4-15。

分部分项工程实际消耗与施工预算对比表　　表 4-15

分项工程编号	分项工程工序名称	单位	名称	工程量	人工	水泥	水泥	水泥	黄砂	
			规格			32.5	42.5	52.5		
			单位			t	t	t	t	
			预算							
			实际							
			节超							
			预算							
			实际							
			节超							
			预算							
			实际							
			节超							
			预算							
			实际							
			节超							
			预算							
			实际							
			节超							

3. 建立资源消耗台账，实行资源消耗的中间控制

资源消耗台账，属于成本核算的辅助记录，这里仅以材料消耗台账为例，说明资源消耗台账在成本控制中的应用。

（1）材料消耗台账的格式和举例（见表 4-16）

材料消耗台账　　表 4-16

时间		摘要	水泥	水泥	水泥	黄砂	碎石	碎石	标准砖
年	月		32.5 (t)	42.5 (t)	52.5 (t)	(t)	5-25 (t)	5-40 (t)	甲级 (千块)
		施工图预算	280	500	150	1 400	300	1 500	235.5
		施工预算	270	480	130	1 350	290	1 400	220.0
04	8	本月耗用	30	50		120		220	—
04	9	本月耗用	15	60		110		250	3.2
		本月累计	45	110		230		470	3.2
04	10	本月耗用	10	50	40	150	60	220	20.5
	本月累计		55	160	40	380	60	690	23.7

从材料消耗台账的账面数字看：第一、第二两项分别为施工图预算数和施工预算数，也是整个项目用料的控制依据；第三项为第一个月的材料消耗数；第四、第五两项为第二个月的材料消耗数和到第二个月为止的累计耗用数；第五项以下，以此类推，直至项目竣工为此。

（2）材料消耗情况的信息反馈

项目财务成本员应于每月初根据材料消耗台账的记录，填制材料消耗情况信息表，向项目经理和材料部门反馈。材料消耗情况信息表的格式见表 4-17。

材料消耗情况信息表

2005 年 10 月份　　表 4-17

材料名称	规格	单位	施工图预算数	施工预算数	本月耗用数	累计耗用量	尚可使用数	备注
水泥	32.5	t	280	270	10	55	215	
水泥	42.5	t	500	480	50	160	320	
水泥	52.5	t	150	140	40	40	100	
黄砂		t	1 400	1 350	150	380	970	
碎石	5-25	t	300	290	60	60	240	
碎石	5-40	t	1 500	1 400	220	690	810	
⋮	⋮	⋮	⋮	⋮	⋮	⋮	⋮	
标准砖	甲级	千块	235.5	220.0	20.5	23.7	211.8	

注：尚可使用数＝施工预算数－累计耗用数。

（3）材料消耗的中间控制

按照以上要求，项目经理和材料部门收到“材料消耗情况信息表”以后，应该做好以下两件事：

1）根据本月材料消耗数，联系本月实际完成的工程量，分析材料消耗水平和节超原因，制订材料节约使用的措施，分别落实有关人员和生产班组。

2）根据尚可使用数，联系项目施工的形象进度，从总量上控制今后的材料消耗，而且要保证有所节约。这是降低材料成本的重要环节，也是实现施工项目成本目标的关键。

4.4.3 企业定额在工程量清单报价中的应用

工程量清单计价模式是一种与市场经济相适应的，由承包单位自主报价，通过市场竞争确定价格的一种计价方法。它要求参加投标的承包商根据招标文件的要求，按照本企业的企业定额和所掌握的价格情况，对招标文件中的工程量清单进行报价。

过去，我国采用传统定额计价方式，使用国家、行业、地区颁布的定额，定额消耗是社会平均必要劳动消耗，它反映全国范围内大多数施工企业能达到的一种平均水平，而不能准确反映各个企业的实际消耗量，也不能全面体现企业的技术装备水平、管理水平和劳动生产率。所以传统计价模式不利于企业之间进行正当竞争，不能正确反映建筑市场价格，不利于企业加强内部管理和技术创新。

在工程造价领域推行清单计价模式是规范建设市场秩序，适应社会主义市场经济发展的需要，也是适应我国加入世界贸易组织（WTO）、与国际惯例接轨的需要。清单计价模式需要科学合理的企业定额做重要支撑，因此，国家颁布的定额进一步由指令性、法规性向指导性、参考性过渡，企业定额开始上升到重要位置。

1.清单计价模式需要建立科学合理的企业定额

工程量清单计价模式中的工程量清单应由具有编制招标文件能力的招标人，或受其委托具有相应资质的中介机构进行编制。工程量清单应作为招标文件的组成部分，在工程量清单中的综合单价是指完成工程量清单中一个规定计量单位项目所需的人工费、材料费、机械使用费、管理费和利润，并考虑风险因素，由投标单位进行报价。

人工费、材料费以及机械使用费如何确定？管理费和利润又如何确定？不同的施工企业在完成同一个分部或分项工程时，它们消耗的人工、材料、机械是不同的，管理费和利润是不同的，消耗量取决于施工企业的企业定额，单价来自于市场价格，不同的施工企业，应当具有各自的施工企业定额。

过去在传统定额计价方式下，大家使用的是同一种定额标准、计算规则、计算依据，招标人的标底计算与投标人的报价计算都是按相同定额、相同图纸、相同技术规程进行计算与套价，根本无法真正体现投标单位的施工、技术、管理水平。而以清单计价方式招标，所有的投标人均在清单所列的统一量的基础上，结合工程具体情况和企业实力，依据自己的企业定额，充分考虑各种市场风险因素，自主进行报价，最终是不低于成本价的合理低价中标。这样的方式招标才是企业综合实力和管理水平的真正较量，而企业定额是投标人参加以工程量清单报价方式招标而合理低价中标的基本保障，采用工程量清单报价投标，各投标人真正竞争的主要方面体现在企业内部人员素质、企业的经营管理水平、技术生产力水平、劳动生产率水平、机械化施工水平等方面。而所有这些，均集中反映在企业定额里。在推行工程量清单计价模式的过程中，建立完善、科学、合理、可持续发展的企业定额至关重要。

按工程量清单报价，要求企业在投标报价时应不低于成本价，企业投标时的自主报价可以低于社会平均成本价（即通过概预算定额编制出的标底价格）而不应低于个别成本价（即通过工程量清单及企业定额确定的价格）。这种合理的、不低于成本的低价只能以企业定额为依据才能真正具体反映出来。概预算定额反映的是社会平均水平，而企业定额反映的是企业自身水平。社会平均成本价与企业个别成本价的差额是企业提高技术水平、经营管理的结果。因此，企业定额不仅是工程量清单投标报价的重要基础，而且也是落实招标投标法“合理低价中标，并且不低于成本价”的关键。企业只有依据企业定额和自身的特点及优势，才能在工程量清单招标投标中做出合理的、具有竞争性的投标方案。

2. 企业定额是施工企业管理不可或缺的工具

采用工程量清单招投标的工程通常都选择低价中标，投标企业在参加投标时，既要中标，又要赢利，还要保证不低于成本，就必须不断地提高管理水平和技术水平，想方设法挖掘企业内部潜力，精心核算施工成本开支，积极引进新材料、新工艺、新技术，大胆实践、开拓创新，以最少的投资收到最大的经济效益。施工企业根据自身施工技术、人员状况和管理水平编制出的企业定额恰能反映企业的这些真实水平，它运用科学的手段和先进的管理思想作为指导进行测定和计算。如果一个施工企业技术工人水平高、责任心强，那么完成同一分部或分项工程的人工消耗量少，人工费相应降低；如果施工企业管理水平高或积极引进新工艺、新方法、新材料就有可能在保证质量的前提下缩短工期，降低损耗，这都将在企业定额内有所反映，进而反映在清单中的综合单价里。一切能体现企业技术、管理、素质的一切积极的或消极的、先进的或落后的因素都可以反映在施工企业的企业定额内。

3. 企业定额具有动态管理的特征

企业定额是企业直接生产工人在合理的施工组织和正常条件下，为完成单位合格产品或完成一定量的工作所耗用的人工、材料和机械台班使用量的标准数量。企业定额是编制施工组织设计和施工作业计划的依据；是企业内部编制施工预算的统一标准，也是加强项目成本管理和主要经济指标考核的基础；是企业走向市场参与竞争，进行投标报价的主要依据。企业定额，由企业自行编制，只限于本企业内部使用，具有企业特色，与国家颁布的概预算定额相比，具有更大的灵活性和动态管理的特征。在工程量清单报价中，如果一个企业的定额水平高，它的报价就具有较强的竞争力，在竞争中就占有较大的优势；相反如果一个企业具有的企业定额水平低，那么它的报价就缺乏竞争力，在竞争中取胜的机会就少。清单报价的竞争从某种意义上就是企业定额水平的竞争，通过竞争和实践，企业会不断调整企业定额中不适应和不合理的因素，企业定额的形成和发展要经历由不成熟到成熟，由实践到理论的多次反复。在这个过程中，企业的生产技术不断发展，管理水平和管理体制也在不断更新，企业内部定额的产生过程将是一个互动的自我完善过程，企业定额必将随着企业的技术进步和管理制度的创新不断得到完善和提高。

工程量清单计价招投标是建筑市场改革和发展的必然趋势，在这场改革中，推行工程量清单计价模式，建立科学合理的施工企业定额是关键，也可以说，施工企业只有具备了科学、合理、可持续发展的企业定额，才能使工程量清单计价模式走上健康发展的轨道，才能使工程量清单计价模式真正落到实处，我国工程造价计价模式也才能真正做到与国际接轨。

习题

1. 简述企业定额的种类、编制原则、依据和步骤。
2. 简述施工定额的内容和作用。
3. 如何确定施工定额中的人工、材料、机械台班消耗数量？
4. 如何确定人工、材料、机械台班的单价？
5. 预制钢筋混凝土平板（定额计算单位为 $10m^3$）每 $10m^3$ 混凝土模板接触面积，其中：木板为 $40m^2$，地模为 $150m^2$，地模面积利用系数按 0.5 计算，每 $10m^2$ 接触面积需木模量为 $0.76\ m^3$，周转次数按 40 次计算。试计算 $10m^3$ 预制钢筋混凝土平板木模一次使用量、摊销量及地模摊销费（地模每 m^2 为 0.30 元）。
6. 设有一台 3～8t 塔式起重机，吊装厚度为 35mm 的外墙板，由 11 名起重工、3 名电焊工和三名其他工的综合小组共同完成。已知机械台班产量定额为 $50m^3$，试求吊装 $10m^3$（定额计量单位）外墙板的人工时间定额。
7. 何谓施工预算？
8. 企业成本控制的主要方法有哪些？
9. 企业定额如何适应工程量清单计价与报价？

第5章 基础定额和预算定额

学习要点

本章介绍了建筑工程基础定额和预算定额的概念、内容和表现形式，人工消耗指标的概念、作用以及制定原则和方法，材料消耗指标与机械台班消耗指标的编制原则和确定方法，基础定额的编制原则、步骤以及应用。通过本章的学习，应了解建筑工程基础定额和预算定额的概念、内容和表现形式，人工消耗指标的概念和作用；掌握人工消耗指标的制定原则、步骤及方法，材料消耗指标与机械台班消耗指标的编制原则、确定方法以及它们之间的区别与联系；掌握基础定额的应用；重点掌握基础定额编制的方法。

5.1 概述

5.1.1 基础定额与预算定额的概念

1.基础定额的概念

(1) 基础定额的含义

基础定额是建筑工程基础定额和安装工程基础定额的总称。基础定额是在一定时期、一定生产力水平下，确定一定计量单位的分项工程或结构构件的人工、材料、施工机械台班的消耗量标准，是国家或地区编制和颁发的一种基础性和指导性指标。基础定额是确定单位分项工程或结构构件单价的基础，它体现了国家、建设单位和施工企业之间的一种经济关系。基础定额是工程建设中一项重要的技术经济文件，它的各项指标反映了完成单位分项工程消耗的活劳动和物化劳动的数量限额，这种限额最终决定着单位工程的成本和造价。

建筑工程基础定额，是指完成规定计量单位分项工程计价的人工、材料、施工机械台班的消耗量标准，是统一全国建筑工程预算工程量计算规则、项目划分、计量单位的依据。基础定额是不反映货币数量（基价）的。1995年12月，中华人民共和国建设部以建标【1995】736号文件，通知发布了《全国统一建筑工程基础定额》(GJD 101—95)(以下简称《95 基础定额》)。

建筑工程基础定额，以控制工程消耗量为主，保持基础定额的相对稳定性。之所以称其为基础定额，是因为它规定的人工、材料、施工机械台班消耗指标，是在现有的社会正常生产条件下，在社会平均的劳动熟练程度和劳动强度下，全国所有建筑生产企业生产规定计量单位的合格建筑产品时所需人工、材料、施工机械台班消耗最根本、最起码应达到的标准。建筑工程基础定额是反映物质消耗内容的一种定额，但又不同于劳动消耗定额、材料消耗定额、机械台班消耗定额，它是这三种定额的综合反映。

国家建设部在 2001 年底，为了适应装饰装修工程造价管理的需要，组织制定了《全国统一建筑装饰装修工程消耗量定额》(GYD—901—2002)，并规定该定额与《全国统一建筑工程基础定额》相同的项目，均以该定额为准；该定额未列项目(如找平层、垫层等)，则按《95 基础定额》相应项目执行。该定额的编制依据为《全国建筑安装工程、建筑装饰工程劳动定额》1994 年版和《95 基础定额》。本定额是按照正常施工条件、当时多数企业具备的机械装备程度、施工中常用的施工方法、施工工艺和劳动组织，以及合理工期，依据国家有关现行产品标准、设计规范、施工及验收规范、技术操作规程、质量评定标准和安全操作规程，并参考了有关地区标准和有代表性的工程设计、施工资料和其他资料进行编制的。

(2) 基础定额的特点

1) 基础定额是全国统一、通用的定额。基础定额是作为编制全国统一、专业统一、地区统一的概预算定额、投资估算指标的基础，适用于全国范围，是统一全国定额项目划分、计量单位、工程量计算规则的国家定额。

2) 基础定额是量、价分离的定额。基础定额只包括人工、材料、机械的消耗量，不包括定额基价和人工费、材料费、机械费，是量、价分离的定额。这是因为基础定额是全国统一的，由于不同地区的经济条件差别很大，无法统一价格。因此，在应用基础定额时，需要结合当地的人工、材料、机械的价格具体计算费用。

3) 基础定额的换算范围更为扩大。与常用的预算定额相比，换算范围更大。在应用基础定额时要注意到这点变化，能换算的要进行换算，这样才能准确地套用定额项目。

2. 预算定额的概念

(1) 预算定额的含义

预算定额是指在正常合理的施工条件下，完成一定计量单位合格结构件、分项工程所需的人工、机械、材料消耗的消耗量标准。预算定额反映了在完成规定计量单位符合设计标准和施工及验收规范要求的分项工程消耗的劳动和物化劳动的数量限度。这种限度决定了单项工程和单位工程的成本和造价。有些预算定额是在《95

基础定额》基础上，按照编制单位估价表的方法，编制而成的带有货币数量（基价）的定额，是基本建设预算制度中一项重要的技术经济法规。

在我国，建筑工程预算定额是行业定额，反映全行业为完成单位合格工程建设产品的施工任务所需人工、机械、材料消耗的标准。预算定额是由国家或各省（自治区、直辖市）制定的。它与单位估价表一样，可以直接作为编制工程预算的依据。各省（自治区、直辖市）制定的地区统一定额，考虑了地区特点，是在统一定额水平的条件下编制的，只在规定的地区范围内使用。各地区不同的气候条件、物质技术条件、地方资源条件和交通运输条件，是确定定额内容和水平的重要依据。

（2）预算定额的分类

预算定额按照专业性质划分为建筑工程定额和安装工程定额两大类。建筑工程预算定额按照适用对象划分为建筑工程预算定额（土建工程）、市政工程预算定额、房屋修缮工程预算定额、园林与绿化工程预算定额、公路工程预算定额与铁路工程预算定额等；安装工程预算定额按照适用对象划分为机械设备安装工程预算定额、电气设备安装工程预算定额、送电线路安装工程预算定额、通信设备安装工程预算定额、工艺管道安装工程预算定额、长距离输送管道安装工程预算定额、给排水采暖煤气安装工程预算定额、通风空调安装工程预算定额、自动化控制装置及仪表安装工程预算定额、工艺金属结构安装工程预算定额、窑炉砌筑工程预算定额、刷油绝热防腐蚀工程预算定额、热力设备安装工程预算定额、化学工业设备安装工程预算定额等。

5.1.2 基础定额、预算定额的内容和表现形式

1.基础定额的内容

（1）建筑工程基础定额的组成

建筑工程基础定额一般按照工程种类不同，如土方工程、砖石工程等，以分部工程分章编制，共分15章，如表5-1所示。每一章又按产品技术规格不同、施工方案不同等分为很多定额项目。整个基础定额手册一般由目录、总说明、分章说明、分项工程定额表和有关附录等组成。而建筑面积计算规则及工程量计算规则单列成册。分项工程定额表一般由人工消耗定额、材料消耗定额、施工机械台班消耗定额组成。

95基础定额章、节、项目一览表 表5-1

章号	各章名称	节	项	详细构成
1	土、石方工程	25	327	人工土石方12节、118项； 机械土石方13节、209项
2	桩基础工程	11	142	

续上表

章　号	各章名称	节	项	详细构成
3	脚手架工程	9	67	
4	砌筑工程	12	97	砖砌体 6 节 65 项；石砌体 4 节 32 项
5	钢筋混凝土工程	54	566	8 个分部。模板 293 项，钢筋 95 项；混凝土 178 项；附表 359 项
6	构件运输安装工程	22	483	3 个分部。运输 96 项；预制件安装 285 项、金属件安装 102 项
7	门窗及木结构工程	18	417	2 个分部。门窗 326 项；木结构 36 项；附录 55 项
8	楼地面工程	23	162	5 个分部。垫层、找平层 22 项；整体面层 27 项；块料面层 91 项；其他 22 项
9	屋面及防水工程	8	154	3 个分部。屋面 73 项；防水 62 项；变形缝 19 项
10	防腐、防温、隔热工程	6	224	2 个分部。防腐 195 项，保温、隔热 29 项
11	装饰工程	14	670	3 个分部。墙柱装饰 283 项；天棚装饰 123 项；油漆涂料、裱糊 262 项；附表 1-7
12	金属结构制作工程	9	50	
13	建筑工程垂直运输定额	4	162	2 个分部。建筑物 152 项；构筑物 10 项
14	建筑物超高增加人工、机械定额	2	20	
15	附录一、混凝土配合比	5	173	分半干硬性、低流性、塑性、稀性、泵送混凝土
	附录二、耐酸防腐、特种砂浆、混凝土配合比		39	
	附录三、抹灰砂浆配合比		36	
	附录四、砌筑砂浆配合比		16	
	合计	222	3 805	

《95 基础定额》主要由总说明、章说明、定额项目表和附录等组成。与基础定额配套使用的《全国统一建筑工程预算工程量计算规则》主要由总则、建筑面积计算规则和土建工程预算工程量计算规则（节说明）等几部分组成。

1）总说明、总则、章节说明。总说明主要明确了基础定额的概念、适用范围、编制依据、人工、材料、机械台班消耗量的确定及基础定额的作用等；总则主要明确了《95 基础定额》的作用，计算工程量的依据、单位等；章节说明主要与基础定额的章说明和工程量计算规则中的册说明对应，构成章节工程项目计算工程量的规则。

2）定额项目表。基础定额的项目表主要由项目内容、工作内容、计量单位、项目表等组成。参见表 5-2 柱混凝土所示。

基础定额柱混凝土的项目表 表 5-2

工程内容：1. 混凝土水平运输。

2. 混凝土搅拌、捣固、养护。

计量单位：$10m^3$

定额编号			5-401	5-402	5-403	5-404
项目		单位	柱			升板柱帽
			矩形	圆形多边形	构造柱	
人工	综合工日	工日	21.64	22.43	25.62	30.90
材料	现浇混凝土 C25	m^3	9.86	9.86	9.86	9.86
	草袋子	m^3	1.00	0.86	0.84	
	水	m^3	9.09	8.91	8.99	8.52
	水泥砂浆 1：2	千块	0.31	0.31	0.31	0.31
机械	混凝土搅拌机 400L	台班	0.62	0.62	0.62	0.62
	混凝土振捣器（插入式）	台班	1.24	1.24	1.24	1.24
	灰浆搅拌机 200L	台班	0.04	0.04	0.04	0.04

3）定额附录。《95 基础定额》附录包括：混凝土配合比表，耐酸、防腐及特种砂浆、混凝土配合比表，抹灰砂浆配合比表和砌筑砂浆配合比表。各种配合比表是确定定额消耗量的基础，如实际与定额不同时，可据此进行换算。

（2）建筑装饰装修工程基础（消耗量）定额

《全国统一建筑装饰装修工程消耗量定额》由总说明、六个章节及一个附录组成。

1）总说明

总说明主要是说明本定额编制的目的，适用的范围、作用及用途，编制的背景和依据，人工、机械、材料确定的相关规定和解释，以及其他规定等。

2）六章定额

第一章　楼地面工程

第二章　墙柱面工程

第三章　天棚工程

第四章　门窗工程

第五章　油漆、涂料、裱糊工程

第六章　其他工程

3）附录

材料、半成品、成品损耗率表

（3）基础定额的作用

1）基础定额是编制施工图预算，确定和控制工程造价的主要依据。

2）基础定额是对设计方案和施工方案进行技术经济比较和技术经济分析的依据。

3）基础定额是编制标底、投标报价的重要依据。

4）基础定额是建设单位和银行拨付建设资金、工程进度款和编制竣工结算的依据。

5）基础定额是施工企业进行经济活动分析的依据。

6）基础定额是编制概算定额和概算指标的基础。

2. 基础定额的表现形式

建筑工程基础定额是一种计量性的定额，又称消耗量定额。建筑工程基础定额不带货币数量指标，改变了国家对计价定额管理的方式，实行量、价分离的原则，使建筑产品的计价模式向适应市场经济体制迈进了一大步，为实现采用实物法编制工程预算创造了条件。

建筑工程基础定额只包括人工消耗量、材料消耗量和机械台班消耗量，为我国2002年开始实施的工程量清单计价提供了良好的计价基础。

3. 预算定额的内容

（1）预算定额（手册）的组成

建筑工程预算定额是在实际应用过程中发挥作用的。要正确应用预算定额，必须全面了解预算定额的组成。为了快速、准确地确定各分项工程（或配件）的人工、材料和机械台班等消耗指标及金额标准，需要将建筑装饰工程预算定额按一定的顺序，分章、节、项和子目汇编成册。预算定额（手册）由消耗量定额和单位估价表及工程量计算规则组成。消耗量定额主要由总说明、分部说明、定额项目表和定额附录（附表）、附件四部分组成。

1）预算定额（总）说明主要阐明：

①预算定额的适用范围、指导思想、目的和作用。

②预算定额的编制原则、主要依据及有关编制文件。

③预算定额的使用应遵守的规则和适用范围。

④预算定额的使用材料规格、材料标准、允许换算的原则。

⑤分部分项定额共性问题。

⑥预算定额在编制过程中已经包括及未包括的内容。

2）建筑面积的计算规则。建筑面积是核算工程造价的基础，是分析建筑工程技术经济指标的重要数据，是编制计划和统计工作的指标依据。因此必须根据国家有关规定，对建筑面积的计算规则作出统一的规定。

3）分部说明。它是预算定额的重要组成部分，是执行定额和进行工程量计算的标准，必须全面掌握。

①说明分部工程所包括的定额项目内容和子目数量。

②分部工程各定额项目工程量计算方法。

③分部工程定额内综合的内容、编制中有关问题的说明和处理，允许换算的有关规定。

④适用本分部工程各种调整系数的使用规定。

4）分项工程定额表头说明。

①在定额项目表表头上方说明分项工程工作内容。

②本分项工程包括的主要工序及操作方法。

5）定额项目表。这是定额的核心部分，由表和附注组成，如表5-3所示。

①分项工程定额编号、名称，定额子目基价（人、材、机费）。

②各定额子目的人工工种、工日数等并涉及单价。

③材料名称、数量、单价，机械名称、单价及数量。

④项目表下可能有些说明和附注等，对定额表中的某些问题进一步说明和补充。

6）定额附录。预算定额附录是配合定额使用的一部分内容，列在预算定额手册的最后，以供定额换算、编制施工作业计划以及队组核算等使用。一般包括以下内容：

①建筑机械台班费用定额表。

②建筑材料名称规格表。

③砂浆、混凝土配合比表等资料。

某省预算定额项目表 表 5-3

定额编号			4-1	4-2	4-3	4-4
项目			普通混凝土			
			C15		C20	
			砾石	碎石	砾石	碎石
			42.5 水泥			
基价（元）			187.19	192.89	199.57	206.03
其中	人工费（元）		36.96	36.96	36.96	36.96
	材料费（元）		130.82	136.52	143.20	149.66
	机械费（元）		19.41	19.41	19.41	19.41
名称	单位	单价	数量			
人工工日	工日	20.31	1.82	1.82	1.82	1.82
硅酸盐水泥 42.5	kg	0.26	324.00	337.00	373.00	391.00
净砂	m^3	25.00	0.433	0.466	0.393	0.427
砾石	m^3	37.60	0.819		0.836	
碎石	m^3	38.70		0.834		0.836
水	m^3	1.24	1.26	1.27	1.26	1.27
其他材料费	元	1.00	3.40	3.40	3.40	3.40

（2）预算定额的作用

1）预算定额是编制施工图预算、确定建筑安装工程造价的基础。施工图设计一经确定，工程预算造价就取决于预算定额水平和人工、材料及机械台班的价格。预算定额起着控制劳动消耗、材料消耗和机械台班使用的作用，进而起着控制建筑产品价格的作用。

2）预算定额是编制施工组织设计的依据。施工组织设计的重要任务之一，是确定施工中所需人力、物力的供求量，并作出最佳安排。施工单位在缺乏本企业的施工定额的情况下，根据预算定额，亦能够比较精确地计算出施工中各项资源的需要量，为有计划地组织材料采购和预制件加工、劳动力和施工机械的调配，提供了可靠的计算依据。

3）预算定额是工程结算的依据。工程结算是建设单位和施工单位按照工程进度对已完成的分部分项工程实现货币支付的行为。按进度支付工程款，需要根据预算定额将已完分项工程的造价算出。单位工程验收后，再按竣工工程量、预算定额和施工合同规定进行结算，以保证建设单位建设资金的合理使用和施工单位的经济收入。

4）预算定额是施工单位进行经济活动分析的依据。预算定额规定的物化劳动和劳动消耗指标，是施工单位在生产经营中允许消耗的最高标准。目前预算定额决定着施工单位的收入，施工单位就必须以预算定额作为评价企业工作的重要标准。施工单位可根据预算定额对施工中劳动、材料、机械的消耗情况进行具体分析，找出并克服低工效、高消耗的薄弱环节，提高竞争能力。

5）预算定额是编制概算定额的基础。概算定额是在预算定额基础上综合扩大编制的。利用预算定额作为编制依据，不但可以节省编制工作的大量人力、物力和时间，收到事半功倍的效果，还可以使概算定额在水平上与预算定额保持一致，以免造成执行中的不一致。

6）预算定额是合理编制招标标底、投标报价的基础。在深化改革中，预算定额的指令性作用将日益削弱，而施工单位按照工程个别成本报价的指导性作用仍然存在，因此预算定额作为编制标底的依据和施工企业报价的基础性作用仍将存在，这也是由于预算定额本身的科学性和权威性决定的。

7）预算定额是促进平等竞争，加强建筑市场管理的手段。在价值规律作用下，可通过预算定额促进平等竞争，规范建筑市场的秩序，加强建筑市场的管理，抑制不正当竞争。对于采用招投标承包制的建设项目或单项工程，以预算定额作为编制标底和标书的基础依据，以保证标底的客观性和施工企业生产消耗的合理补偿，避免建筑市场的混乱与失控。

4.预算定额的价格表现形式

建筑工程预算定额在各地区的价格表现形式有：单位估价表和综合预算定额。单位估价表与综合预算定额都是计算建筑产品价格的直接依据。

（1）单位估价表

单位估价表又称工程预算单价表，是以货币形式确定定额计量单位某分部分项工程或结构构件直接费用的文件。它是根据预算定额所确定的人工、材料和机械台班消耗数量，乘以人工工日单价、材料预算价格和机械台班预算价格汇总而成。

单位估价表最明显的特点是地区性强，所以也称为地区单位估价表，如表5-4所示。不同地区分别使用各自的单位估价表，不能互通互用。单位估价表的地区特点是由人工单价和材料、机械台班预算价格的地区性决定的。

某省单位估价表 表5-4

定额号	项目名称	单位	基价（元）	其中（元）		
				人工费	材料费	机械费
4-33	异形柱	m^3	272.84	149.23	111.02	12.59
4-34	圆形柱	m^3	423.07	137.91	266.88	18.28
4-35	构造柱	m^3	129.88	68.19	55.09	6.60
4-36	基础梁	m^3	166.69	69.73	88.48	8.48

地区统一的工程预算单价是以地区统一单位估价表形式出现的，这就是所谓量价合一的现象。在定额基价所列的内容，是每一定额计量单位分项工程的人工费、材料费和机械费，以及这三者之和。全国统一预算定额是按北京地区的工资标准、材料预算价格、机械台班单价计算基价（主管部门另有规定的除外）。地区统一定额以省会所在地的工资标准、材料预算价格、机械台班单价计算基价。

工程预算单价是在采用单价法编制工程预算时形成的特有概念，也是造价计算程序中的一个重要环节。我国工程预算制度中长期采用单价法编制预算，因为在价格比较稳定的情况下，有可能编制出该地区的统一工程单价，以简化预算编制工作。

(2) 综合预算定额

1) 综合预算定额的含义

为了合理简化施工图预算的编制工作，预算定额在合理确定定额水平的前提下，适当扩大，做到简明实用，就产生了综合预算定额。

综合预算定额属于预算定额范畴，是工程预算单价的另一种表达方式。综合预算定额是在预算定额和单位估价表的基础上，以其主体项目为主，综合其他相关项目，以计价为主要用途的定额。为使施工单位承包工程时合理取费，综合预算定额水平基本保持稳定，略低于单位估价表。

综合预算定额的各子目中所列的项目一般均来自预算定额，将部分项目综合后再列入，也有少数项目预算定额中没有，其编号后带换、注、补的，分别表示该项目作过换算、根据定额附注进行了处理、依据定额解释进行了调整、依据有关说明做了调整和增加了补充项目。综合预算定额各子目中所列项目含量，一般是综合考虑、测算而定的。

有些省（市、自治区）的综合预算定额也称为综合概预算定额，如陕西省就称为陕西省建筑工程综合概预算定额。这类综合概预算定额的预算定额部分作为编制施工图预算阶段预算的依据，也可作为招标投标工程编制标底的依据；其概算定额部分作为编制建筑工程初步设计阶段概算的依据。

2) 综合预算定额的特点

①综合性强。一是指定额中有若干综合定额子目，综合定额项目中往往包含了其他若干单项定额的工程内容。例如陕西省99综合概预算定额中，人工挖土、挖沟槽、挖地坑子目中，不仅包含了挖土，还综合装土、100m内运土和清理道路。二是指定额中定额项目的消耗量是综合取定的。每个省（市、自治区）根据本地区的建筑工程水平取定。

②适用面广。综合预算定额既作为预算定额，又具备概算综合的特点；而且它的竖向是单位估价表项目，横向是综合定额编号，综合定额与单位估价表相结

合。当综合的内容与实际有大的出入时，可按单位估价表项目调整，含量不变。

③换算便捷。综合预算定额以综合项目为主，也编入了有关单项定额。综合项目与单项项目相结合，使换算更为便捷。

④提高编制速度。综合预算定额将附属项目综合在主体项目中，按综合预算定额编制预算可减少编制项目，提高预算的编制速度。

⑤利于推行设计部门编制施工图预算。采用综合预算定额编制预算，简化了编制手续，减轻了编制工作量，为设计部门编制施工图预算创造了条件。

(3) 单位估价表与综合预算定额的比较说明

1) 单位估价表与综合预算定额的分部工程划分不一样。单位估价表是按施工工种、工程的材料构成划分的，例如砖石结构分部、混凝土及钢筋混凝土结构分部等；而综合预算定额则是按照工程的主体构成、构造的立体部位来划分的，如基础工程分部、墙体工程分部、柱梁工程分部等。

2) 单位估价表与综合预算定额项目所综合的工程内容不同，划分的粗细程度不一样。单位估价表分项较细，综合预算定额分项较粗。主要表现在以下三方面：

①章节划分。综合预算定额将单位估价表的钢筋混凝土结构、砖石结构、木结构、金属结构、构件运输和安装、装饰工程等多个分部分开，分别归并到综合预算定额中的基础、墙体、梁柱、楼地面、门窗、屋盖等分部中，按相关子目进行综合。另外增列了土石方、附属工程及零星项目以及其他各种附表。

②定额计量单位。为适应综合项目的特点，综合预算定额将墙体、楼地面、屋盖等分部，改变了原主体项目的定额计量单位，以 $10m^2$ 或 $100m^2$ 作为定额计量单位；将构筑物分部的烟囱、水塔等以座作为定额计量单位；其余部分按原单位估价表的定额计量单位编制。

③工程量计算规则。综合预算定额进一步简化了工程量计算规则。

3) 单位估价表与综合预算定额使用的主要用途不同，单位估价表主要适用于包工不包料施工的建筑工程，亦适用于专业分包工程；综合预算定额主要适用于包工包料的建筑工程。

4) 单位估价表的人工单价、材料价格和机械台班价格是综合预算定额编制的基础，二者一般要配合使用。单位估价表是综合预算定额基价换算的主要依据。当综合预算定额出现缺项时，可使用单位估价表相应项目。

5. 基础定额、预算定额与施工定额三者的关系

(1) 编制目的和作用不同

基础定额是由国家颁布的。其目的是为了使全国或地区的工程建设有一个统一的计价核算尺度，用以比较、考核各地区各部门工程建设经济效果和施工管理水

平。经国家有关部门审查、批准、颁发的建筑工程基础定额是一种技术经济法规，与其他设计规范、规程、标准及验收规范一样，具有指导性性质。全国统一定额是综合全国工程建设的生产技术和施工组织、生产劳动的一般情况而编制的，在全国范围内执行。基础定额是编制预算定额和施工定额的依据。

预算定额是由国家或各省（自治区、直辖市）在基础定额和施工定额的基础上制定的。预算定额的目的是作为建筑工程计价的基础。由各省（自治区、直辖市）编制的地区统一定额，只在规定的地区范围内使用。当然地区统一预算定额更多的考虑了地区特点，因为各地区不同的气候条件、物质技术条件、地方资源条件和交通运输条件，对预算定额的确定影响很大。

施工定额是施工企业内部管理的依据，直接用于施工管理；是编制施工组织设计、施工作业计划及劳动力、材料、机械台班使用计划的依据；是编制单位工程施工预算，加强企业成本管理和经济核算的依据；是编制预算定额的基础。

（2）定额水平不同

编制施工定额的目的在于提高施工企业的管理水平，进而推动社会生产力向更高水平发展，因而作为管理依据和标准的施工定额中规定的活劳动和物化劳动消耗量标准，应是企业内部的平均先进水平标准。

编制预算定额的目的主要在于确定建筑安装工程每一单位分项工程的预算基价，而任何产品的价格都是按照生产该产品所需要的社会必要劳动量来确定的，所以预算定额中规定的活劳动和物化劳动消耗量标准，应体现现阶段的社会平均水平。这种水平的差异，主要体现在预算定额比施工定额考虑了更多的实际存在的可变因素，如工序衔接、机械停歇、质量检查等。为此，在施工定额的基础上增加一个附加额，即幅度差。

基础定额是确定和控制全国建筑安装工程造价的基本依据，因此基础定额的制定，就要体现全国平均水平。即在全国范围内，在正常施工条件下，以平均的劳动强度、平均的劳动熟练程度、平均的技术装备来确定完成每一项单位分项工程或结构构件所需的劳动消耗，作为确定基础定额水平的重要原则。

（3）项目划分的粗细程度不同

施工定额的编制，主要以工序或工作过程为研究对象，所以定额项目划分详细，定额工作内容具体；基础定额按照工程施工的实际组成编制，项目划分比施工工定额较综合；预算定额是在施工定额和基础定额的基础上经过综合扩大编制而成的，所以定额项目划分更加综合。

（4）内容组成不同

施工定额的内容主要是施工工序和施工过程，项目内容详细；基础定额的材料项目按照工程施工的实际组成编制，材料、机械的项目齐全；而预算定额的材料项目中，主要材料编列在内，其余项目以其他材料费的形式给出，不再单独列项；基础定额主要由人工、材料、机械台班消耗量组成。而有些预算定额除消耗量外，还包括定额基价和每个定额项目的预算定额单价。

5.1.3 基础定额的编制原则和步骤

1.基础定额的编制原则

为了保证基础定额的编制质量，充分发挥基础定额在使用过程中的作用，在编制过程中必须贯彻以下原则：

（1）社会平均水平的原则

基础定额是确定和控制建筑安装工程造价的主要依据，因此它必须遵照价值规律的客观要求，按生产过程中所消耗的社会必要劳动时间确定定额水平。即在正常施工条件下，以平均的劳动强度、平均的劳动熟练程度、平均的技术装备来确定完成每一项单位分项工程或结构构件所需的劳动消耗，作为确定基础定额水平的重要原则。

在正常施工条件下，以平均的劳动强度、平均的技术熟练程度，在平均的技术装备条件下，完成单位合格产品所需的劳动消耗量就是基础定额的消耗量水平。这种以社会必要劳动时间来确定的定额水平，就是通常所说的平均水平。

（2）简明适用的原则

定额的内容和形式既要满足各方面使用的需要，具有多方面的适应性，同时又要简明扼要、层次清楚、结构严谨。

所谓简明适用，是指定额结构合理，定额步距大小适当，文字通俗易懂，计算方法简便，易为使用者掌握运用，具有多方面的适应性，能在较大范围内满足不同情况，不同用途的需要。

（3）技术先进，经济合理的原则

技术先进是指定额项目的确定、施工方法和材料的选择等，能够正确反映建筑技术水平，尽量采用已成熟并得到普遍推广的新技术、新材料、新工艺，以促进生产的提高和建筑技术的发展。

经济合理是指纳入定额的材料规格、质量、数量、劳动效率和施工机械的配备等，既要遵循国家和地方主管部门的统一规定，又要考虑其应是在正常条件下大多数企业都能够达到和超过的平均水平。每次修订或编制消耗量定额时，消耗量定额的总水平，应略高于历史上正常年份已经达到的实际平均水平。

（4）坚持统一性和因地制宜相结合的原则

统一性是从培育全国统一市场规范计价行为出发，计价定额的制定修订计划和组织实施由国务院建设行政主管部门归口，并负责全国统一定额制定或修订，颁发有关工程造价管理的规章制度办法等。这利于通过定额和工程造价的管理，实现建筑安装工程价格的宏观调控。通过编制全国统一定额，使建筑安装工程具有一个统一的计价依据，也使考核设计和施工的经济效果具有一个统一的尺度。

差别性是在统一性基础上，各部门和省、自治区、直辖市主管部门在管辖范围内，根据本部门本地区的具体情况，按照国家的编制原则，编制部门和地区定额，颁发补充性制度、办法，并对定额实行日常管理。我国幅员辽阔，地区间、部门间发展很不平衡，施工方法、技术水平、材料资源、自然气候、和地区发展水平等方面存在很大差别，因此除全国统一定额由国家编制外，专业性和地区性的定额项目由主管部门和省、自治区、直辖市主管建设行政部门组织编制。

（5）专家编审责任制原则

定额的编制工作政策性、专业性强，任务重，贯彻这一原则要注意以下问题：

1）在定额水平的把握上，防止由于水平测算不准确而产生的定额项目之间高低不一的现象，给合理确定建筑产品价格水平带来了不利影响。

2）定额项目应灵敏地反映已经技术成熟并采用新工艺、新结构和新材料的项目，防止由于定额缺项，使定额适用性大大降低。

3）定额项目划分应贯彻工程实体消耗与工程施工措施性消耗的分离，以满足企业经济核算和按工程个别成本报价的需要。

4）克服以往临时抽调人员，突击培训，突击性收集、整理资料，任务完成后人员又各奔东西的现象。那样既不利于按质、按时的完成，也不利于工作经验的积累和专业人员素质的提高。

2. 基础定额的编制依据

（1）现行的劳动定额、材料消耗定额、机械台班定额和施工定额。

（2）现行的设计规范、施工验收规范、质量评定标准和安全操作规程。

（3）常用的标准图和已选定的典型工程施工图纸。

（4）成熟推广的新技术、新结构、新材料、新工艺。

（5）施工现场的测定资料、实验资料和统计资料。

（6）过去颁布的基础定额及有关基础定额编制的基础资料。

（7）现行基础定额及基础资料和地区材料预算价格、工资标准及机械台班预算价格。

3. 基础定额的编制步骤

基础定额的编制工作有以下五个阶段，即准备工作、收集资料、编制定额、报批和修改定稿整理资料阶段。但各阶段工作互有交叉，有些工作还有多次反复，如图 5-1。

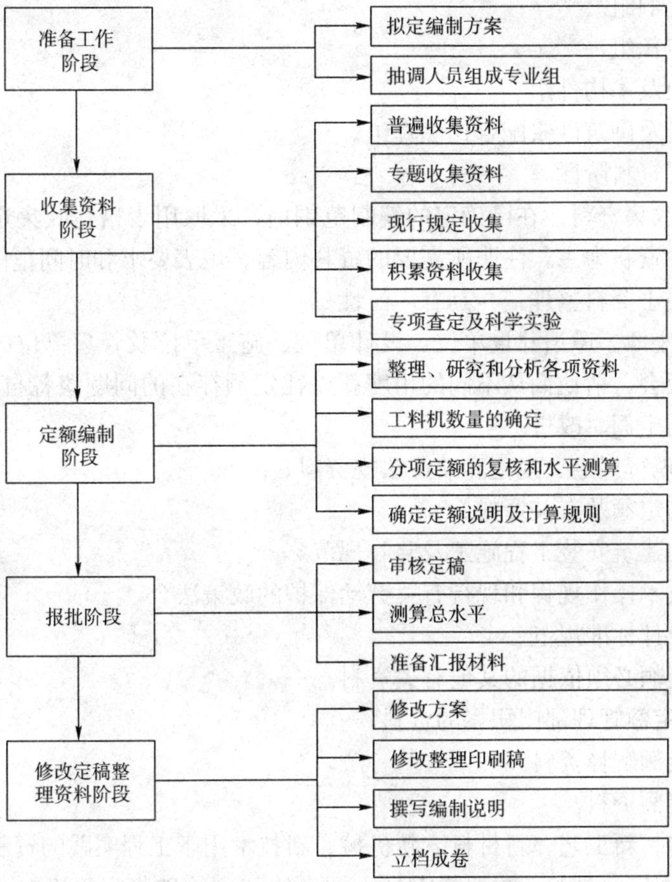

图 5-1 基础定额编制程序表

（1）准备工作阶段

这个阶段的主要工作内容是：

1）拟定编制方案。

①编制定额目的和任务。

②确定定额编制范围及编制内容。

③明确定额的编制原则、水平要求、项目划分和表现形式。

④定额的编制依据。

⑤拟定参加编制定额单位及人员。

⑥确定编制地点及编制定额的经费来源。

⑦提出编制工作的规划及时间安排。

2）抽调人员根据专业需要划分编制小组和综合组。一般可划分为以下各组：

①土建定额组。

②设备定额组。

③混凝土及木构件组。

④混凝土及砌筑砂浆配合比测算组。

（2）收集资料阶段

1）普遍收集资料。在已确定的编制范围内，采取用表格化收集定额编制基础资料，以统计资料为主，注明所需要的资料内容、填表要求和时间范围。其优点是统一口径、便于资料整理，并具有广泛性。

2）专题座谈。邀请建设单位、设计单位、施工单位及管理单位的有经验的专业人员开座谈会，请他们从不同的角度就以往定额存在的问题谈各自意见和建议，以便在编制新定额时改进。

3）收集现行规定、规范和政策法规资料。

①现行的定额及有关资料。

②现行的建筑安装工程施工及验收规范。

③安全技术操作规程和现行有关劳动保护的政策法令。

④国家设计标准规范。

⑤编制定额必须依据的其他有关资料。

4）收集定额管理部门积累的资料。

①日常定额解释资料。

②补充定额资料。

③新结构、新工艺、新材料、新机械、新技术用于工程实践的资料。

5）专项查定及试验。主要指混凝土配合比和砌筑砂浆实验资料。除收集实验试配资料外，还应收集一定数量的现场实际配合比资料。

（3）定额编制阶段

1）拟定编制细则。

①统一编制表格及编制方法。

②统一计算口径、计量单位和小数点位数的要求。

③有关统一性规定：名称统一、用字统一、专业用语统一、符号代码统一、简化字要规范化、文字要简练明确。

2）确定定额的项目、划分和工程量计算规则。

3）定额人工、材料、机械台班耗用量的计算、复核和测算。

（4）定额报批阶段

1）审核定稿。定额初稿的审核工作是定额编制过程中必要的程序，是保证定额编制质量的措施之一。审稿工作的人选应由具备丰富经验、责任心强、多年从事定额工作的专业技术人员来承担。审稿主要内容如下：

①文字表达是否确切通顺，简明易懂。

②定额的数字是否准确无误。

③章节、项目之间有无矛盾。

2）定额水平测算。在新定额编制成稿向上级机关报告以前，必须与原定额进行对比测算，分析水平升降原因。测算方法如下：

①按工程类别比重测算，首先在定额执行范围内，选择有代表性的各类工程分别以新旧定额对比测算并按测算的年限，以工程所占比例加权以考察宏观影响。

②单项工程比较测算法，以典型工程分别用新旧定额对比测算，以考察定额水平升降及其原因。

（5）修改订稿、整理资料阶段

1）印发征求意见。定额编制初稿完成以后，需要组织征求各有关方面意见和组织讨论，通过反馈意见分析研究，在统一意见基础上整理分类，制定修改方案。

2）修改整理报批。按修改方案的决定，将初稿按照定额的顺序进行修改后，要求整理一套完整、字体清楚，并经审核无误后形成报批稿，经批准后交付印刷。

3）撰写编制说明。定额批准后，为顺利的贯彻执行，需要撰写出新定额编制说明。主要内容包括：

①项目、子目数量。

②人工、材料、机械的内容范围。

③资料的依据和综合取定情况。

④定额中允许换算和不允许换算的规定计算资料。

⑤施工方法、工艺的选择及材料运距的考虑。

⑥各种材料损耗率的取定资料。

⑦调整系数的使用。

⑧其他应说明的事项与计算数据、资料。

4）立档、成卷。

①定额编制资料是贯彻执行中需查对资料的唯一依据，也为修编定额提供历史资料数据。应作为技术档案予永久保存。

②立档成卷目录：

a. 编制文件资料档。

b. 编制依据资料档。

c. 编制计算资料档。

d. 编制方案资料档。

e. 编制一、二稿原始资料档。

f. 编制讨论意见资料档。

g. 编制修改方案资料档（包括定额印刷底稿全套）。

h. 新定额水平测算资料档。

i. 编制工作总结和汇报材料档。

j. 定额编制工作、简报资料。

k. 定额编制工作会议纪要、记录资料。

5.2 人工消耗指标的编制

5.2.1 人工消耗指标的概念

人工消耗指标是指在正常的施工技术、合理的劳动组织和合理使用材料的条件下，完成单位合格产品所必须消耗的工日数的标准。人工消耗指标是反映产品生产中活劳动消耗的数量标准，是基础定额的重要组成部分，在生产和分配两个方面均起着很重要的作用。

5.2.2 人工消耗指标的表现形式

在基础定额中，人工消耗指标是其中重要的组成部分。为了便于综合和核算，人工消耗指标一般用工作劳动消耗量表达，所以人工消耗指标主要表现形式是时间定额，以综合工日计。

时间定额以工日/m^3、工日/m^2、工日/吨等为单位，完成不同的工作内容都具有相同的时间单位，便于计算完成某一分部（项）工程所需的总工日数，便于核算工资，便于编制施工进度计划和计算分项工期。

5.2.3 人工消耗指标的制定原则和方法

1. 人工消耗指标的制定原则

（1）平均合理的原则

平均合理的原则，是指在定额制定区域现阶段范围内的社会正常的生产条件下，在社会的平均劳动熟练程度和劳动强度下，确定人工消耗指标。

（2）劳动组织合理的原则

劳动组织合理的原则，是指根据施工过程的技术复杂程度和工艺要求，合理地组织劳动力，按照国家颁发的《建筑安装工人技术等级标准》，配套安排适应技术等级的工人及其合理的数量。

(3) 保证质量的原则

保证质量的原则，是指施工过程完成的产品要符合国家颁发的现行的有关工种工程的质量验收规范。

(4) 明确劳动手段与对象的原则

明确劳动手段与对象的原则，是指不同的劳动手段（设备、工具）和劳动对象（材料、构件）得到不同的生产率，因此必须规定设备、工具，明确材料与构件的规格、型号。

(5) 简明适用的原则

所谓简明适用，是指定额结构合理，定额步距大小适当，文字通俗易懂，计算方法简便，能在较大范围内满足不同情况、不同用途的需要。如计件工资计算、签发任务单、制定计划等。

2. 人工消耗指标的制定方法

基础定额中的人工消耗指标是指在正常条件下，完成某一计量单位的分项工程或结构构件所需的各种用工量总和。基础定额人工消耗指标不分工种、技术等级，一律以综合工日表示。内容包括基本用工、超运距用工、辅助用工以及人工幅度差等。基础定额人工消耗指标的确定可以有两种方法。

(1) 以施工定额为基础确定

这是在施工定额的基础上，将基础定额标定对象所包含的若干个工作过程所对应的施工定额按施工作业的逻辑关系进行综合，从而得到基础定额的人工消耗指标。

1) 基本用工。基本用工指完成一定计量单位的分项工程或结构构件的各项工作过程的施工任务必须消耗的技术工种的用工。它是按综合取定的工程量和现行全国建筑安装工程统一劳动定额中的时间定额为基础进行计算的，缺项部分可参考地区现行定额及实际的调查资料计算，包括：

①完成定额计量单位的主要用工，由于该工时消耗所对应的工作均发生在分项工程的工序作业过程中，各工作过程的生产率受施工组织的影响大，其工时消耗的大小应根据具体的施工组织方案进行综合计算。

例如实际工程中的砖基础，有一砖厚、一砖半厚、二砖厚等之分，不同厚度的砖基础有不同的人工消耗。在编制基础定额时如果不区分厚度，统一按立方米砌体计算，则需要按统计的比例，加权平均得出综合的人工消耗。

②按施工定额规定应增（减）计算的人工消耗量，例如在砖墙项目中，分项工程的工作内容包括了附墙烟囱孔、垃圾道、壁橱等零星组合部分的内容，其人工消耗量相应增加附加人工消耗。由于基础定额是在施工定额子目的基础上综合扩大

的，包括的工作内容较多，施工的工效视具体部位而不一样，所以需要另外增加人工消耗，而这种人工消耗也可以列入基本用工内。

2）超运距用工。超运距用工指消耗量定额取定的材料、成品、半成品等运距超过劳动定额规定的运距应增加的用工量。计算时，先求每种材料的超运距，然后在此基础上根据劳动定额计算超运距用工。其一般计算公式如下：

超运距＝消耗量定额规定的运距－劳动定额规定的运距　　(5-1)

超运距用工＝∑（超运距材料数量×时间定额）　　(5-2)

3）辅助用工。辅助用工指劳动定额中未包括的各种辅助工序用工，如材料加工等的用工，可根据材料加工数量和时间定额进行计算。其计算公式如下：

辅助用工数量＝∑（加工材料数量×时间定额）　　(5-3)

4）人工幅度差。人工幅度差指在劳动定额中未包括，而在一般正常施工条件下不可避免的、但又无法计量的用工。一般包括以下几方面内容：

①在正常施工条件下，土建各工种工程之间的工序搭接以及土建工程与水电安装工程之间的交叉配合所需停歇时间。

②施工过程中，移动临时水电线路而造成的影响工人操作的时间。

③同一现场内单位工程之间因操作地点转移而影响工人操作的时间。

④工程质量检查及隐蔽工程验收而影响工人操作的时间。

⑤施工中不可避免的少量零星用工等。

在确定基础定额用工量时，人工幅度差按基本用工、超运距用工、辅助用工之和的一定百分率计算，如表 5-5 所示。

其计算公式为：

人工幅度差＝（基本用工＋超运距用工＋辅助用工）×人工幅度差系数 (5-4)

《95 基础定额》人工幅度差系数　　表 5-5

序号	项　目	人工幅度差系数（%）	序号	项　目	人工幅度差系数（%）
1	土方	10	6	模板（预制）	10
2	砌筑	15	7	木门窗制作	8
3	脚手架	12		木门窗安装	10
4	混凝土（含现浇、预制）	10	8	楼地面	10
5	钢筋（含现浇、预制）	10	9	装饰	15
6	模板（现浇）	15		装饰（油漆）	10

国家现行规定人工幅度差系数为10%～15%。当分别确定了为完成一定计量单位的分项工程的施工任务所必需的基本用工、辅助用工、超运距用工以及人工幅度差后，将这四项用工量简单相加即成该分项工程总的人工消耗量。计算公式如下：

基础定额人工消耗指标＝基本用工＋超运距用工＋辅助用工＋人工幅度差 (5-5)

【例 5-1】 以《95基础定额》第四章砌筑工程砖基础定额（4-1）为例，说明定额确定过程。

【解】 本消耗量定额不分工种、技术等级一律以综合工日表示，内容包括：基本用工、超运距用工、辅助用工、人工幅度差。

综合工日＝∑（劳动定额基本用工＋超运距用工＋辅助用工）×（1＋人工幅度差系数） (5-6)

本定额综合取定砌一砖基础占70%，一砖半基础占20%，二砖基础占10%，10m^3砖基础增加圆形、弧形砖基础用工5%。具体计算见表5-6。

砖基础人工计算表 表5-6

项目名称	单位	计算量	劳动定额编号	时间定额	工日/10m^3
砌一砖基础	m^3	7	4-1-1（一）	0.89	6.230
砌一砖半基础	m^3	2	4-1-2（一）	0.86	1.720
砌二砖基础	m^3	1	4-1-3（一）	0.833	0.833
圆及弧形砖基加工	m^3	0.5	4-2-加工表	0.10	0.050
标准砖超运100m	m^3	10	4-15-177（一）	0.109	1.090
砂浆超运100m	m^3	10	4-15-177（二）	0.0408	0.408
筛砂工	m^3	2.36×1.02	1-4-83	0.196	0.472
小计					10.803
定额工日	（人工幅度差15%）10.803×1.15				12.423

（2）以现场观察测定资料为基础计算

当遇到施工定额缺项时，应首先采用这种方法。即运用时间研究的技术，通过对施工作业过程进行观察，测定作业地区的数据，并在此基础上编制施工定额，从而确定相应的人工消耗量标准。在此基础上，再用第一种方法来确定基础定额的人工消耗指标。

此外，在编制人工消耗量时，由于各种基本用工和其他用工的技术等级不一致，为了准确求出基础定额用工的平均技术等级，必须根据劳动定额规定的劳动小组成员数量、各种用工量和相应等级的技术系数，求出各种用工的技术等级总系数，然后与总用工量相除，可得出平均技术等级系数，进而可以确定基础定额用工的平均技术等级，以便正确计算人工费用和编制地区单位估价表。目前，国家现行建筑工程基础定额和安装工程预算定额均以综合工日表示。

【例 5-2】 综合取定的单面清水墙占 20%，双面清水墙占 20%，混水墙占 60%，其中每 $10m^3$ 墙体中所含附墙烟囱孔 3.4m，弧形及圆形碹 0.6m，垃圾道 0.8m，预留抗震柱孔 3m，墙顶找平层 $0.625m^2$，壁橱 0.5 个，吊柜 0.6 个。

【解】 人工消耗指标计算如下：

(1) 基本用工（按建筑工程劳动定额计算）。

单面清水墙　　1.16 工日/m^3×$10m^3$×20%＝2.32 工日

双面清水墙　　1.20 工日/m^3×$10m^3$×20%＝2.40 工日

混水墙　　0.972 工日/m^3×$10m^3$×60%＝5.832 工日

附墙烟囱孔　　0.5 工日/10m×3.4m/10m＝0.17 工日

弧形及圆形碹　　0.3 工日/10m×0.6m/10m＝0.018 工日

垃圾道　　0.6 工日/10m×0.8m/10m＝0.048 工日

抗震柱孔　　0.5 工日/10m×3m/10m＝0.15 工日

墙顶抹找平层　　0.8 工日/10m×0.625m/10m＝0.05 工日

壁橱　　0.3 工日/个×0.5 个＝0.15 工日

吊柜　　0.15 工日/个×0.6 个＝0.09 工日

基本用工＝2.32＋2.40＋5.832＋0.17＋0.018＋0.048＋0.15＋0.05＋0.15＋0.09＝11.228（工日）

式中：1.16、1.20、0.972、0.5、0.3、0.6、0.5、0.8、0.3、0.15 为完成相应单位合格产品所需消耗的用工。

(2) 基本用工平均技术等级系数和平均技术等级的确定。技术等级是指国家按照劳动者的技术水平、操作熟练程度和工作责任大小等因素所划分的技术级别。基本用工技术等级是由劳动小组的平均等级确定的。也就是说，是根据劳动定额中该工程项目的劳动小组的组成成员数量、技工和普工的技术等级的规定确定的。

由于单位分项工程是由若干不同技术等级的工人共同完成的，因此，就要计算出完成该分项工程小组成员的平均技术等级。技术等级系数见表 5-7 所示。劳动小组成员平均技术等级系数为

$$平均技术等级系数=\frac{\sum(各技术等级工人数量\times相应技术等级系数)}{劳动小组总成员数} \quad (5\text{-}7)$$

建筑安装工人技术的等级系数表 表 5-7

工种	工资等级系数	工资等级							
		1	2	3	4	5	6	7	8
建筑	系数	1.000	1.187	1.409	1.672	1.985	2.360	2.800	
安装	系数	1.000	1.178	1.388	1.634	1.926	2.269	2.637	3.150

下面举例说明技、普工平均技术等级系数及平均技术等级计算过程。

建筑工程劳动定额规定，砌砖小组的成员如下：技工 10 人，其中七级工 1 人，六级工 1：人，五级工 3 人，四级工 2 人，三级工 2 人，二级工。1 人；普工 12 人，其中五级工 2 人，四级工 2 人，三级工 6 人，二级工 2 人。

则技工平均技术等级系数为：

$$\frac{2.800\times1+2.360\times1+1.985\times3+1.672\times2+1.409\times2+1.187\times1}{1+1+3+2+2+1}=1.846$$

普工平均技术等级系数为：

$$\frac{1.985\times2+1.672\times2+1.409\times6+1.187\times2}{2+2+6+2}=1.512$$

求出了技术等级系数，便可用插入法求出平均技术等级。

技工平均技术等级为：

$$4+\frac{1.846-1.672}{1.985-1.672}=4+\frac{0.74}{0.313}=4.56$$

普工平均技术等级为：

$$3+\frac{1.512-1.409}{1.672-1.409}=3+\frac{0.103}{0.263}=3.39$$

砌砖小组成员平均技术等级系数为：

$$\frac{1.846\times10+1.512\times12}{22}=\frac{36.604}{22}=1.664$$

砌砖小组成员平均技术等级为：

$$3+\frac{1.664-1.409}{1.672-1.409}=3+\frac{0.255}{0.263}=3.97$$

(3) 超运距用工。$10m^3$ 一砖内墙砌砖工程材料超运距计算如下：

砂子： 80－50＝30m　　石灰膏：150－100＝50m

标准砖： 170－50＝120m　　砂浆：180－50＝130m

按劳动定额计算超运距用工如下：

砂子　　　$2.43m^3 \times 0.0453$ 工日/m^3=0.110 工日

石灰膏　　$0.19m^3 \times 0.128$ 工日/m^3=0.024 工日

标准砖　　$10m^3 \times 0.139$ 工日/m^3=1.390 工日

砂浆　　　$10m^3 \times$（0.0409+0.00816）工日/m^3=0.491 工日

超运距用工=0.110+0.024+1.390+0.491=2.015 工日

式中：2.43、0.19 为 $10m^3$ 砌体中砂子、石灰膏的用量。

(4) 超运距用工平均技术等级的计算。某省劳动定额规定，超运距用工的平均技术等级按砌砖工程的普工小组平均技术等级取定，即平均技术等级为 3.39 级(平均技术等级系数 1.512)。

(5) 辅助用工。$10m^3$ 一砖内墙辅助用工计算如下：

筛砂子　　$2.43m^3 \times 0.208$ 工日/m^3=0.505 工日

淋石灰膏　$0.19m^3 \times 0.128$ 工日/m^3=0.024 工日

辅助用工=0.505+0.024=0.529 工日

(6) 辅助用工平均技术等级计算。某省劳动定额规定，材料加工小组成员为四级工 4 人，三级工 5 人，二级工 1 人。则平均技术等级系数为：

$$\frac{1.672 \times 4 + 1.409 \times 5 + 1.187}{10} = 1.492$$

平均技术等级为：

$$3 + \frac{1.492 - 1.409}{1.672 - 1.409} = 3 + \frac{0.083}{0.263} = 3.32$$

(7) 人工幅度差。$10m^3$ 一砖内墙人工幅度差为：

(11.228+2.015+0.529) ×10%=13.772×0.1=1.3772 工日

人工幅度差的平均技术等级系数按基本用工、材料超运距用工和辅助用工的平均技术等级取定。人工幅度差的平均技术等级系数等于工程项目的平均技术等级系数。工程项目的平均技术等级系数采用加权平均法计算，等于各种用工的工日数与其相应的技术等级系数之积相加除以各种用工量之和。则有：

$$\text{工程项目平均技术等级系数} = \frac{1.664 \times 11.228 + 1.512 \times 2.015 + 1.492 \times 0.529}{13.772}$$

$$= \frac{18.459 + 3.047 + 0.789}{13.772} = 1.619$$

(8) 每 $10m^3$ 一砖内墙消耗量定额用工计算。

11.228+2.015+0.529+1.377=15.149 工日

则消耗量定额用工的平均技术等级为：

$$3+\frac{1.619-1.409}{1.672-1.409}=3+\frac{0.210}{0.263}=3.8$$

【例 5-3】以基础定额有梁板混凝土定额（5-417）为例计算人工消耗指标。

【解】本定额综合取定板厚在 10cm 内者 60%，板厚在 15cm 内者为 40%，每 $10m^3$ 混凝土按 $9m^3$ 石子计算。如果采用接水管子冲洗，则按加工系数乘以 0.52 系数，混凝土养护按每 $10m^3$ 0.12 个工日，混凝土损耗率 1.5%。材料超运距：混凝土 100m，砂石 50m，草袋子 50m 按每 $100m^2$ 0.2 个工日计算。人工幅度差：现浇 15%，预制 10%。具体计算过程见表 5-8 所示。

有梁板混凝土人工计算表 表 5-8

项目名称	计算量	单位	劳动定额编号	时间定额	工日/$10m^3$
捣制有梁板 10cm 内	6	m^3	10-7-73（一）	0.840	5.040
捣制有梁板 15cm 内	4	m^3	10-7-74	0.787	3.148
冲洗石子	9×1.015	m^3	1-4-97×0.52	0.286×0.52	1.359
混凝土养护	1	$10m^3$	取定	0.12	0.120
混凝土超运 100m	10.15	m^3	10-24-407（四）	0.091	0.924
砂、石超运 50m	10.15	m^3	10-24-406（一）（二）	0.074	0.751
草袋子运输 50m	0.1099	$100m^2$	取定	0.200	0.022
小计					11.364
定额工日	（人工幅度差 15%）11.364×1.15				13.069

【例 5-4】基础定额现浇构件钢筋定额（5-297）人工计算。$\phi10$ 外施工损耗加搭接计 4.5%，即钢筋耗用量 1.045t。$\phi10$ 外钢筋接头按搭接焊 60%，对焊 30%、绑扎 10%，综合换算后为电焊 0.648 工日/t，对焊 0.255 工日/t，绑扎 3.39 工日/t。用于浇筑混凝土时护理及纠正钢筋布置的看钢筋工，综合取定为 0.51 工日/t。

【解】定额人工耗用量计算见表 5-9 所示。

现浇构件 $\phi12$ 钢筋人工计算表 表 5-9

项目名称	计算量	单位	劳动定额编号	时间定额	系数	工日/t
钢筋平直用工	1.045	t	取定	0.143	1.33	0.199
钢筋切断工	1.045	t	表 10.1.10	0.262	1.33	0.364
钢筋弯曲工	1.045	t	表 10.1.10	0.539	1.33	0.749
钢筋绑扎工	1.045	t	表 10.1.11	3.39		3.543
钢筋电焊工	1.045	t	表 10.1.12	0.648		0.677
钢筋对焊工	1.045	t	表 10.1.12	0.255		0.266

续上表

项 目 名 称	计算量	单位	劳动定额编号	时间定额	系数	工日/t
看钢筋工	1	t	取定	0.51		0.510
钢筋除锈工	1.045	t	取定	2.089	0.75	1.637
取料-加工 50m	1.045	t	1-2-65（二）	0.161		0.168
制作-堆放 50m	1.045	t	1-2-66（二）	0.221		0.231
堆放-安装 100m	1.045	t	1-2-67（四）	0.315		0.329
小计						8.673
定额工日	（人工幅度差 10%）8.673×1.1					9.540

5.3 材料消耗指标的确定

5.3.1 材料消耗指标概述

1. 基础定额材料按使用次数的划分

（1）直接性材料：也称为非周转性材料，指在建筑工程施工中，一次性消耗并直接构成工程实体的材料。

（2）周转性材料：指不能直接构成建筑安装工程的实体，但是完成建筑安装工程合格产品所必须的多次周转使用的工具性材料，如脚手架、模板等不构成工程实体的摊销材料。

2. 材料消耗指标的作用

在建筑安装工程成本中，材料费占 70%左右。用科学的方法，正确规定材料消耗指标，对于合理使用材料、减少浪费、降低工程成本，以及保证正常施工等具有十分重要的意义。

材料消耗指标是施工企业组织管理、加强经济核算的重要依据，其具体作用主要有：

（1）材料消耗指标是施工企业确定工程材料需要量和储备量的依据。

（2）材料消耗指标是施工企业编制材料需要量计划的基础。

（3）材料消耗指标是施工项目经理部对工人班组签发限额领料单、考核和分析材料利用情况的依据。

（4）材料消耗指标是实行材料核算，推行经济责任制，促进材料合理使用的重要手段。

3. 施工定额与基础定额中材料消耗指标的差异

基础定额材料消耗指标的确定方法与施工定额相应内容基本相同，但由于基础定额中分项子目内容已经在施工定额基础上作了某些综合，有些工程量计算规则也作了调整，因此，材料消耗指标也有了变化。两种定额材料消耗指标在定额编制形式上的差异主要有以下两个方面：

（1）施工材料消耗定额反映的是平均先进水平，基础定额中材料消耗量指标反映的是平均水平，二者水平差对主要材料是通过不同的损耗率来体现，对周转材料可通过周转补损率和周转次数来体现。即编制基础定额时应采用比施工定额较大的损耗率，周转材料周转次数应按平均水平确定。

（2）基础定额的某些分项内容比施工定额的内容具有较大的综合性。例如某些地区基础定额一砖内墙砌体就综合了施工定额中的双面清水墙、单面清水墙和混水墙的用料，以及附属于内墙中的烟囱、孔洞等结构的加工材料。因此编制基础定额材料消耗量指标时应根据定额分项子目内容进行相应综合。

5.3.2 材料消耗指标的确定

1. 直接性材料消耗指标的确定

（1）直接性材料消耗指标的计算公式

材料消耗指标是指在正常的施工条件和合理使用材料的条件下，生产单位合格产品所必需消耗的一定品种规格的原材料、半成品、配件等的数量标准，包括材料的净用量和必要的工艺损耗数量。

材料消耗指标可用公式表示为：

$$\text{材料消耗指标}=\text{材料净用量}+\text{材料损耗量} \tag{5-8}$$

材料净用量是指直接用于产品上的、构成建筑产品实体的材料消耗量。

材料必要的工艺损耗数量是指材料从施工现场仓库领出到用于产品上的整个过程中所发生的场内合理运输损耗、施工操作地点的堆放损耗和施工操作损耗等。

通常以材料的损耗量与净用量的比作为损耗率，即：

$$\text{材料损耗率}=\frac{\text{材料损耗量}}{\text{材料净用量}}\times 100\% \tag{5-9}$$

则：

$$\text{材料消耗指标}=\text{材料净用量}\times(1+\text{材料损耗率}) \tag{5-10}$$

材料的损耗率通过观测和统计而确定，参见表 5-10。

部分建筑材料、成品、半成品损耗率表　　表 5-10

材料名称	工程项目	损耗率/%	材料名称	工程名称	损耗率/%
普通粘土砖	地面、屋面、空花（斗）墙	1.5	水泥砂浆	抹墙及墙裙	2
普通粘土砖	基础	0.5	水泥砂浆	地面、屋面、构筑物	1
普通粘土砖	实砖墙	2	素水泥浆		1
普通粘土砖	方砖柱	3	混凝土（预制）	柱、基础梁	1
普通粘土砖	圆砖柱	7	混凝土（预制）	其他	1.5
普通粘土砖	烟囱	4	混凝土（现浇）	二次灌浆	3
普通粘土砖	水塔	3	混凝土（现浇）	地面	1
白瓷砖		3.5	混凝土（现浇）	其余部分	1.5
陶瓷锦砖（马赛克）		1.5	细石混凝土		1
面砖、缸砖		2.5	轻质混凝土		2
水磨石板		1.5	钢筋（预应力）	后张吊车梁	13
大理石板		1.5	钢筋（预应力）	先张高强丝	9
混凝土板		1.5	钢材	其他部分	6
水泥瓦、粘土瓦	（包括脊瓦）	3.5	铁件	成品	1
石棉垄瓦（板瓦）		4	镀锌铁皮	屋面	2
砂	混凝土、砂浆	3	镀锌铁皮	排水管、沟	6
白石子		4	铁钉		2
砾（碎）石		3	电焊条		12
乱毛石	砌墙	2	小五金	成品	1
乱毛石	其他	1	木材	窗扇、框（包括配料）	6
方整石	砌体	3.5	木材	镶板门芯板制作	13.1
方整石	其他	1	木材	镶板门企口板制作	22
碎砖、炉（矿）渣		1.5	木材	木屋架、檩、椽圆木	5
珍珠岩粉		4	木材	木屋架、檩、椽方木	6
生石膏		2	木材	屋面板平口制作	4.4
滑石粉	油漆工程用	5	木材	屋面板平口安装	3.3
滑石粉	其他	1	木材	木栏杆及扶手	4.7
水泥		2	木材	封檐板	2.5

续上表

材料名称	工程项目	损耗率/%	材料名称	工程名称	损耗率/%
砌筑砂浆	砖、毛方石砌体	1	模板制作	各种混凝土结构	5
砌筑砂浆	空斗墙	5	模板安装	工具式钢模板	1
砌筑砂浆	泡沫混凝土块墙	2	模板安装	支撑系统	1
砌筑砂浆	多孔砖墙	10	模板制作	圆形储仓	3
砌筑砂浆	加气混凝土块	2	胶合板、纤维板吸音板	天棚、间壁	
混合砂浆	抹天棚	3.0			5
混合砂浆	抹墙及墙裙	2	石油沥青		1
石灰砂浆	抹天棚	1.5	玻璃	配制	15
石灰砂浆	抹墙及墙裙	1	清漆		3
水泥砂浆	抹天棚、梁柱腰线、挑檐	2.5	环氧树脂		2.5

（2）直接性材料消耗指标的确定方法举例

1）砌筑类材料

砌筑类材料主要是指砌筑工程中的砌块、砂浆和水。

①砌块耗用量计算公式：

$$1m^3\text{ 基础砌块净用量}=\frac{\text{按基础规格计算 1m 长的砖块数}}{\text{按基础规格计算 1m 长的砌体体积}} \tag{5-11}$$

$$1m^3\text{ 墙体砌块净用量}=\frac{2\times k}{\text{墙厚}\times(\text{砖长}+\text{灰缝})\times(\text{砖厚}+\text{灰缝})} \tag{5-12}$$

$$1m^3\text{ 砌体砌块耗用量}=[\Sigma(\text{各砌块净用量}\times\text{权数})\times(1\pm\text{附件占有率})]\times(1+\text{损耗率}) \tag{5-13}$$

说明：公式（5-12）中 k 表示以砖长为模数的厚度，如一砖 k 为 1，一砖半 k 为 1.5。

②砂浆耗用量计算公式：

$$1m^3\text{ 砌体砌块砂浆净用量}=1-\text{砌块体积}\times\text{净用砌块量} \tag{5-14}$$

$$1m^3\text{ 砌体砌块砂浆耗用量}=[\Sigma(\text{各砂浆净用量}\times\text{权数})\times(1\pm\text{附件占有率})]\times(1+\text{损耗率}) \tag{5-15}$$

砌筑工程中的砖砌体，在制定定额时，综合考虑了外墙和内墙所占比例，扣减梁头垫块和增加突出砖线体积等因素，因此在确定消耗量定额材料消耗量时，对这些部分应加以综合。经测算，取定比例见表 5-11 所示。

砖砌体取定比例权数表 表 5-11

项　　目	墙类比例	附件占有率
砖基础	一砖基二层等高 70% 一砖半基四层等高 20% 二砖四层等高 10%	T形接头重叠占 0.785%，垛基凸出部分占 0.257 5%
半砖墙	外墙按 47.7%	外墙突出砖线条占 0.36%
	内墙按 52.3%	无
$\frac{3}{4}$砖墙	外墙按 50%	外墙梁头垫块占 0.489 3%
		外墙突出砖线条占 0.942 5%
	内墙按 50%	内墙梁头垫块占 0.104%
一砖墙	墙按 50%	外墙梁头垫块占 0.058%、0.3m³ 内孔洞占 0.01%
		外墙突出砖线条占 0.336%
	内墙按 50%	内墙梁头垫块占 0.376%
一砖半及二砖墙	外墙按 47.7%	外墙梁头垫块占 0.115%
		外墙突出砖线条占 1.25%
	内墙按 52.3%	内墙梁头垫块占 0.332%
空斗墙	空斗按 73%	突出砖线条占 0.32%
	实砌按 27%	无

【例 5-5】 砖基础定额（4-1）材料消耗用量的计算。

【解】 ①砖基础（10m³）规格取定。一砖墙基础二层等高 70%，一砖半墙基础四层等高 20%，二砖墙基础四层等高 10%。

②直墙基础高 1m 包括砖皮数为：

$$\frac{1\text{m}}{0.053（厚）+0.01（灰缝）}=15.87（皮）$$

③各种墙厚在 1m 长的砖块数见表 5-12 所示。

砖墙 1m 长的砖块数表 表 5-12

墙厚/m	每层砖块数	墙厚/m	每层砖块数
半砖（0.115）	4 块	二砖半（0.615）	20 块
一砖（0.24）	8 块	三砖（0.74）	24 块
一砖半（0.365）	12 块	三砖半（0.865）	28 块
二砖（0.49）	16 块	四砖（0.999）	32 块

④定额标准砖用量计算。

$$每\ m^3\ 砖基础净用砖量=\frac{按基础规格计算\ 1m\ 长的砖块数}{按基础规格计算\ 1m\ 长的砌体体积}$$

每 m^3 砖基础总用砖量=[∑（各墙厚净用砖量×权数）×（1±附件占有率）]×（1+损耗率）

式中：附件占有率＝0.785%－0.257 5%＝0.527 5%，查表 5-8 损耗率为 0.5%。

则：1m 高墙基　一阶放脚　二阶放脚

$$一砖墙基础净用砖量=\frac{15.87（皮）\times 8（块）+2（皮）\times 12（块）+2（皮）\times 16（块）}{0.24\times 1+(0.365+0.49)\times 0.126}$$

$=526.2$ 块/m^3

同理一砖半墙基础净用砖量

1m 高墙基　一阶放脚　二阶放脚　三阶放脚　四阶放脚

$$=\frac{15.87(皮)\times 12(块)+2(皮)\times 16(块)+2(皮)\times 20(块)+2(皮)\times 24(块)}{0.365\times 1+(0.49+0.615+0.74+0.865)\times 0.126}+2\times 28\ 块$$

$=518.67$ 块/m^3

二砖墙基础净用砖量

1m 高墙基　一阶放脚　二阶放脚　三阶放脚　四阶放脚

$$=\frac{15.87（皮）\times 16（块）+2（皮）\times 20（块）+2（皮）\times 24（块）+2（皮）\times 28（块）+2（皮）\times 32（块）}{0.49\times 1+(0.615+0.74+0.865+0.999)\times 0.126}$$

$=516.4$ 块/m^3

标准砖耗用量＝(526.2×70%＋518.67×20%＋516.4×10%)
×（1－0.5275%）×（1＋0.5%）
＝523.6 块/m^3
＝5 236 块/$10m^3$

⑤定额砂浆耗用量计算。

每 m^3 砖基础砂浆净用量＝1－0.240×0.115×0.053×净用砖量
＝1－0.001 462 8×净用砖量

则：一砖基础砂浆净用量＝1－0.001 462 8×526.2＝0.230 3m^3/m^3
一砖半基础砂浆净用量＝1－0.001 462 8×518.67＝0.241 3m^3/m^3
二砖基础砂浆净用量＝1－0.001 462 8×516.4＝0.244 6m^3/m^3

$$\begin{aligned}每\text{m}^3砖基础砂浆耗用量 &= \sum[各砂浆净用量\times权数\pm附件占有量]\\ &\quad\times(1+损耗率)\\ &=(0.2303\times70\%+0.2413\times20\%+0.2446\times10\%)\\ &\quad\times(1+1\%)\\ &=0.236\text{m}^3/\text{m}^3=2.36\text{m}^3/10\text{m}^3\end{aligned}$$

查表 5-10 砂浆损耗率为 1%。附件占有率 0.527 5%忽略不计。

⑥定额用水量（用于湿砖）。

综合取定每千块需水 0.2m³，则耗水量 $=5.236\times0.2=1.047\text{m}^3/10\text{m}^3$

【例 5-6】一砖半混水墙定额（4-11）材料耗用量的计算。

【解】

$$\begin{aligned}每\text{m}^3一砖半墙砖净用量 &= \frac{2\times k}{墙厚\times(砖长+灰缝)\times(砖厚+灰缝)}\\ &=\frac{2\times1.5}{0.365\times(0.24+0.01)\times(0.053+0.01)}\\ &=521.85\ 块/\text{m}^3\end{aligned}$$

$$\begin{aligned}每\text{m}^3一砖半墙砖定额耗用量 &= \sum[墙类比例\times(1\pm附件占有率)]\times砖净用\\ &\quad 量\times(1+损耗率)\\ &=[47.7\%\times(1+1.25\%-0.115\%)+52.3\%\\ &\quad\times(1-0.332\%)]\times521.85\times(1+2\%)\\ &=1.0037\times521.85\times1.02\\ &=1.004\times522\times1.02\\ &=534.6\ 块/\text{m}^3=5350\ 块/10\text{m}^3\end{aligned}$$

砂浆净用量 $=1-0.0014628\times521.85=0.2366\text{m}^3/\text{m}^3$

$$\begin{aligned}砂浆定额耗用量 &= \sum[墙类比例\times(1\pm附件占有率)]\times砂浆净用量\times\\ &\quad(1+损耗率)\\ &=[47.7\%\times(1+1.25\%-0.115\%)+52.3\%\times\\ &\quad(1-0.332\%)]\times0.2366\times(1+1\%)\\ &=0.24\text{m}^3/\text{m}^3=2.4\text{m}^3/10\text{m}^3\end{aligned}$$

定额用水量 $=5.35$（千块）$\times0.2$（m³/千块）$=1.07\text{m}^3/10\text{m}^3$

式中，每千块用水湿砖需水按 0.2m³ 取定。砖和砂浆损耗率均查自表 5-10。

2）抹灰类材料

抹灰类材料主要是指抹灰工程中的砂浆。抹灰工程分为普通抹灰和装饰抹灰。

普通抹灰主要有：石灰砂浆、水泥石灰砂浆（混合砂浆）、水泥砂浆、聚合物水泥砂浆、膨胀珍珠岩水泥砂浆、纸筋石灰砂浆等。

装饰抹灰主要有水刷石、干粘石、斩假石和水磨石等。

计算公式：

砂浆量＝计量单位×抹灰厚度×（1＋洞口侧面积系数－护角砂浆面积系数）×（1＋压实偏差系数＋砂浆损耗率） (5-16)

护角砂浆量＝计量单位×抹灰厚度×护角面积系数×（1＋压实偏差系数＋砂浆损耗率） (5-17)

【例 5-7】 砖墙抹石灰砂浆两遍定额（11-1）材料消耗量的确定

【解】 1）抹石灰砂浆定额综合了以下内容：

①内墙面抹石灰砂浆，门窗洞口侧面积增加 4%，对石灰砂浆门洞阳角用 1∶2 水泥砂浆护角，其护角面积系数取 1.56%，损耗率为 2%。

②砖墙面先洒水湿润，用水量每 $100m^2$ 墙面按 $0.4m^3$ 取定。

③底层抹 1∶3 石灰砂浆 16mm 厚，损耗率为 1%，并考虑 9%压实偏差系数。

④面层用纸筋石灰浆罩面 2mm 厚，其损耗率为 1%，压实偏差系数为 5%。

2）计算公式：

石灰砂浆量＝计量单位×抹灰厚度×（1＋洞口侧壁面积系数－护角砂浆面积系数）×（1＋压实偏差系数＋砂浆损耗率）

护角砂浆量＝计量单位×抹灰厚度×护角面积系数×（1＋压实偏差系数＋砂浆损耗率）

具体计算过程见表 5-13 所示。

砖墙抹灰材料消耗量表 表 5-13

材料名称	单　位	计　算　式	定额用量/$100m^2$
1∶3 石灰砂浆	m^3	$100m^2$×0.016m×（1+4%－1.56%）×（1+9%+1%）	1.803
1∶2 混合砂浆	m^3	$100m^2$×0.016m×1.56%×（1+9%+2%）	0.028
纸筋石灰浆	m^3	$100m^2$×0.002m×（1+4%）×（1+5%+1%）	0.220
水	m^3	湿润砖墙面 $0.4m^3$＋冲洗搅拌机 $0.3m^3$	0.700
松厚板	m^3	用于 3.6m 以下脚手架摊销量综合取定 $0.005m^3$	0.005

3）镶贴类材料

镶贴类材料主要包括预制水磨石、大理石、瓷板、陶瓷锦砖、面砖等。镶贴类材料主要应用于楼地面工程、墙面工程、天棚工程、隔热板工程等。

计算公式：

镶贴块料面层耗用量＝定额扩大单位数量×（1＋损耗率）

【例 5-8】 彩釉砖不分规格，损耗率为 2%，求其每 $100m^2$ 耗用量。

【解】 彩釉砖耗用量＝100×（1＋2%）＝$102m^2/100m^2$

【例 5-9】 块料面层楼梯每 $100m^2$ 的展开面积按 $136.50m^2$ 计算，损耗率为 6%（楼地面为 1%）。

【解】 大理石耗用量＝136.50×（1＋6%）＝144.69（$m^2/100m^2$）

4）搭接类材料

搭接类材料主要包括瓦屋面工程中的瓦和防水工程中的卷材

瓦屋面工程中瓦主要包括水泥瓦、粘土瓦、小青瓦、小波石棉瓦和大波石棉瓦。

防水工程中的卷材按所用原材料的不同，分为普通卷材和特种卷材两类。普通卷材按照沥青原料不同，可分为石油沥青卷材和煤沥青卷材两种。特种卷材品种有沥青玻璃布油毡、再生卷材、三元乙丙丁基橡胶卷材等。

①瓦材消耗量

a. $$\text{定额用瓦量}=\frac{100m^2}{\text{瓦有效长}\times\text{瓦有效宽}}\times(1+\text{损耗率}) \tag{5-18}$$

b. $$\text{定额脊瓦用量}=\frac{\text{脊长}}{\text{脊瓦有效长}}\times(1+\text{损耗率}) \tag{5-19}$$

瓦材规格可以查表5-14。

定额用瓦规格表 表5-14

瓦材名称	瓦材规格（mm）		搭接尺寸（mm）		脊瓦（mm）			
	长	宽	长向	宽向	长	宽	搭接	每 $100m^2$ 计算脊长
水泥瓦	385	235	85	33	455	195	55	11 000
粘土瓦	380	240	80	33	455	195	55	11 000
小青瓦	200	145	133					11 000，稍头 9 600
小波石棉瓦	1 820	720	200	94.5	780	180	70	11 000
大波石棉瓦	2 800	994	200	249	850	460	70	11 000

瓦材损耗率取值为：水泥瓦、粘土瓦、小青瓦为2.5%，石棉瓦为4%，脊瓦为3.5%。

【例5-10】 水泥瓦规格为385mm×235mm，长向搭接长度为85mm，宽向搭接长度为33mm，损耗率为2.5%；脊瓦规格为455mm×195mm，搭接长度为55mm，每 $100m^2$ 取定计算脊长11m，综合损耗率为3.5%；则每 $100m^2$ 实铺用水泥瓦和脊瓦消耗量为多少？

$$\text{定额用瓦量}=\frac{100}{(0.385-0.085)\times(0.235-0.033)}\times(1+2.5\%)$$

$$=1\,691.42 \quad \text{取定为 } 1\,700 \text{ 块}/100m^2$$

$$\text{定额脊瓦用量}=\frac{11}{(0.455-0.055)}\times(1+3.5\%)$$

$$=28.46\text{ 块}/100m^2$$

②卷材消耗量

$$卷材定额用量=\left(\frac{100m^2\times 层数}{卷材有效长\times 卷材有效宽}\times 每卷卷材面积+附加层\right)\times(1+损耗率) \qquad (5\text{-}20)$$

【例 5-11】 改性沥青卷材规格为 1.0m×10m，长边搭接按 100mm，短边搭接按 150mm。附加层取定为 4.3m²，损耗率为 1%。

【解】 改性沥青卷材耗用量

$$=\left[\frac{100\times 1}{(10-0.15)\times(1.0-0.1)}\times 10+4.3\right]\times(1+1\%)$$

$$=118.27m^2/100m^2$$

2. 基础定额周转性材料消耗量的确定

(1) 周转性材料的相关概念

周转性材料，是指在建筑安装工程中不直接构成工程实体，可多次周转使用的工具性材料。如钢筋混凝土工程用的模板、脚手架的架料以及土方工程用的挡土板等。

周转性材料消耗指标，一般均按多次使用、分次摊销的方法计算。周转性材料使用一次，应分摊在单位产品的消耗数量，称为摊销量。摊销量与下列因素有关：

1) 一次使用量，是指周转性材料在不重复使用的条件下的一次用量指标。

2) 损耗率，也称补损率，是指周转性材料使用一次后为了修补难以避免的损耗所需要的材料量占一次使用量的百分数，计算摊销量时，一般采用平均损耗率。

3) 周转次数，指周转性材料可以重复使用的次数，一般可用统计法或观测法拟定。

4) 回收价值率等。

编制基础定额时，对于周转性材料的消耗指标，与施工定额一样，也是按多次使用，分次摊销的方法计算。通常，在基础定额中对周转性材料消耗指标规定有两个：一个是一次使用量，一个是摊销量。

一次使用量和摊销量的计算方法与施工定额基本是相同的，只是编制基础定额时，材料损耗率（补损率）和周转次数应按平均水平确定，即应该采用比施工定额较大的损耗率和较小的周转次数。

计算公式如下：

$$一次使用量=材料净用量\times(1+损耗率) \qquad (5\text{-}21)$$

$$材料摊销量=一次使用量\times 摊销量系数 \qquad (5\text{-}22)$$

$$摊销量系数=周转使用量系数-\frac{(1-补损率)\times 回收价值率}{周转次数}\times 100\% \qquad (5\text{-}23)$$

$$周转使用量系数=\frac{1+补损率\times(周转次数-1)}{周转次数}\times100\% \qquad (5\text{-}24)$$

根据建标［2003］206号文件的规定，混凝土模板及支架摊销量、脚手架摊销量按下列公式计算：

$$混凝土模板及支架摊销量=一次使用量\times(1+施工损耗)\times\left[\frac{1+(周转次数-1)\times补损率}{周转次数}-\frac{(1-补损率)\times50\%}{周转次数}\right] \qquad (5\text{-}25)$$

$$脚手架摊销量=\frac{单位一次使用量\times(1-残值率)\times一次使用期}{耐用期}\times100\% \qquad (5\text{-}26)$$

（2）举例说明周转性材料消耗指标的确定

1）模板工程材料消耗量确定方法如下：

①计算公式

a. 组合式钢模板摊销量：

$$组合式钢模板摊销量=\frac{一次使用量\times(1+施工损耗率)}{周转次数} \qquad (5\text{-}27)$$

式中，一次使用量是指每100m³模板接触面积（现浇）或每10m³构件混凝土模板接触面积（预制）按选用的钢筋混凝土构件图纸，应配备的模板材料需用量。再换算成以模板与混凝土每100m²接触面积所需用的模板材料量。基础定额已将各种构件模板一次使用量全部计算列出，方便使用。

模板周转次数和施工损耗率综合取定见表5-15所示。

钢模板周转次数和损耗率表 表5-15

现浇构件			预制构件		
名 称	周转次数（次）	损耗率（%）	名 称	周转次数（次）	损耗率（%）
钢模板	50	1	钢模板	150	1
复合木模	50	1	零星卡具	40	2
零星卡具	20	2	梁卡具	50	2
钢支撑	120	1			
木模板	5	5	木支撑	10	5
木支撑	10	5			
铁钉	1	2	木模板	5	5

续上表

现浇构件			预制构件		
名　称	周转次数（次）	损耗率（%）	名　称	周转次数（次）	损耗率（%）
木楔	2	5	木楔	2	5
尼龙帽	1	5			
草板纸	1				

b. 木模板摊销量：

木模板摊销量＝一次使用量×（1＋施工损耗率）×摊销系数 K (5-28)

式中，一次使用量是指每 100m^2 模板接触面积一次模板净用量。

$$摊销系数K=\frac{1+（周转次数-1）×补损率-（1-补损率）×50\%}{周转次数} \tag{5-29}$$

其计算值已列入表 5-16 中，可直接查用。

周转次数、补损率、施工损耗率见表 5-16 所示。

木模板周转次数和损耗率表　　表 5-16

名　称	周转次数（次）	补损率（%）	摊销系数 K	施工损耗（%）	名　称	周转次数（次）	补损率（%）	摊销系数 K	施工损耗（%）
圆柱	3	15	0.291 7	5	小型构件	3	15	0.291 7	5
异型梁	5	15	0.235 0	5	支撑、垫板	15	10	0.130 0	5
整体楼梯、阳台	4	15	0.256 3	5	木楔	2		0.500 0	5

②组合钢模板摊销量计算示例

【例 5-12】 现以基础定额现浇有梁板组合钢模板定额（5-9）为例，其摊销量计算过程见表 5-17。

$$工具式钢模板=\frac{3\,567}{50}×（1+1\%）=72.05\text{kg}/10\text{m}^3$$

依次计算入下表 5-17。

现浇有梁板组合钢模板材料摊销量表（100m^2）　　表 5-17

材料名称		100m² 接触面积		周转次数（次）	净摊销量	损耗率（%）	定额摊销量
		一次使用量	单位				
工具式钢模板		3 567	kg	50	71.34	1	72.05
木模板		0.275	m³	5	0.055	5	0.058
留洞增加木模板		0.008	m³		0.008		0.008
木支撑	使用钢支撑时	1.276	m³	10	0.127 6	5	0.134
	使用木支撑时	7.890	m³	10	0.789	5	0.828

续上表

材料名称		100m² 接触面积一次使用量	单位	周转次数（次）	净摊销量	损耗率（%）	定额摊销量
木楔	使用钢支撑时	0.116	m^3	2	0.058		0.058
	使用木支撑时	0.166	m^3	2	0.083		0.083
零星卡具		691.2	kg	20	34.56	2	35.25
铁钉	使用钢支撑时	1.667	kg		1.67	2	1.70
	使用木支撑时	29.66	kg		29.66	2	30.25
8＃铁丝	使用钢支撑时	21.71	kg		21.71	2	22.14
	使用木支撑时	31.84	kg		31.84	2	32.48
草板纸 80＃		取定	张	每 m^2 0.3 张×100			30.00
脱模隔离剂		取定	kg	每 m^2 0.1kg×100			10.00
1∶2 水泥砂浆块		取定	m^2	板用 30×30×10×3 块＋梁 40×40×25			0.007
22＃铁丝		取定	kg				0.18
支撑钢管及扣件		6 896.40	kg	120	57.47	1	58.04
梁卡具		267.50	kg	50	5.35	2	5.46

【例 5-13】 现以基础定额预制实心方桩的模板材料摊销量的计算为例。

【解】 模板方材$=\frac{0.238}{5}\times(1+5\%)=0.05m^3/10m^3$

支撑方材$=\frac{0.096}{10}\times(1+5\%)=0.01m^3/10m^3$

组合钢模板$=\frac{1\,912.90}{150}\times(1+1\%)=12.88kg/10m^3$

零星卡具$=\frac{196.47}{40}\times(1+2\%)=5.01kg/10m^3$

$$梁卡具=\frac{742.65}{50}\times(1+2\%)=15.15kg/10m^3$$

铁丝、隔离剂、1∶2 水泥砂浆块按实用取定：

隔离剂＝模板及地模接触面积×0.1（kg/m^2）

＝（53.22＋25.77）×0.1

＝7.90kg/m^2

草板纸＝模板接触面积×0.3（张/m^2）

＝53.22×0.3

＝15.97 张/10m^2

依次计算入下表 5-18。

预制混凝土实心方桩组合钢模板材料摊销量表（$100m^2$） 表 5-18

材料名称	$100m^2$ 接触面积		周转次数（次）	净摊销量	损耗率（%）	定额摊销量
	一次使用量	单位				
模板方材	0.238	m^3	5	0.048	5	0.05
支撑方木	0.096	m^3	10	0.01	5	0.01
组合钢模板	1 912.90	kg	150	12.75	1	12.88
零星卡具	196.47	kg	40	4.91	2	5.01
梁卡具	742.65	kg	50	14.85	2	15.15
铁钉	取定	kg				1.12
22#铁丝	取定	kg				0.16
草板纸 80#		张	每 $m^2$0.3 张×53.22			15.97
脱模隔离剂		kg	每 $m^2$0.1kg×（53.22+25.77）			7.90
1∶2 水泥砂浆块	取定	m^2				0.01

2）脚手架材料消耗指标

$$\text{定额摊销量}=\text{净摊销量}\times(1+\text{损耗率}) \tag{5-30}$$

$$\text{脚手架摊销量}=\frac{\text{单位一次使用量}\times(1-\text{残值率})\times\text{一次使用期}}{\text{耐用期}}\times100\% \tag{5-31}$$

$$\text{一次使用量}=\frac{\text{取定材料计算量}}{\text{取定墙面面积}}\times100 \tag{5-32}$$

【例 5-14】 现以基础定额 15m 内单排钢管脚手架（3-5）为例。

【解】 1）材料耗用量计算方法

计算式按（5-30）～（5-32）。

2）取定墙面面积值

取定建筑物的平面尺寸为：50×15m，取定高度为 13m，上料平台服务长为 70m。

取定墙面面积＝（50＋15）×2×13＝1 690m^2

平台服务面积＝70×13＝910m^2

3）取定材料计算量值

①脚手架部分

a. 立杆

立杆长度＝（纵向根数＋横向根数＋四角根数）×（取定高度＋1.5）

$$=\left[\left(\frac{50}{2}+1\right)\times2+\left(\frac{15}{2}+1\right)\times2+4\right]\times(13+1.5)$$

＝74 根×14.5m/根＝1 073m

b. 大横杆

大横杆长度＝[(50＋1.2×2＋0.2×2) ×2＋ (15＋1.2×2＋0.2×2) ×2] ×

$\left(\frac{13}{1.3}+1\right)$

＝141.2m×11（含扫地杆）

＝1 553.2m

c. 小横杆　搁置墙上和伸出长均按 0.2m

小横杆长度＝74 根×11 层× (1.2＋0.2×2) ＝814 根×1.6m/根＝1 302.4m

d. 栏杆

栏杆长度＝ (52.8＋17.8) ×2＝141.2m

e. 剪刀撑共设 8 道，每道长按 29.86m

剪刀撑＝8×29.86＝238.88m

f. 连墙点 按 70，每点用料 4.8m。

连墙点料长＝70×4.8＝336m

脚手杆小计长度＝1 073＋1 553.2＋1 302.4＋141.2＋238.88＋336＝4 644.68m

g. 直角扣件

大小横杆连接为 814 个。栏杆、大横竿与立杆连接为 74× (10＋2) ＝888 个。连墙点为 70×2＝140 个。

共用直角扣件＝814＋888＋140＝1 842 个

h. 对接扣件

栏杆、大横竿＝$\left[\left(\frac{52.8}{6}-1\right)+\left(\frac{17.8}{6}-1\right)\right]\times2\times12$＝240 个

立杆＝$\left(\frac{14.5}{6}-1\right)\times74$＝74 个

剪力撑＝8×2 根/付×$\left(\frac{14.92}{6}-1\right)$＝16 个

共用对接扣件＝240＋74＋16＝330 个

i. 回转扣件

共用回转扣件＝8 付×12 个/付＝96 个

j. 底座＝74 个＋16（8 付剪刀撑）＝90 个

k. 木脚手板和挡脚板

脚手扳按满铺一层考虑＝ (52.4＋15) ×2×1.1×0.05＝7.41m^3

挡脚板按围长＝ (52.4＋17.4) ×2×0.18×0.05＝1.256m^3

木脚板小计＝7.41＋1.256＝8.666m^3

l. 垫木　用于连墙点用量为 70×4＝280 块

m. 8#铅丝　绑扎木脚板

$$8\#铅丝=\left(\frac{7.41}{0.045}块\times3扎头/块\times1m+\frac{1.256}{0.027}块\times3扎头/块\times0.8m\right)\times0.0986kg/m$$
$$=60kg$$

n. 铁钉　钉木脚板

铁钉＝（212 块×8 颗/块）÷279 颗/kg＝6.08kg

②上料平台部分

a. 立杆

立杆长度＝14 根×13m/根＝182m

b. 横杆　每根长按 4.9m，地面和架顶个加 1 根。

横杆长度＝14 层×4 根/层×4.9m＋2×4.9 ＝284.2m

c. 水平拉杆　操作层加密 3 根。

水平拉杆长＝（14×2＋8×2）×4.9＋3×4.9＝230.3m

d. 栏杆　按 3 面

栏杆长度＝3×4.9＝14.7m

e. 剪刀撑　两侧各设 3 道，每付按 16m。

剪刀撑长度＝3×2×16＝96m

f. 直角扣件

栏杆、横杆与立杆连接＝（56－2）根×4 个/根＝216 个

栏杆、横杆与拉杆连接＝94 根×4 个/根＝376 个

靠外 1 根立杆与外架大横杆连接$=\frac{14}{1.3}=11$个

合计＝216＋376＋11＝603 个

g. 对接扣件

立杆$=\left(\frac{14}{6}-1\right)$个/m×13m＝13 个

剪刀撑＝6 付×2 根/付×$\left(\frac{7.5}{6}-1\right)$个/根＝12 个

共用对接扣件＝12＋13＝25 个

h. 回转扣件＝6 付×8 个/付＝48 个

i. 座底＝14 个＋6 个＝20 个

j. 脚手板＝4.45m×4.9×0.05＝1.09m^3

k. 8#铅丝＝15 块×3 点×1m/点×0.098 6＝4.441kg

l. $\phi8$ 缆风绳＝$(\sqrt{2\times14\times14+2})\times2\times0.396$kg/m＝17.26kg

4）一次使用量及摊销量计算如下表 5-19。

15m 内单排钢管脚手架的材料摊销量表 表 5-19

项目		一次使用量	单位	一次使用量×（1－残值率）×使用期/耐用期	摊销量/100m²
钢管	脚手架部分	$\frac{4\,644.68}{1\,690}\times 100\times 3.84=1\,055.36$	kg	(1 055.36＋340.62) ×0.9×6/180	41.88
	上料平台部分	$\frac{807.2}{910}\times 100\times 3.84=340.62$			
直角扣件	脚手架部分	$\frac{1\,842}{1\,690}\times 100=108.99$	个	(108.99＋66.26) ×0.95×6/120	8.33
	上料平台部分	$\frac{603}{910}\times 100=66.26$			
对接扣件	脚手架部分	$\frac{330}{1\,690}\times 100=19.53$	个	(19.53＋2.75) ×0.95×6/120	1.06
	上料平台部分	$\frac{25}{910}\times 100=2.75$			
回转扣件	脚手架部分	$\frac{96}{1\,690}\times 100=5.68$	个	(5.68＋5.27) ×0.95×6/120	0.52
	上料平台部分	$\frac{48}{910}\times 100=5.27$			
底座	脚手架部分	$\frac{90}{1\,690}\times 100=5.33$	个	(5.33＋2.2) ×0.95×6/180	0.24
	上料平台部分	$\frac{20}{910}\times 100=2.2$			
木脚手板	脚手架部分	$\frac{8.666}{1\,690}\times 100=0.513$	m³	(0.513＋0.12) ×0.9×6/42	0.081
	上料平台部分	$\frac{1.09}{910}\times 100=0.12$			
垫木	脚手架部分	$\frac{280}{1\,690}\times 100=16.57$	块	16.57×0.9×6/42	2.13
8# 铅丝	脚手架部分	$\frac{60}{1\,690}\times 100=3.55$	kg	(3.55＋0.5) ×1.02	4.13
	上料平台部分	$\frac{4.44}{910}\times 100=0.5$			
铁钉	脚手架部分	$\frac{6.08}{1\,690}\times 100=0.35$	g	(0.35＋0.05) ×1.02	0.40
	上料平台部分	$\frac{15\times 8}{279\times 910}\times 100=0.05$			
钢丝绳	上料平台部分	$\frac{17.26}{910}\times 100=1.90$	kg	1.9×0.9×6/42×1.04	0.25
缆风木桩	上料平台部分	$\frac{0.133\times 2+0.003\,2\times 2}{910}\times 100=0.026$	m³	0.026×0.9×6/42	0.003

5.4 机械台班消耗指标的确定

5.4.1 机械台班消耗指标的确定方法

基础定额施工机械台班消耗指标的计算具体分以下两种情况：

（1）配合劳动班组使用的机械台班消耗数量的确定

配合使用机械，是指以人工操作为主，配备给施工班组使用的机械为辅的机械。中、小型施工机械是按小组配备，其台班产量受小组产量制约，故应以小组产量计算台班产量，不另增加机械幅度差。如垂直运输用塔吊、卷扬机，以及砂浆、混凝土搅拌机等。其计算公式为：

$$\text{分项定额机械台班使用量}=\frac{\text{分项定额计算单位值（或加工量）}}{\text{小组总产量}} \tag{5-33}$$

式中：

$$\text{小组总产量}=\text{产量定额}\times\text{小组人数} \tag{5-34}$$

或

$$\text{分项定额机械台班使用量}=\frac{\text{分项定额计量单位}}{\text{台班总产量}} \tag{5-35}$$

（2）独立使用机械台班消耗数量的确定

独立使用机械，就是指在施工过程中，以机械作业为主、人工为辅的大型机械（比如土石方工程施工中的推土机、挖掘机，桩基工程施工中的打桩机，安装工程施工中构件吊装的起重机等）或专用机械（比如地基夯实施工过程中的蛙式打夯机、楼地面水磨石施工过程中的水磨石机械等）。独立使用机械在基础定额的台班消耗指标应在劳动定额相应的机械台班定额基础上增加机械幅度差计算，其计算公式为：

$$\text{分项定额机械台班使用量}=\frac{\text{分项定额计算单位值}}{\text{机械台班产量定额}}\times\text{机械幅度差系数} \tag{5-36}$$

$$\text{机械幅度差系数}=1+\text{机械幅度差} \tag{5-37}$$

5.4.2 机械幅度差

机械幅度差是指在劳动定额或施工定额中所规定的范围内没有包括，而在实际施工中又不可避免产生的影响机械效率或使机械停歇的时间。其内容包括：

（1）施工中机械转移工作面及配套机械互相影响损失的时间。

（2）在正常施工条件下，机械在施工中不可避免的工序间歇。

（3）工程开工或结尾时工程量不饱满所损失的时间。

（4）检查工程质量影响机械操作的时间。

（5）临时停机、停电影响机械操作的时间。

（6）机械维修引起的停歇时间等。

在计算基础定额机械台班消耗指标时，机械幅度差以系数表示。大型机械的机械幅度差系数为：土方机械 1.25；打桩机械 1.33，吊装机械 1.3，其他分部工程专用机械，如蛙式打夯机、水磨石机等均为 1.1。

5.4.3 机械台班消耗指标计算示例

【例 5-15】 以基础定额第 5 章混凝土及钢筋混凝土工程中现浇构件钢筋 φ18 制作安装（5-300）为例，计算其机械台班消耗指标。

【解】（1）工作内容包括钢筋制作、绑扎、安装。

（2）定额取定：定额计算单位为 1t，现浇构件 φ10 外，施工损耗加搭接计 4.5%，即钢筋加工量 1.045t。

钢筋加工、焊接产量定额取用 85 年国家劳动定额中的产量定额。

选定六个工程所用 φ18～φ20 钢筋总重 4.87t 作为基础，搭接焊按 80%，对焊按 20%取定。使用机械 5t 卷扬机，φ40 内切断机，φ40 内弯曲机 75 型对焊机，25kV·A 电焊机。

（3）计算公式：

$$定额台班=\frac{计算量}{产量定额\times小组人数}=\frac{计算量}{台班产量}=\frac{计算量\times时间定额}{小组成员人数} \tag{5-38}$$

（4）具体计算过程见表 5-20 和表 5-21 所示。

φ18 钢筋加工机械台班计算表 表 5-20

机械种类	计算量/t	时间定额	小组人数	台班产量	定额台班量
卷扬机慢速 5t 以内	1.045	0.89 工日	6 人	6.74（6÷0.89）	0.16（1.045÷6.74）
钢筋切断机 φ40 内	1.045	0.34 工日	4 人	11.76（4÷0.34）	0.09（1.045÷11.76）
钢筋弯曲机 φ40 内	1.045	0.57 工日	3 人	5.26（3÷0.57）	0.2（1.045÷5.26）

φ18 钢筋焊接台班表 表 5-21

机械种类	钢筋重/t	计算量/t	产量定额	小组人数	台班产量	定额台班量
直流电焊机 30kV·A 以内	4.875	3.9（4.875×0.8）	6.3t/工日	2 人	12.6（2×6.3）	0.31（3.9÷12.6）
对焊机 75kV·A 以内	4.875	0.975（4.875×0.2）	4.5t/工日	3 人	13.5（3×4.5）	0.07（0.975÷13.5）

【例 5-16】 以基础定额第二章桩基础工程中轨道式柴油打桩机打预制方桩，桩长 12m 以内（2-1）为例，计算其机械台班消耗量。

【解】（1）工作内容包括：准备打桩机具，移动打桩机及其轨道，吊装定位、安卸桩帽、校正，打桩。

（2）定额综合取定 12m 内预制方桩体积为：

$0.25m \times 0.25m \times 6m = 0.38m^3$，占 20%

$0.30m \times 0.30m \times 8m = 0.72m^3$，占 40%

$0.35m \times 0.35m \times 10m = 1.23m^3$，占 20%

$0.35m \times 0.35m \times 12m = 1.47m^3$，占 10%

$0.40m \times 0.40m \times 10m = 1.6m^3$，占 10%

（3）计算公式：

$$\text{打桩机定额台班} = \sum \frac{\text{计量单位} \times \text{权数}}{\text{机械台班产量} \times \text{桩体积}} \times \text{机械幅度差系数} \quad (5\text{-}39)$$

式中，台班产量执行 1985 年劳动定额第 17 册相应项目，机械幅度差不分型号一律为 33%。

（4）具体计算过程见表 5-22 所示。

轨道式柴油打桩机桩长 12m 内台班计算表　　表 5-22

方桩规格	劳动定额编号	台班产量	权数	计算量	幅度差系数	台班（$10m^3$）
0.25m×0.25m×6m	17-2-63（五）×1.15	25.4×1.15	20%	10	1.33	0.240
0.30m×0.30m×8m	17-2-71（八）	20.8	40%	10	1.33	0.356
0.35m×0.35m×10m	17-2-81（八）	14.6	20%	10	1.33	0.149
0.35m×0.35m×12m	17-2-81（八）	14.6	10%	10	1.33	0.063
0.40m×0.40m×10m	17-2-92（二）	11.7	10%	10	1.33	0.071
定额台班	一级土桩锤重 2.5t					0.879

注：①台班产量中 1.5 是指 2.5t 桩机取用 1.8t 桩机增量系数。

②二级土的机械台班为一级土机械台班×1.43。

【例 5-17】 以基础定额第八章楼地面工程中水磨石楼地面（8-29）为例，计算其机械台班消耗量。

【解】（1）定额取定：水泥白石子浆面层厚 15mm，铺筑时加 2mm 的磨损厚度，损耗率 1.5%，定额计算单位 $100m^2$，则：

$$\begin{aligned}\text{水泥白石子浆用量} &= \text{展开面积} \times \text{抹灰厚度} \times (1+\text{损耗率}) \\ &= 100 \times (0.015+0.002) \times (1+1.5\%) \\ &= 1.73m^3/100m^2\end{aligned}$$

灰浆搅拌机不考虑机械幅度差，台班产量综合取定 $6m^3$，水磨石机机械幅度差 10%，小组人数 20 人，每工日的产量定额 $0.51m^2$。

(2) 台班消耗量计算。

$$灰浆搅拌机台班量=\frac{灰浆用量}{台班用量}=\frac{1.73}{6}=0.29\ (台班/100m^2)$$

$$水磨石机台班量=\frac{定额计量单位}{每工产量\times小组成员}\times机械幅度差系数$$

$$=\frac{100m^2\times1.1}{0.51\times20}$$

$$=10.78\ 台班/100m^2$$

【例 5-18】 试编制油压正铲挖掘机（$1m^3$）挖三类土、自卸汽车（8t）运 5km 的消耗量。

其中：每台挖掘机配备辅助用工 2 人，主要工作为工作面排水、现场行驶道路维护、清除铲斗内积土、配合洒水车等。

行驶道路配备洒水车（4 000L），按挖掘机台班的 25%配备，每台班上水 4 次。按挖掘机台班的 60%配备推土机（75kW）台班，用于清理机下余土、卸土区平整及道路维修等。

挖土机根据劳动定额，台班产量为 $571m^3$ 取定机械幅度差 20%。根据劳动定额 8t 自卸汽车运 5km 的台班产量 $52.8m^3$，取定机械幅度差 20%。

【解】 每 $1\,000m^3$ 三类土耗用人工、材料、施工机械台班消耗量计算如下：

挖掘机（$1m^3$）：$\frac{1\,000}{571}\times(1+20\%)=2.10$ 台班

自卸汽车（8t）：$\frac{1\,000}{52.8}\times(1+20\%)=22.73$ 台班

推土机（75kW）：$2.10\times60\%=1.26$ 台班

洒水车（4 000L）：$2.1\times25\%=0.53$ 台班

人工：根据挖掘机台班配备 2 人，即 $2.1\times2=4.2$ 工日

水：$0.53\times4.0m^3\times4=8.48m^3$

5.5 单位估价表（定额基价）的编制

5.5.1 单位估价表的编制依据

(1) 全国统一建筑工程基础定额或消耗量定额。

(2) 本地区现行人工工资水平。

(3) 本地区现行（一般取定省会城市）建筑工程材料预算价格。

(4) 全国统一施工机械台班费用定额和地区调整费用定额。

(5) 省(直辖市、自治区)近期编制的补充定额。

(6) 国家或地区有关规定。

5.5.2 单位估价表的具体作用

(1) 是编制和审查建筑安装工程施工图预算，清单计价，确定工程造价的主要计价依据。

(2) 是建设单位拨付工程进度款和工程价款结算的依据。

(3) 在招标投标阶段，是编制标底及投标报价的依据。

(4) 是设计单位对设计方案进行技术经济分析比较的依据。

(5) 是施工单位实行经济核算，考核工程成本的依据。

(6) 是制定概算定额、概算指标的依据。

5.5.3 单位估价表的具体作用编制方法

编制单位估价表就是把三种量、价分别结合起来，得出各分项工程人工费、材料费和施工机械使用费，最后汇总起来就是工程预算单价，即基价。每一定额计量单位分项工程预算单价计算公式如下：

预算单价＝∑(工、料、机消耗量×相应的预算价格)

＝人工费＋材料费＋机械使用费

其中：人工费＝综合工日数量×日工资标准

材料费＝∑(材料数量× 相应的材料预算价格)

机械使用费＝∑(机械台班数量× 相应的施工机械台班预算价格)

地区统一单位估价表编制出来以后，就形成了地区统一的工程预算单价。这种单价是根据现行定额和当地的价格水平编制的，具有相对的稳定性。但是为了适应市场价格的变动，在编制预算时，必须根据工程造价管理部门发布的调价文件对固定的工程预算单价进行修正。修正后的工程单价乘以根据图纸计算出来的工程量，就可以获得符合实际市场情况的工程的基本直接费。

【例 5-19】 某省单位估价表的计算，过程如表 5-23。

【解】 如表 5-23，其中定额子目 3-1 的定额基价计算过程为：

定额人工费＝25.73×11.790＝303.36 元

定额材料费＝110.82×2.360＋12.70×52.36＋2.06×2.500

＝261.53＋664.97＋5.15＝931.65 元

定额机械台班费＝49.11×0.393＝19.30 元

定额基价＝303.36＋931.65＋19.30＝1254.31 元

某省单位估价表（单位：$10m^3$）　　表 5-23

定额编号				3-1		3-2		3-4	
项目		单位	单价（元）	砖基础		混水砖墙			
						1/2 砖		1 砖	
				数量	合价	数量	合价	数量	合价
基价				**1 254.31**		**1 438.86**		**1 323.51**	
其中	**人工费**			**303.36**		**518.20**		**413.74**	
	材料费			**931.65**		**904.70**		**891.35**	
	机械费			**19.30**		**15.96**		**18.42**	
综合工日		工日	25.73	11.790	303.36	20.140	518.20	16.080	413.74
材料	水泥砂浆 M5	m^3	93.92			1.950	183.14	2.250	211.32
	水泥砂浆 M10	m^3	110.82	2.360	261.53				
	标准砖	百块	12.70	52.36	664.97	56.41	716.41	53.14	674.88
	水	m^3	2.06	2.500	5.15	2.500	5.15	2.500	5.15
机械	灰浆搅拌机 200L	台班	49.11	0.393	19.30	0.325	15.96	0.375	18.42

说明：黑体字部分为单位估价表的内容。

5.6　基础定额的应用

应用基础定额以前，首先要认真学习基础定额的有关说明、规定，熟悉基础定额。在基础定额的应用中，一般分为定额的直接套用、定额的换算和编制补充定额三种情况。

5.6.1　基础定额的直接套用

1. 基础定额的套用原则

当分项工程的设计要求与基础定额条件完全相符时，可以直接套用定额。这是编制施工图预算的大多数情况。但是要注意定额项目的选用规则：

（1）项目名称的确定

在工程量计算过程中，对每一工程项目的名称都应确定下来。其确定的原则是：设计规定的做法与要求必须与定额的做法和工作内容符合才能直接套用，否则必须根据有关规定进行换算或补充。

（2）计量单位的变化

基础定额（或消耗量定额）在编制时，为了保证预算价值的精确性，对某些价值较低的工程项目采用了扩大计量单位的办法。如抹灰工程的计量单位，一般采用 $100m^2$；混凝土工程的计量单位，一般采用 $10m^3$ 等。在使用定额时必须注意计量单位的变化，以避免由于错用计量单位而造成预算价值过大或过小的差错。

（3）定额项目划分的规定

基础定额（或消耗量定额）的项目划分是根据各个工程项目的人工、材料、机械消耗水平的不同和工具、材料品种以及使用的机械类型不同而划分的。一般有以下几种划分方法：

1）按工程的现场条件划分，如挖土方按土壤的等级划分。

2）按施工方法的不同划分，如灌注混凝土桩分钻桩孔、打孔、打孔夯扩、人工挖孔等。

3）按照具体尺寸或重量的大小划分，如钢屋架制作定额分为每榀 1.5t 以内、5t 以内、8t 以内和 8t 以外；挖土方分为深 2m 以内、4m 以内和 6m 以内等项目。

定额中凡注明××以内（或以下）者，均包括××本身在内；而××以外（或以上）者，均不包括××本身。

2. 基础定额直接套用举例

【例 5-20】 试求 $8.83m^3$ 砖基础所需要的人工、材料和机械台班消耗量。

【解】 人工：$8.83m^3 \times 12.18$ 工日$/10m^3 = 10.75$ 工日

材料：

水泥砂浆 M5：$8.83m^3 \times 2.36\ m^3/10m^3 = 2.084m^3$

标准砖：$8.83m^3 \times 5.236$ 千块$/10m^3 = 4.623$ 千块

水：$8.83m^3 \times 1.05m^3/10m^3 = 0.927m^3$

机械台班：

灰浆搅拌机 200L：$8.83m^3 \times 0.39$ 台班$/10m^3 = 0.344$ 台班

5.6.2 基础定额的换算

1. 基础定额的换算原则

当套用基础定额时，如果工程项目内容与套用相应定额项目的要求不相符合，当定额规定允许换算时，就要在定额规定的范围内进行换算，从而使施工图纸的内容与定额中的要求相一致，这个过程称为定额的换算。经过换算后的定额项目，要在其定额编号后加注“换”字，以示区别。

为了保持定额的水平，在基础定额的说明中规定了有关的换算原则，一般包括：

（1）定额的砂浆、混凝土强度等级，如果与定额不同时，允许按定额附录的砂浆、混凝土配合比表换算，但配合比中的各种材料用量不得调整。

（2）定额中抹灰项目已考虑了常用厚度，各层砂浆的厚度一般不作调整。如果设计有特殊要求时，定额中人工、材料，可以按厚度比例换算。

（3）必须按基础定额中的各项规定换算定额。

2. 基础定额的换算方法

（1）乘系数换算法

在定额允许换算的项目中，有许多项目都是利用乘系数换算的方法进行换算的。

1）乘系数换算法：乘系数换算法是按定额规定，将原基础定额中人工、材料、机械中的一项或多项乘以规定系数的换算方法。其换算公式为：

换算定额人工综合工日数＝原定额人工综合工日数×系数　　(5-40)

换算定额某种材料消耗量＝原定额某种材料消耗量×系数　　(5-41)

换算定额某种机械台班量＝原定额某种机械台班量×系数　　(5-42)

2）基础定额规定允许乘系数换算的工程项目举例如下：

①土石方工程中允许换算的项目：

a. 人工土方定额是按干土编制的，如挖湿土时，人工需乘以系数 1.18 加以调整。

b. 推土机推土、推石渣，铲运机铲运土重车上坡时，如果坡度大于 5%时，其运距按坡度区段斜长乘表 5-24 中的系数计算。

上坡运距调整系数　　表 5-24

坡度（%）	5～10	15 以内	20 以内	25 以内
系数	1.75	2	2.25	2.5

【例 5-21】现人工挖土 1 000m³ 三类湿土，其中挖深为 1.2m，问需要消耗的综合人工数？

【解】查 95 基础定额（1-2）知综合人工数为 32.64 工日。

调整后定额综合人工数＝32.64×1.18＝38.52 工日/100m³

1 000m³ 三类湿土消耗综合人工数＝1000m³/100m³×38.52 工日＝385.2 工日

【例 5-22】现使用 90kW 推土机对场地进行平整，运距为 50m，坡度为 17%，求推土 1 500m³ 的机械台班消耗量？

【解】查 95 基础定额（1-280）知台班消耗量为 12.85 台班/1 000m³

调整后推土机的机械台班消耗量＝12.85×2.25＝28.91 台班/1 000m³

1 500m³ 的机械台班消耗量＝1 500m³/1 000m³×28.91 台班＝43.4 台班

【例 5-23】 某工程由土方量 2 100m^3（砂质粘土，其含水量经测定为 23%），施工方案中规定，采用 120 马力的推土机施工，推土距离为 60m，试求完成该土方任务所需的推土机台班数。

【解】 确定定额编号 12-1-13（一）

查找推土机人工时间定额 0.681 工日/100m^3

根据分册说明 2.2.5 条，沙质粘土的含水率超过 22%时，其推土机人工时间定额乘以 1.11 系数。

在该项目中，机械时间定额等同于人工时间定额，故：

机械时间定额＝0.681 台班/100m^3×1.11＝0.756 台班/100m^3

$$机械产量定额=\frac{1}{机械时间定额}=\frac{1}{0.756\ 台班/100m^3}=132.3m^3/台班$$

计算推土机所需的台班数量：

$$\frac{2\,100m^3}{132.3m^3/台班}=15.87\ 台班$$

3. 材料变化的消耗量定额换算

在基础定额允许换算的项目中，有许多项目是由于材料的种类、规格、数量、配合比等发生变化而引起的基础定额换算。

基础定额换算的方法：

①混凝土、砂浆强度等级不同时的换算：当基础定额中混凝土或砂浆的强度等级与施工图的设计要求不一致时，按下列公式进行换算定额基价。

换算后的定额基价＝换算前的定额基价±（混凝土或砂浆的定额用量×两种强度等级的混凝土或砂浆的单价差） (5-43)

其换算的步骤如下：

a. 从混凝土、砂浆配合比表中找出该分项工程项目与其相应定额规定不相符并需要进行换算的不同强度等级混凝土、砂浆每立方米的单价。

b. 计算两种不同强度等级混凝土或砂浆单价的价差。

c. 从定额项目表中找出该分项工程需要进行换算的混凝土或砂浆定额消耗量及该分项工程的定额基价。

d. 计算该分项工程由于混凝土或砂浆强度等级的不同而影响定额原基价的差值。

e. 计算该分项工程换算后的定额基价。

【例 5-24】 以《95 基础定额》(5-401) 如表 5-25 为例，说明混凝土强度等级不同时的换算。已知 10m^3C25 混凝土矩形柱基价为 2 241.18 元，C25 混凝土单价为 146.34 元/m^3，C30 混凝土单价为 161.37 元/m^3。试求 10m^3C30 混凝土矩形柱基价。

【解】如表5-25。

《95基础定额》(5-401) 混凝土矩形柱组成表　　表5-25

定额编号	人工	材料				机械		
	综合工日	现浇混凝土C25 (m^3)	草袋子 (m^2)	水 (m^3)	水泥砂浆1∶2 (m^3)	混凝土搅拌机400L (台班)	混凝土振捣器 (插入式) (台班)	灰浆搅拌机200L (台班)
5-401	21.64	9.86	1.00	9.09	0.31	0.62	1.24	0.04

换算后C30混凝土矩形柱的定额基价

$=2\,241.18+9.86\times(161.37-146.34)$

$=2\,241.18+148.20$

$=2\,389.38$ 元/$10m^3$

②砂浆配合比不同时的换算：砂浆配合比不同时的换算与砂浆强度等级不同时的换算 基本相同。其步骤为：

a. 从砂浆配合比表中分别找出设计规定配合比的砂浆单价和定额中所使用配合比砂浆的单价。

b. 计算两种不同配合比砂浆单价的价差。

c. 从定额项目表中找出该分项工程需要进行换算的砂浆的消耗量及该分项工程的定额基价。

d. 计算该分项工程由于砂浆配合比不同而影响原定额基价的差值。

e. 计算该分项工程换算后的定额基价。

【例5-25】 以《95基础定额》(4-26) 如表5-26为例，说明砂浆配合比不同时的换算。已知$10m^3$单丁无眠空全斗墙基价为1 043.10元，水泥混合砂浆M5单价为146.34元/m^3，水泥混合砂浆M10单价为161.37元/m^3。试求$10m^3$水泥混合砂浆M10的单丁无眠空全斗墙基价。

【解】见表5-26。

《95基础定额》(4-26) 单丁无眠空全斗墙组成表　　表5-26

定额编号	人工	材料			机械
	综合工日	水泥混合砂浆M5 (m^3)	水 (m^3)	普通粘土砖 (千块)	灰浆搅拌机200L (台班)
4-26	12.45	1.22	0.78	3.880	0.20

水泥混合砂浆M10的单丁无眠空全斗墙基价

$=1\,043.10+1.22\times(161.37-146.34)$

$=1\,043.10+18.34$

$=1\,061.44$ 元/$10m^3$

③材料断面积不同时的换算：根据基础定额第七章门窗及木结构工程中说明规定，“木门窗框、扇截面如定额取定的与设计规定不同时，应按比例换算。框截面以边框截面为准（框裁口如为钉条者加贴条的断面）；扇料以主梃截面为准。”根据设计的门窗框、扇的断面、定额断面和定额木材体积，计算所需木材体积。

$$换算后的木材体积=\frac{设计截面}{定额截面}\times 定额材积 \tag{5-44}$$

式中：设计截面——门窗设计框梃断面积；

定额截面——如表 5-27 所示；

定额材积——指相应定额编号项目中的 $<54cm^2$ 木方和 $55\sim100cm^2$ 木方的耗用量。

定额门窗取定框梃料断面表 表 5-27

名　称	门窗框框料	门窗取定框梃料	纱 窗 梃 料
带纱门	（55＋5）×（115＋5）mm	（40＋5）×（95＋5）mm	（30＋5）×（95＋5）mm
无纱门	（55＋5）×（95＋5）mm	（40＋5）×（95＋5）mm	
带纱窗	（55＋5）×（105＋5）mm	（40＋5）×（55＋5）mm	（30＋5）×（55＋5）mm
无纱窗	（55＋5）×（85＋5）mm	（40＋5）×（55＋5）mm	
胶合板门		（33＋5）×（55＋5）mm	

其换算的步骤为：

a. 从相应的单位估价表中查出该门窗框（扇）的定额基价、定额材积和定额断面。

b. 根据设计的门窗框（扇）的断面和定额材积，按换算公式计算该门窗框（扇）所需木材体积。

c. 从单位估价表的“材料预算价格”中查出相应的木材单价。

d. 按下式计算换算后的定额基价：

$$换算后的定额基价=换算前的定额基价\pm（换算后的材积-换算前的定额材积）\times 相应的木材单价 \tag{5-45}$$

【例 5-26】单层玻璃窗双扇带亮窗框制作定额中每 $100m^2$ 定额基价为 10 200 元，换算前体积为 $1.86m^3$，方木单价为 1 080 元/m^3，设计截面为（65＋5）×（105＋5）mm，定额截面为（55＋5）×（105＋5）mm，试求换算后定额基价。

【解】换算后的木材体积$=\frac{(65+5)\times(105+5)}{(55+5)\times(105+5)}\times 1.86=2.17m^3$

换算后的单层玻璃窗双扇带亮窗框制作定额基价

$=10\,200+(2.17-1.86)\times 1\,080$

$=10\,200+334.8=10\,534.8$ 元/$100m^2$

5.6.3 基础定额的补充

当工程项目在定额中缺项，又不属于调整换算范围之内而不可套用时，可编制补充定额，经批准备案，一次性使用。

1. 基础定额出现缺项的原因

由于工程建设日益发展，新技术、新材料不断采用，在一定时间范围内编制的基础定额，不可能包括施工中可能遇到的所有项目。所以，在编制施工图预算过程中，经常遇到基础定额中没有的项目，称这样的项目为缺项。当遇到缺项时，应按现行基础定额的编制原则和方法编制补充定额。

定额中出现缺项的原因，一般有以下几种情况：

(1) 设计中采用了定额中没有选用的新材料。

(2) 设计中选用了定额中未编列的砂浆配合比或混凝土配合比。

(3) 设计中采用了定额中没有的新的结构做法。

(4) 施工中采用了定额中未包括的施工工艺等。

2. 编制补充定额的原则

(1) 定额的组成内容应与现行定额中同类分项工程相一致。

(2) 人工、材料、机械消耗量计算口径应与现行定额相统一。

(3) 工程主要材料的损耗率应符合现行定额规定，施工中用的周转性材料计算应与现行定额保持一致。

(4) 施工中可能发生的互相关联的可变性因素，要考虑周全，数据统计必须真实。

(5) 各项数据必须是实验结果或实际施工情况的统计，数据的计算必须实事求是。

3. 编制补充定额的要求

(1) 编制补充定额，特别要注重收集和积累原始资料，原始资料的取定要有代表性，必须深入施工现场进行全过程测定，测定数据要准确。因此，应从施工操作、技工普工配备、材料质量、供应渠道、使用机械诸多方面进行。

(2) 注意做好有关补充定额使用的信息反馈工作，并在此基础上加以修改、补充、完善。

(3) 经验指导与广泛听取意见相结合。为了使编制的补充定额切实可行，应注重多方面征求意见；应多请有实际经验的工人、管理人员、专家参与讨论研究。

(4) 借鉴其他城市、企业、项目编制的有关补充定额，作为参考依据

4. 有关消耗量的计算方法

补充定额中的人工、材料和机械台班消耗量，应依据相关的计算方法进行计算。

5. 举例说明基础定额的补充

【例 5-27】 陕西省采用的锅锥成孔灌混凝土桩施工工艺，在《全国统一建筑工程基础定额》(GJD—101—95）中没有此项，为此就要进行补充。

【解】 采用统计法，经过现场的测定，我们采集了 8 组不同桩径和深度的锅锥成孔灌注桩为例，具体数据及计算如下：实测数据是根据现场采集，每 m^3 是指每立方米锅锥成孔灌注桩消耗的人工、材料、机械消耗量。

第一步，分别计算每 m^3 锅锥成孔灌注桩消耗的人工、材料、机械消耗量。具体计算见下面的表 5-28、5-29、5-30、5-31、5-32、5-33、5-34 及表 5-35。

直径 600mm 深度 10m 表 5-28

项目名称	单位	实测数据	每 m^3
人工	工日	13.8	4.88
C20 混凝土	m^3	4.012	1.418
硅酸盐水泥 42.5	kg	1 298	458.657
砾石	m^3	3.427	1.211
净砂	m^3	1.472	0.52
规格料	m^3	0.014 95	0.005 3
铁件	kg	2.599	0.918
水	m^3	15.065	5.323
卷扬机	台班	1.33	0.47

直径 800mm 深度 10m 表 5-29

项目名称	单位	实测数据	每 m^3
人工	工日	23.6	4.69
C20 混凝土	m^3	7.08	1.408
硅酸盐水泥 42.5	kg	2 257.222	448.752
砾石	m^3	6.0 375	1.2
净砂	m^3	2.5 645	0.51
规格料	m^3	0.024 15	0.004 8
铁件	kg	4.577	0.91
水	m^3	26.542	5.277
卷扬机	台班	2.261	0.45

直径 1 000mm 深度 10m 表 5-30

项目名称	单位	实测数据	每 m^3
人工	工日	36.8	4.68
C20 混凝土	m^3	10.915	1.39
硅酸盐水泥 42.5	kg	3 519.04	447.72
砾石	m^3	9.43	1.2
净砂	m^3	3.933	0.5
规格料	m^3	0.036	0.004 5
铁件	kg	7.072 5	0.9
水	m^3	41.4	5.267
卷扬机	台班	3.591	0.46

直径 1 200mm 深度 10m 表 5-31

项目名称	单位	实测数据	每 m^3
人工	工日	52.325	4.63
C20 混凝土	m^3	15.163	1.34
硅酸盐水泥 42.5	kg	5 044.795	446.05
砾石	m^3	13.466 5	1.191
净砂	m^3	5.658	0.5
规格料	m^3	0.050 6	0.004 5
铁件	kg	10.062 5	0.89
水	m^3	58.822 5	5.2
卷扬机	台班	5.054	0.45

直径 600mm 深度 15m　　表 5-32

项目名称	单位	实测数据	每 m^3
人工	工日	19.6	4.61
C20 混凝土	m^3	5.640 4	1.33
硅酸盐水泥 42.5	kg	1 887.563	445.18
砾石	m^3	4.968	1.172
净砂	m^3	2.081 5	0.491
规格料	m^3	0.019 55	0.004 4
铁件	kg	3.645 5	0.86
水	m^3	21.712	5.121
卷扬机	台班	1.995	0.47

直径 800mm 深度 15m　　表 5-33

项目名称	单位	实测数据	每 m^3
人工	工日	33.4	4.42
C20 混凝土	m^3	9.050 6	1.2
硅酸盐水泥 42.5	kg	3 325.493	441.05
砾石	m^3	7.923 5	1.05
净砂	m^3	3.473	0.461
规格料	m^3	0.032 2	0.004 3
铁件	kg	6.256	0.83
水	m^3	38.456	5.1
卷扬机	台班	3.325	0.44

直径 1 000mm 深度 15m　　表 5-34

项目名称	单位	实测数据	每 m^3
人工	工日	49.5	4.2
C20 混凝土	m^3	13.546 4	1.15
硅酸盐水泥 42.5	kg	5 125.389	435.09
砾石	m^3	11.787 5	1
净砂	m^3	4.715	0.4
规格料	m^3	0.051 75	0.004 2
铁件	kg	9.545	0.81
水	m^3	59.742 5	5.07
卷扬机	台班	5.054	0.43

直径 1 200mm 深度 15m　表 5-35

项目名称	单位	实测数据	每 m^3
人工	工日	70	4.13
C20 混凝土	m^3	18.668	1.1
硅酸盐水泥 42.5	kg	7 295.728	429.92
砾石	m^3	16.801 5	0.990 1
净砂	m^3	7.13	0.420
规格料	m^3	0.069	0.004 1
铁件	kg	13.57	0.8
水	m^3	81.443	4.8
卷扬机	台班	6.65	0.4

第二步，加权平均每 m^3 锅锥成孔灌注桩消耗的人工、材料机械消耗量。

人工：$\dfrac{4.88+4.69+4.68+4.63+4.61+4.42+4.20+4.13}{8}$

$=\dfrac{36.24}{8}=4.53$ 工日

C20 混凝土：$\dfrac{1.418+1.408+1.39+1.34+1.33+1.2+1.15+1.1}{8}$

$=\dfrac{10.336}{8}=1.292m^3$

硅酸盐水泥 42.5：

$$\dfrac{458.657+448.752+447.72+446.05+445.18+441.05+435.09+429.92}{8}$$

$=\dfrac{3\ 552.419}{8}=444.05kg$

砾石：$\dfrac{1.211+1.2+1.2+1.191+1.172+1.05+1+0.990\,1}{8}=\dfrac{9.014\,1}{8}=1.127\text{m}^3$

净砂：$\dfrac{0.52+0.51+0.5+0.5+0.491+0.461+0.4+0.42}{8}=\dfrac{3.802}{8}=0.48\text{m}^3$

规格料：$\dfrac{0.005\,3+0.004\,8+0.004\,5+0.004\,5+0.004\,4+0.004\,3+0.004\,2+0.004\,1}{8}$

$=\dfrac{0.036\,1}{8}=0.004\,5\text{m}^3$

铁件：$\dfrac{0.918+0.91+0.9+0.89+0.86+0.83+0.81+0.8}{8}$

$=\dfrac{6.918}{8}=0.865\text{kg}$

水：$\dfrac{5.323+5.277+5.267+5.2+5.121+5.1+5.07+4.8}{8}=\dfrac{41.158}{8}=5.14\text{m}^3$

卷扬机：$\dfrac{0.47+0.45+0.46+0.45+0.47+0.44+0.43+0.4}{8}=\dfrac{3.57}{8}=0.451$ 台班

则每立方米锅锥成孔灌注桩的人工、材料、机械消耗量计算结果列表 5-36 所示。

表 5-36

项目名称	单位	加权平均后每 m^3	项目名称	单位	加权平均后每 m^3
人工	工日	4.53	规格料	m^3	0.004 5
C20 混凝土	m^3	1.292	铁件	kg	0.865
硅酸盐水泥 42.5	kg	444.05	水	m^3	5.14
砾石	m^3	1.127	卷扬机	台班	0.451
净砂	m^3	0.48			

习题

1. 基础定额与预算定额的表现形式是什么？
2. 预算定额与施工定额的区别是什么？
3. 预算定额有哪些原则？预算定额有哪些作用？
4. 基础定额的编制步骤是什么？
5. 人工消耗指标的制定方法？制定人工消耗指标的步骤？
6. 材料消耗指标的制定步骤？

7. 机械台班消耗指标的确定方法。

8. 基础定额的应用主要有哪些？

9. 某省建筑工程劳动定额规定，砌砖小组的成员如下：技工12人，其中七级工1人，六级工2人，五级工3人，四级工3人，三级工2人，二级工1人；普工15人，其中五级工3人，四级工3人，三级工6人，二级工3人。试计算技、普工平均技术等级系数及平均技术等级？

10. 现浇构件$\phi16$钢筋定额人工计算。$\phi10$外施工损耗加搭接计4.5%，即钢筋耗用量1.045t。$\phi10$外钢筋接头按搭接焊60%，对焊30%、绑扎10%，综合换算后为电焊0.648工日/t，对焊0.255工日/t，绑扎3.39工日/t。用于浇筑混凝土时护理及纠正钢筋布置的看钢筋工，综合取定为0. 51工日/t。各工序劳动定额查下表5-37。

现浇构件钢筋工劳动定额表 表5-37

钢筋规格 / 工种	$\phi12$ (工日/t)	$\phi14$ (工日/t)	$\phi16$ (工日/t)
钢筋平直工	0.143	—	—
钢筋切断工	0.262	0.272	0.281
钢筋弯曲工	0.539	0.623	0.707
钢筋绑扎工	3.39	2.49	1.91
钢筋电焊工	0.648	0.648	0.648
钢筋对焊工	0.255	0.234	0.210
看钢筋工	0.51	0.50	0.50
钢筋除锈工	2.089	2.009	1.989
取料—加工50m	0.161	0.151	0.141
制作—堆放50m	0.221	0.211	0.201
堆放—安装100m	0.315	0.305	0.295

11. 试计算$10m^2$ 3/4砖砖墙的标准砖和砂浆的消耗量。

12. 混凝土墙抹三遍石灰砂浆的内容为：

先在基层墙面上洒水湿润后，涂刷107胶素水泥浆一道（用量为素水泥用量的1.5%），涂刷厚度为1mm，损耗率为1%；底层抹1∶3水泥砂浆9mm厚，损耗率2%，偏差压实系数9%，不再考虑护角系数；中层抹1∶3∶9混合砂浆9mm厚，损耗率2%，偏差压实系数9%；面层为2mm厚纸筋石灰浆罩面，损耗率1%，偏差压实系数5%。其中门窗洞口侧面积增加4%。湿润混凝土墙面用水$0.4m^3$+冲洗搅拌机用水$0.3m^3$，松厚板用于3.6m以下脚手架摊销量综合取定$0.005m^3$。

试计算$100m^2$材料消耗量。

13. 小波石棉瓦规格为 1 820mm×720mm，长向搭接长度为 200mm，宽向搭接长度为 94.5mm，损耗率为 4%；脊瓦规格为 780mm×180mm，搭接长度为 70mm，每 100m² 取定含脊长 11m，综合损耗率为 3.5%；则每 100m² 实铺用小波石棉瓦和脊瓦消耗量为多少？

14. 高分子卷材的规格均按 20m×1m，满铺粘贴长边搭接按 95mm，短边搭接按 82mm。附加层按 14.4m²，均为聚氨酯涂膜。试求 100m² 满铺卷材消耗量。

15. 正铲挖掘机以斗容量按 0.75m³，挖深 2m 外台班产量定额为 4.64m³ 取定，而反铲按挖深 3.5m 内的台班产量 3.81m³ 取定。试求正铲和反铲挖掘机台班产量指标（单位：台班/1 000m³）。

16. 已知预制钢筋混凝土方桩体积权数表 5-38，试计算 100m³ 桩长 18m 内机械台班消耗指标（机械幅度差不分型号一律为 33%）。

预制钢筋混凝土方桩体积权数表 表 5-38

预制方桩尺寸（m）		桩体积（m³）	权数比	台班产量（m³/台班）
桩长 12m 内	0.25×0.25×6m	0.38	20%	25.8
	0.30×0.30×8m	0.72	40%	21.0
	0.35×0.35×10m	1.23	20%	15.6
	0.35×0.35×12m	1.47	10%	14.6
	0.40×0.40×10m	1.60	10%	12.8
桩长 18m 内	0.30×0.30×15m	1.35	40%	14.5
	0.35×0.35×15m	1.84	50%	13.6
	0.40×0.40×15m	2.40	10%	11.0
桩长 30m 内	0.35×0.35×20m	2.45	20%	9.2
	0.40×0.40×20m	3.20	55%	8.0
	0.45×0.45×20m	4.05	20%	7.6
	0.50×0.50×20m	5.00	5%	7.0
桩长 30m 外	0.40×0.40×32m	5.12	30%	6.6
	0.45×0.45×32m	6.48	40%	6.0
	0.50×0.50×32m	8.00	30%	5.2

17. 用水磨石机械施工配备 2 人，查劳动定额可知产量定额为 4.76m² 工日，考虑机械幅度差为 10%，计算每 150m² 水磨石机械台班用量。

18. 某工程现浇 C20 毛石混凝土带形基础 25m³，试计算完成该分项工程的主要材料消耗量（采用 32.5 级水泥，2～4cm 砾石，10～90mm 坍落度）。

19. 已知某工程构造柱共 120m³，采用 C25（采用 42.5 级水泥，2～4cm 碎石，

10～90mm 坍落度）混凝土浇筑，计算其水泥、中砂、碎石的消耗量。

20. 已知 $10m^3$C20 混凝土矩形柱基价为 2 141.18 元，C20 混凝土单价为 136.34 元/m^3，C30 混凝土单价为 163.37 元/m^3。其中人工、材料、机械组成如下表 5-39 所示。试求 $10m^3$C30 混凝土矩形柱基价。

混凝土矩形柱人工、材料、机械消耗组成表　　表 5-39

人工	材料				机械		
综合工日	现浇混凝土 C20（m^3）	草袋子（m^2）	水（m^3）	水泥砂浆 1：2（m^3）	混凝土搅拌机 400L（台班）	混凝土振捣器（插入式）（台班）	灰浆搅拌机 200L（台班）
22.64	9.96	1.02	9.19	0.31	0.62	1.24	0.04

第6章 概算定额和概算指标

学习要点

本章主要介绍了概算定额的概念、作用、内容，概算定额的编制依据、原则、编制方法以及概算指标的编制和应用。通过本章的学习，应了解概算定额的产生及意义，理解概算定额和概算指标的作用、编制依据和原则，掌握其内容及编制方法，能熟练利用概算定额和概算指标准确编制工程概算。

6.1 概算定额概述

6.1.1 概算定额的意义

概算定额是设计单位在初步设计阶段或扩大初步设计阶段确定工程造价、编制设计概算时的依据。概算定额中的项目，是以建筑结构的形象部位为主，将预算定额中若干个有联系的分项，综合为一个项目。举例来说：砌筑 $10m^3$ 的砖基础，这项工程可以直接从该地区的概算定额的砖基础项目中查得，基价为 1 612.83 元。如果按预算定额计算就需要查其相关的分部及其所包含的分项内容，而且分项内容要分别一个一个地计算工程量和套用定额，汇总后才能得出 $10m^3$ 砖基础的概算定额。表 6-4 为综合陕西省预算定额而得到砖基础的概算定额。

概算定额比预算定额简化了计算程序，省事省时，但是，精确性降低了。相同的工程内容，概算的精确程度，不如预算，而且概算额要高于预算额。这种差别，是建设程序设计进度和时间约束所决定的。由于概算定额中的项目，按相同工程内容综合了预算定额中的若干个分项，因而概算定额的编制，要比预算定额大大地简化了。因此，建筑工程中的概算定额，还称为扩大结构定额或综合预算定额。从上面的举例，可以看出，概算定额是用来确定一定计量单位的建筑工程扩大结构构件或扩大分项工程，所需要的人工、材料与机械台班消耗数量及其费用的计算标准。

6.1.2 概算定额的概念

建筑概算定额是以预算定额或综合预算定额为基础，根据通用图和标准图等资料，经过适当综合扩大编制而成的。概算定额的计量单位以体积（m^3）、面积（m^2）、长度（m）及每座小型独立构筑物计算，定额内容包括概算基价、主要材料耗用量及综合项目的组成等。

概算定额是编制初步设计概算的依据。建筑安装企业在施工准备期间所编制的施工组织总设计或总规划的劳动力、机械和材料需用计划，也是以概算定额为依据编制的。

概算定额包括总说明、分部说明及概算定额表等三部分内容。在总说明中，主要说明编制的依据、适用范围、一般定额项目综合项目内容、模板摊销费的材料摊销、人工费组成及标准、其他直接费的组成、计取费率标准及价差调整规定等。分部说明主要说明工程量计算规则和定额调整或换算等内容。

概算定额的编制较预算定额的编制具有更大的综合性，特别是概算定额与预算定额水平之间的幅度差的确定难度大，我们国家从 1957 年开始在全国试行了统一的《建筑工程扩大结构定额》以后，各省、市和自治区又结合本地区的特点，先后编制了《建筑工程概算定额》，如北京市在 2001 年就下达了编制工程设计概算的规定，以督促有关部门编制概算定额。

6.1.3 概算定额的作用

概算定额的作用主要体现在以下几个方面：

（1）概算定额是编制设计概算和技术设计修正概算的依据。

（2）概算定额是概算指标的重要依据。

（3）概算定额是多种设计方案进行技术经济分析与比较的依据，可以起到控制建筑工程造价与拨款的作用。

（4）概算定额可以作为工程建设计划供应主要材料的参考。

（5）概算定额是控制施工图预算的依据。

（6）概算定额是施工企业在准备施工期间，编制施工组织总设计或总规划时，对生产要素提出需要量计划的依据。

（7）概算定额是工程结束后，进行竣工决算和评价的依据。

因此，概算定额的质量——经济合理性和准确性，对于合理使用投资和充分发挥投资效益具有极其重要的意义。

6.1.4 概算定额的内容

过去把建筑工程概算定额分为：一般通用、专业通用、专业专用等类型。国家计委和中国建行文件指出："把现行的"、"一般通用"、"专业通用"、"专业专用"定额，改称"全国统一定额"或"地区统一定额"。

建筑工程概算定额的内容，除有总说明外，具体内容分成三个部分编制：土建部分；给排水、暖气、通风和卫生部分；电气照明部分。

1. 总说明

(1) 编制依据和原则。

(2) 概算定额编纂形式——册、章和项目的划分。

(3) 概算定额编制目的。

(4) 概算定额的适用范围。

(5) 使用本概算定额所应注意的事项。

2. 土建部分

概算定额项目的排序，是按施工程序，以建筑结构的形象部位和扩大结构构件等划分章节的。

定额前面列有说明和建筑面积计算规则。

陕西省的建筑工程概算定额的土建部分，共编有13章，72节。

第1章为土、石方工程；第2章为桩基工程；第3章为砖石工程；第4章为混凝土及钢筋混凝土工程；第5章为金属构件制作及门窗工程；第6章为构件运输及安装工程；第7章为木作工程；第8章为楼地面工程；第9章为屋面保温、隔热、防水工程；第10章为装饰工程；第11章为总体工程；第12章为耐酸防腐工程；第13章为构筑物工程。

3. 水暖通风部分

某地区的建筑工程概算定额的水暖通风部分分为水暖工程、通风工程和刷油、保温工程。其中共编有21章，206节，2940个子目。

(1) 水暖工程

第1章为室内管道安装；第2章为室外管道安装；第3章为锅炉房及箱罐泵类配管安装；第4章为阀门安装；第5章为低压器具安装、套管制作与安装；第6章为支架水表、仪表栓类制作与安装；第7章为卫生器具制作与安装；第8章为热暖器具制作与安装；第9章为水泵、锅炉安装；第10章为容器制作与安装；第11章为法兰、调压板安装。

(2) 通风工程

第 1 章为薄钢板通风管道；第 2 章为调节阀；第 3 章为风口及空气分布器；第 4 章为风帽；第 5 章为罩类；第 6 章为除尘设备及消音器；第 7 章为空调设备及部件；第 8 章为通风机减震台座及设备支架。

(3) 刷油、保温工程

第 1 章为刷油工程；第 2 章为保温工程。

为了套算定额方便起见，对概算定额的各章、节、子目进行了统一的定额编号。如原土打夯，其定额统一编号，写为：

1-20-19

章-节-子目

在计算工程量时，表格的开头，就写上这个统一定额编号。在当前大多数地区的概算定额实行的是两级编号，一般只写出章与子目不再对节实行编号，如陕西省定额对于人工挖土方在 2m 以内编号为：

1-1

章-子目

这样就使编号变得简单，套算定额时，就可根据编号直接查到。电子计算机程序计算时，根据这种统一定额编号提供信息地址去套定额。

各章的说明和表下注解，是概算定额的重要组成部分。

各省、市和自治区，基本上编有自己地区的概算定额，内容大致类同，只是项目综合程度有宽有窄，定额水平与数量指标因地而异。

6.2 概算定额的编制

6.2.1 概算定额的编制依据

概算定额是国家或授权机关，为了编制设计概算等用途编制的。在编制概算定额时，主要有以下资料作为依据进行编制。

1. 国家文件

(1)《国家基础定额》。

(2)《建筑工程扩大结构定额》。

(3)《全国建筑安装工程统一劳动定额》。

(4) 其他有关文件、文献和现行规定。

2. 设计图纸

（1）国家编制的标准图和通用构配件图集。

（2）本地区编制的标准图和通用构配件图集。

（3）近期有代表性的通用的设计图纸和资料。

3. 省、市和自治区文件

（1）本地区《建筑工程预算定额》。

（2）本地区《市政工程预算定额》。

（3）本地区材料预算价格资料。

（4）其他有关文件、资料和现行规定。

4. 设计和施工文献

（1）设计规范。

（2）有关建筑工程设计规范、施工验收技术规范。

（3）建筑安装技术规程。

5. 经济资料

（1）有关的施工图预算资料。

（2）有代表性的工程决算资料。

6.2.2 概算定额的编制原则

编制概算定额时，应遵循下列原则：

（1）相对于施工图预算定额，概算定额应本着扩大综合和简化计算的原则进行编制。简化计算，是指在综合内容、工程量计算、活口处理和不同项目的换算等问题上，力求简化。

（2）概算定额应做到简明适用。简明就是在章节的划分、项目的排列、说明、附注、定额内容和表面形式等方面，清晰醒目，一目了然。适用就是面对本地区，综合考虑，使各种情况都能应用。

（3）为保证概算定额质量，必须把定额水平，控制在一定的幅度之内，使预算定额与概算定额之间幅度差的极限位，控制在5%以内。一般控制在3%左右。

（4）细算粗编。细算是指含量的取定上，一定要正确的选择有代表性且质量高的图纸和可靠的资料，精心计算，全面分析。粗编是指综合内容时，贯彻以主代次的指导思想，以影响水平较大的项目为主，并将影响水平较小的项目综合进去。换句话说，综合的内容，可以尽量多一些和宽一些，尽量不留活口。

（5）定额应尽可能适应设计、计划、统计和拨款的要求，方便建筑工程的管理工作。

（6）考虑运用统筹法原理及电子计算机计算程序，提高工作效率。

6.2.3 概算定额的划分方法

1. 范围和内容

建筑工程概算定额的编制范围，应包括一般工业与民用建筑的新建、扩建和改建工程。凡属专业通用定额和专业专用定额，如厂区铁路（标准轨距）和厂区道路等均未包括在内，应按有关部门规定执行。

概算定额的内容，土建工程应包括下列各结构分部工程：土石方工程、基础工程、墙壁工程、梁柱板、楼地面工程、屋面工程、天棚工程、门窗及木装修、装饰工程、其他工程、围墙及大门、构筑物工程。

2. 项目划分方法

编制建筑工程概算定额，项目划分一般是用以下两种方法

一种方法：以工程结构划分，即与预算定额划分方法相同。其综合项目内容：

土石方：包括人工挖、运（倒）土，回填夯实，辅助机械堆积土，修刷坡工程等。

桩基：包括喂桩、打桩、送桩、机械及轨道移位、调面等工程内容。

砖石：包括砂浆调制、原料及砂浆的场内运输等。

混凝土及钢筋混凝土：包括土方工程、灰土及混凝土垫层、水池底板、立壁、顶板等模板支拆全过程。

金属构件制作及门窗安装：金属构件制作包括放样、划线、截料、平直、钻孔、拼接、焊接、成品矫正、除锈、刷防锈漆一遍及成品堆放编号；门窗安装包括：解捆、划线、定位、调直、凿洞、吊正、埋铁件、塞缝、安纱门窗扇，开片玻璃裁安、拼接组合、钉胶条、五金安装等。

构件运输及安装：包括放样、划线、裁料、平直、钻孔、拼装、焊接，成品校正、堆放、搬运、安装、刷防锈漆一遍等。

木作：包括框、扇制作、安装以及玻璃安装等。

楼地面：包括各种垫层、找平层等。

屋面保温、隔热、防水：包括制作、安装和金属面油漆、20mm厚水泥砂浆找平层、涂刷基层处理剂、涂刷隔汽层涂料等。

总体：包括模板制作、安装、拆除、摊铺、夯实灰土基础、混凝土搅拌、养护、调制砂浆、砌筑等。

构筑物：包括垫层、基础、内衬、隔热层、钢筋混凝土、抹面、脚手架及金属结构等全部土建工程。

另一种方法：以工程分部（即同部位）划分，其分部为：

基础、墙体、柱梁、屋盖、楼地面、其他综合内容等。

基础：不分材质砖、石、混凝土，设备基础、地沟等，包括场地平整、挖土、填土、运土、打夯、垫层、砌体、防潮层、散水等。

墙体：不分材质砖、石、土、混凝土墙，地下室墙，挡土墙，间墙、隔断、围墙等，包括砌体、抹灰勾缝、墙裙及零星抹灰、过梁、圈梁、门窗（包括油漆）等。

柱梁：不分材质，钢筋混凝土梁、金属梁、基础梁、吊车梁，包括制作、安装、运输、喷白等。

楼地面：楼地面及地面包括垫层、面层、楼板、天棚等。

其他：按通用构件项目编订。

6.2.4 概算定额的编制步骤

概算定额的编制步骤一般分为：准备工作阶段、编制初稿阶段、测算阶段和审查报批阶段。

（1）准备工作阶段：主要有建立编制机构，确定人员组成，组织人员进行调查研究，了解现行概算定额执行情况与存在问题、编制范围等。在此基础上制定概算定额的编制目的、编制计划和概算定额项目划分。

（2）编制初稿阶段：根据已制定的编制规划，如定额项目划分和工程量计算规则等，调查研究，对收集到的设计图纸、资料进行细致的测算、分析，编出概算定额初稿。并将概算定额的分项定额的总水平与预算水平相比控制在允许的幅度之内，以保证两者在水平上的一致性。编制阶段应注意以下问题：

1）概算定额幅度差的确定

由于概算定额是在预算定额基础上适当综合扩大，因而在工程量取值、工程标准和施工方法等进行综合取定时，概预算定额之间必然会产生并允许预留一定的幅度差。

2）定额计量单位的确定

基本上按照《建筑工程预算定额》的规定，但应将其扩大计量单位，如长度为每延长米扩大为 100m，面积为每平方米扩大为 $100m^2$，体积为每立方米扩大为 $10m^3$。

3）定额项目表中数值的单位及小数位的取定

按照《建筑工程预算定额》编制规定执行。

4）概算定额表形式

定额表格形式原则上以竖表编列，根据分项具体情况，可采取竖表竖排或竖表横排。定额表组成应包括：人工费、材料费、机械费以及主要材料消耗量。

5）概算定额项目及有关规定

定额章节排列及编号：定额中分为章、节、项目三级。章编号以中文第一、第二等表示，连同章名称列在章的首页；节编号以阿拉伯数字 1、2、3 等表示，连同节名称列在表上，项目编号（即定额编号）按章与项目，以 1-1、1-2 等表示应列在定额表内，项目编号按章分别顺序排列。

定额计量单位，应写在定额的右上角，靠近表格线，如定额表内有个别子目的计量单位不同时，应该在子目栏中写出它的计量单位。

凡一种表只为一个章或节服务的，应作为附表，排列在章或节后面。凡为多数章节服务的应作为附录。

附注：应列在定额边的左下脚，写“注”。

6）关于文字编写的要求和其他

文字与标点符：定额中的文字应按国家公布的已推行的简化汉字表，要注意标点符号，正确清楚。

统一计量单位中文字名称：定额中采用度量衡单位，按国务院颁布统一公制计量单位；

长度：毫米（mm）、厘米（cm）、米（m）、公里（km）。

面积：平方毫米（mm^2）、平方厘米（cm^2）、平方米（m^2）。

质量：公斤（kg）、吨（t）。

体积或容量：立方米（m^3）。

在编制概算定额的时候其单位可以适当扩大以便于计算方便如：长度单位可以采用 m、10m、100m 等；面积采用 m^2、$10m^2$、$100m^2$；质量采用 t 为单位；体积采用 m^3、$10m^3$、$100m^3$ 等。

在定额表中应使用中文，计算底稿时可以使用代号。

（3）测算阶段：测算新编概算定额与现行预算定额、原概算定额水平的差值，编制定额水平测算报告。如果概算定额与预算定额水平差距较大时，则需对概算定额水平进行必要的调整。

（4）审查报批阶段：在征求有关部门、基本建设单位和施工企业的意见并且修改之后形成报批稿，交国家主管部门审批并经批准之后交付印刷，开展发行工作。

6.2.5 概算定额编制举例

下面以采用陕西省预算定额综合砖基础的概算定额为例来说明概算定额的编制方法。

确定砖基础概算定额综合的子目有：砖基础（3-1）、人工挖沟槽（1-5）、人工回填夯实（1-22）、人工运土（1-27）以及水泥砂浆防潮层（8-26）五个子目。对各子目的单价及数量综合；人工、材料、机械费综合；工日及主要消耗材料综合如表6-1、表6-2。

人工、材料、机械费综合表（单位：$10m^3$） 表6-1

预算定额编号	工程名称	单位	数量	人工费单价（元）	材料费单价（元）	机械费单价（元）	合计（元）			
							人工费（元）	材料费（元）	机械费（元）	合价
3-1	砖基础	m^3	10	24.31	93.04	1.68	243.1	930.4	16.8	1 190.3
1-5	人工挖沟槽	m^3	21.5	8.20	无	无	176.3	无	无	176.3
1-22	人工回填夯实	m^3	12.2	8.17	0.09	1.14	99.67	1.10	13.91	114.80
1-27	人工运土	m^3	30.5	3.34	无	无	101.87	无	无	101.87
8-26	水泥砂浆防潮层	m^2	4.7	1.80	3.97	0.52	8.46	18.66	2.44	29.56
共计							629.4	950.16	33.15	1 612.83

工日、材料综合表（单位：$10m^3$） 表6-2

预算定额编号	工程名称	单位	数量	砖（千块）	水泥（kg）	砂子（m^3）	工日	合计			
								砖（千块）	水泥（Kg）	砂子（m^3）	工日
3-1	砖基础	m^3	10	0.524	47.20	0.24	1.20	5.24	472.0	2.4	12
1-5	人工挖沟槽	m^3	21.5	无	无	无	0.40	无	无	无	10.32
1-22	人工回填夯实	m^3	12.2	无	无	无	0.40	无	无	无	4.88
1-27	人工运土	m^3	30.5	无	无	无	0.16	无	无	无	4.88
8-26	水泥砂浆防潮层	m^2	4.7	无	11.13	0.02	0.09	无	52.31	0.09	0.42
共计								5.24	524.31	2.49	32.5

综合表 6-1、表 6-2 可综合出砖基础概算定额各项指标如表 6-3。

砖基础概算定额各项综合指标（单位：10m³）　　表 6-3

编号				3-1	
名称				砖基础	
基价				1 612.71	
其中	人工费（元）			629.4	
	材料费（元）			950.16	
	机械费（元）			33.15	
预算定额编号	工程名称	单价（元）	单位	数量	合价（元）
3-1	砖基础	119.03	m^3	10	1 190.3
1-5	人工挖沟槽	8.20	m^3	21.5	176.3
1-22	人工回填夯实	9.41	m^3	12.2	114.80
1-27	人工运土	3.34	m^3	30.5	101.87
8-26	水泥砂浆防潮层	6.29	m^2	4.7	29.56
人工	合计		工日	32.5	
	砖		千块	5.24	
	水泥		Kg	524.31	
	砂子		m^3	2.49	

根据表 6-3 各项指标可以简化出砖基础概算定额如表 6-4。

砖基础概算定额　　表 6-4

工程内容包括挖沟槽、回填土、人工运土等。　　单位：10m³

定额编号			3-1
项目			砖基础
			10m³
基价（元）			1 612.71
其中	人工费（元）		629.4
	材料费（元）		950.16
	机械费（元）		33.15
名称	单位	单价（元）	数量
人工工日	工日	20.31	32.5
砖	千块	142.00	5.24
水泥	Kg	0.26	524.31
砂子	m^3	25.00	2.49

6.3 概算指标

6.3.1 概算指标的概念

建筑工程概算指标，可以用下列中的任一项，作为计算单位来规定人工、主要材料、工日（有时考虑机械消耗）和其费用的消耗指标：

（1）整个建筑物（住宅、车间和教学楼等）。

（2）整个构筑物（烟囱、水塔和水池等）。

（3）m^2。

（4）$100m^2$。

（5）$1\ 000m^3$。

（6）10 000 元。

（7）km（厂区道路）。

如一幢车间，或一幢住宅，当已知它的结构选型和主要构造时，它的消耗指标是多少？如住宅，$1m^2$ 的造价是多少？如果是仓库，$1\ 000m^3$ 的造价和消耗指标是多少？多宽的厂区道路，1km 的造价和消耗指标是多少？

因此，概算指标，又比概算定额进一步综合和扩大了。可以看出，用概算指标来编制概算，就更为简便了。但是，它的准确性也就更差了。

概算指标在其内容的表达上，可分为综合形式和单项形式。综合形式的概算指标，概括性比较大，一般以民用与工业的不同而分类；或以建筑物的结构体系类型（如装配式或框架式等），如表 6-11、表 6-12 的分类。单项形式的概算指标，是以一幢建筑物或构筑物为对象，列出其各种内容和数据的，如表 6-5、表 6-6、表 6-7、表 6-8、表 6-9、表 6-10。

6.3.2 概算指标的作用

概算指标的主要作用如下：

（1）是初步设计阶段编制概算书，确定工程概算造价的依据。

（2）是编制工程建设计划的依据之一。

（3）是进行设计技术经济分析，衡量设计水平，考核工程建设成本的一个标准。

（4）是建筑企业编制劳动力、材料计划、实行经济核算的依据。

6.3.3 概算指标编制的主要依据

（1）近期的设计标准，通用设计和有代表性的设计资料。

(2) 现行概预算定额及补充定额资料和补充单位估价表。

(3) 材料预算价格，施工机械台班预算价格，人工工资标准。

(4) 国家颁发的建筑标准，设计和施工规范其他有关规范。

(5) 国家或地区颁发的工程造价指标。

(6) 工程结算资料。

(7) 国家或地区颁发的有关提高建筑经济效果和降低造价方面的文件。

6.3.4 概算指标的内容

1. 编制说明

说明概算指标的作用、编制依据和使用注意事项。

2. 工程简图

编制依据和使用注意事项。必要时，画出工程剖面图，或再加平面简图，借以表明结构形式和使用特点（有起重设备的，需要表明）。

3. 结构特征和构造内容

说明结构特征和构造内容每 $1m^2$ 或每 $100m^2$ 建筑面积的扩大分项工程量及其人工和主要材料的消耗指标。

4. 建筑工程的技术经济指标

【例 6-1】×××地区装配车间概算参考指标。

【解】(1) 工程简图。

(2) 建筑物特征，见表 6-5。

建筑物特征　　表 6-5

结构类型	混　合	结构类型	混　合
层数	单层	平均高度	11.388m
跨度	12m	建筑面积	$605.03m^2$
跨数	单跨	占地面积	$605.03m^2$

(3) 主要构造，见表 6-6。

(4) 每 $100m^2$ 建筑面积材料消耗参考指标，见表 6-7。

如表 6-7 所示，×××地区装配车间的概算参考指标，主要表示了材料消耗指标。应注意，材料消耗指标是概算指标中的基本指标。因为，市场上的材料价格，有地区差价和时间差价，所以，通常是根据材料消耗指标，按当时和当地的材料价格，进行计算。

表6-8为××地区工业建筑工程，用单项形式表达的概算指标，它是以货币价值为指标的表达形式，适用于投标报价。

表6-9和表6-10为××地区和×××市住宅建筑工程的概算指标。其中表6-12，既有材料消耗指标，又有货币价值形式的指标，它适用于预算包干。

表6-11及表6-12分别为工业及民用建筑工程概算指标，只包含直接费。

主要构造 表6-6

内　　容	说　　明
基础	钢筋混凝土杯形基础、地基梁
外墙	1砖
内墙	
柱及其间距	工字形钢筋混凝土柱，间距6m
梁	钢筋混凝土吊车梁
门窗	木制
地面	混凝土垫层，水泥砂浆抹面
屋架	钢筋混凝土薄腹梁，12m梁
屋面	大型钢筋混凝土屋面板，蛭石混凝土，二毡三油
外抹灰	水泥砂浆勾缝
内抹灰	原浆勾缝，喷白
顶棚	喷白

×××地区装配车间的概算参考指标 表6-7

材料名称	单　位	消耗量
钢材	t	3.714
水泥	t	16.102
木材	m^3	4.805
红砖	1 000块	22.12
玻璃	m^2	30.02
生石灰	t	4.17
砂	m^3	32.12
碎石	m^3	32.98
油毡	m^2	232.73
沥青	t	0.60
圆钉	kg	12.80
铁丝	kg	111.09

××地区工业建筑工程单项形式概算指标参考示例

表 6-8

工程结构内容：单层混合结构，带型毛石基础，深度 2.2m，建筑物高度 8～8.5m，外清水墙，外墙厚 370—490mm，内墙抹灰，厚 240mm，水泥地面，大型屋面板，珍珠岩保温，SBS 改性沥青卷材防水，木门窗。

编号	工程名称		工作量 单位	工作量 计量	1 占各分部（%）/各分部占总价（%）	2 直接费含量（%）直接工程费含量（%）人工	3 材料	4 机械	5 措施费（%）	6 间接费含量（%）	7 利润税费（%）	8 单位造价（元）
1—1—004	化工车间 综合价				100	6.07	58.97	5.68	9.60	9.98	8.80	622.60
	土建/水电暖卫		m^2	612	92.62/7.38	6.56/0.41	53.73/5.24	5.35/0.33	9.16/0.44	9.53/0.45	8.21/0.59	576.65/45.95
一	土建		m^2	612	100	7.08	59.36	4.74	9.90	10.30	8.89	576.65
1	扩大分部	土石方	m^3		100/0.33	70.91/0.33			4.22/0.04	20.71/0.04	4.89/0.03	1.85
2		砖石	m^3		100/19.26	5.16/1.32	55.45/11.71	2.79/0.62	19.22/1.64	13.21/2.03	4.89/1.94	110.50
3		钢筋混凝土	m^3		100/25.58	4.11/1.15	57.75/25.92	2.83/0.98	16.94/3.00	13.21/2.38	4.89/2.25	148.00
4		钢混构件运安装	m^3		100/6.94	5.59/0.49	35.78/2.43	29.54/2.05	16.99/0.81	13.21/0.92	4.89/0.34	40.05
5		木结构	m^2		100/14.39	5.76/0.93	66.45/8.70	3.97/0.57	6.45/1.39	13.21/1.90	4.89/0.70	83.05
6		楼地面	m^2		100/1.16	3.80/0.14	82.69/0.72	4.42/0.05	4.41/0.14	20.52/0.15	4.89/0.05	6.65
7		屋面	m^2		100/18.21	3.53/0.74	66.25/1.93	1.13/0.21	11.72/1.51	13.21/1.14	4.89/1.89	105.00
8		装饰	m^2		100/13.56	12.93/1.85	49.01/7.54	1.66/0.23	19.03/1.29	13.21/1.65	4.89/1.66	78.25
9		金属	t		100/0.67	3.86/0.13	67.33/0.41	4.94/0.03	6.50/0.08	13.21/0.09	4.89/0.03	3.80
二	暖卫电		m^2	612	100	5.26	70.40	4.07	5.86	6.42	7.99	45.95
1	扩大部分	采暖	m^2		100/65.50	4.82/3.36	68.64/44.98	2.33/2.86	7.23/4.16	7.57/4.81	9.41/5.50	30.10
2		给排水	m^2		100/14.16	4.86/0.69	67.64/9.58	0.58/0.48	5.73/0.68	7.49/0.64	13.70/0.77	6.50
3		电照	m^2		100/20.34	5.10/1.21	77.91/15.84	0.61/0.63	3.21/0.92	3.74/0.97	9.43/1.72	9.35

××地区住宅建筑工程单项形式概算指标参考示例 表 6-9

工程结构内容：五层混合结构，带型毛石基础，深度 2.2～2.3m，建筑物高度 14～15m，彩色水刷石外墙，外墙厚 370mm，内墙抹灰，部分贴瓷砖，墙厚 240mm，水泥地面，珍珠岩保温，SBS 改性沥青卷材防水，木门窗。

编号	工程名称		工作量 单位	工作量 计量	1 占各分部（%）各分部占总价（%）	2 直接费含量（%）直接工程费含量（%）人工	3 材料	4 机械	5 措施费（%）	6 间接费含量（%）	7 利润税费（%）	8 单位造价（元）
	住宅楼											
1—2	综合价				100	6.52	61.73	3.68	9.02	10.66	8.39	725.97
— 004	土建/水电暖卫		m²	3 422	86.69/13.31	5.87/0.65	51.38/10.35	3.59/0.09	8.58/0.44	9.56/1.10	7.71/0.68	629.34/96.63
一	土建		m²	3 422	100	6.77	59.26	4.15	9.90	11.03	8.89	629.63
1	扩大分部	土石方	m³		100/0.36	70.18/0.25			2.39/0.04	22.54/0.07	4.89/0.02	2.28
2		砖石	m³		100/32.71	4.05/1.45	54.66/20.73	2.14/0.78	21.05/3.33	13.21/4.22	4.89/3.60	205.86
3		钢筋混凝土	m³		100/25.10	6.61/1.66	59.29/14.88	4.28/1.07	19.63/2.24	5.30/3.32	4.89/3.23	157.95
4		金属构件运安装	m³		100/2.19	11.01/0.24	27.99/0.61	31.18/0.68	17.19/0.26	7.47/0.29	4.89/0.11	13.80
5		木结构	m²		100/14.86	5.13/0.76	60.96/9.06	4.09/0.61	3.81/1.24	21.12/1.96	4.89/1.23	93.51
6		楼地面	m²		100/6.57	4.76/0.31	64.53/4.24	0.89/0.06	11.72/0.77	13.21/0.67	4.89/0.32	41.34
7		屋面	m²		100/2.67	3.11/0.08	66.33/1.78	0.74/0.02	6.25/0.31	18.68/0.15	4.89/0.13	16.80
8		装饰	m²		100/13.48	13.40/1.81	55.69/7.5	1.09/0.15	17.99/1.25	6.94/0.08	4.89/1.16	84.84
9		金属	t		100/0.70	7.45/0.05	60.48/0.43	2.25/0.02	11.72/0.08	13.21/0.09	4.89/0.03	4.41
10		其他	元		100/1.36	11.93/0.16	2.12/0.03	56.13/0.76	5.45/0.17	19.48/0.18	4.89/0.06	8.55
二	暖卫电		m²	3 422	100	4.82	77.79	0.68	3.39	8.26	5.06	96.3
1	扩大部分	采暖	m²		100/35.32	4.79/1.69	77.96/27.54	0.60/0.21	7.91/1.27	3.67/2.82	5.07/1.79	4.14
2		给排水	m²		100/32.71	4.98/1.63	77.53/25.35	0.41/0.14	8.21/0.99	3.81/2.75	5.06/1.65	31.59
3		电照	m²		100/31.97	4.70/1.50	77.83/24.90	1.04/0.33	7.76/1.13	3.60/2.64	5.07/1.62	30.9

表 6-10

×××市住宅工程单项形式概算指标参考示例

结构		砖混结构	造价（元/m^2）		工料用量（m^2）		
地基承载力		0.147MPa	级别	施工企业	项目	单位	数量
层数		6层	造价	600.42			
层高		2.8m	土建	522.51			
梯户数		一梯三户	水暖	62.70			
			电照	15.21			
建筑工程特点					人工费	元	36.48
					用工	工日	4.75
					钢筋	kg	15.95
	基础	条形板式钢筋混凝土基础，上部毛石基础，基础埋深2.5m，局部4.2m			水泥	kg	155.00
					木材	m^2	0.033
	地下室	占建筑面积的4.2%	其中：		红砖	块	310
	墙壁	外墙2砖厚；内墙1.5~1砖厚	土方	47.04	净砂	m^3	0.44
	门窗	木制	基础	70.17	砾石	m^3	0.23
	地面	水泥抹面	门窗	49.77	白灰	kg	32
	楼板	预制钢筋混凝土空心板	地面	16.50	白石子	kg	1.5
	屋面保温	散铺珍珠岩12cm	屋面	14.34	沥青	kg	2.05
	屋面防水	三毡四油一砂	外装修	7.65	油毡	m^2	0.80
	内装修	中级抹灰，刷白	暖气片	15.60	铁钉	kg	0.20
	外装修	阳台、雨篷、檐头水刷石，其余墙面勾缝	大便器	4.50	8号线	kg	0.40
	楼梯	现浇钢筋混凝土内楼梯	洗手盆	3.30	珍珠岩	m^3	0.025
	给排水	集中供热，N132暖气片	灯具	1.96	玻璃	m^2	0.28
	电照	塑料管暗配，普通灯具，木制电表箱					

注：造价中包括取费。

×××省工业建筑工程综合形式概算指标参考示例

表 6-11

编号	工程名称	结构特征	使用范围（m^2）	造价（元/m^2）	其中				主要材料消耗量（$100m^2$）				
					土建（元/m^2）	采暖（元/m^2）	给排水（元/m^2）	电照（元/m^2）	水泥（t）	钢材（t）	木材（m^2）	红砖（1 000 块）	玻璃（m^2）
工—1	单层铸造车间	钢混	1 580	765.1	672.30	94.80	1.10	11.90	11.03	6.595	4.815	26.07	41.44
工—2	单层锻压车间	钢混	800	508.55	470.95	22.15	5.25	10.65	10.92	4.201	3.414	18.82	32.80
工—3	单层锻压车间	混合	1 000	547.45	489.10	44.45	3.25	10.65	24.68	2.866	4.174	25.29	29.21
工—4	单层机压车间（双跨）	混合	1 000	452.95	412.70	27.55	2.05	10.65	20.68	1.531	3.263	27.32	26.39
工—5	单层机修车间	混合	1 400	533.5	488.90	30.45	2.25	11.90	19.18	3.639	5.037	23.43	27.30
工—6	单层修配车间	混合	760	481.35	423.90	36.55	8.25	15.10	11.48	1.712	11.368	27.96	37.61
工—7	单层铆焊车间	混合	750	536.4	488.40	37.50	2.75	7.75	15.09	2.571	8.434	21.70	9.00
工—8	锅炉房	混合	200	343.2	334.00	—	—	12.80	8.99	0.596	2.540	29.70	23.85
工—9	变电所	混合	59	691.1	670.20	—	—	26.90	26.28	1.107	3.896	84.95	12.00

注：本指标均为定额直接费。

×××省民用建筑工程综合形式概算指标参考示例

表 6-12

编号	工程名称	结构特征	适用范围（m^2）	造价（元/m^2）	其中				主要材料消耗量（$100m^2$）				
					土建（元/m^2）	采暖（元/m^2）	给排水（元/m^2）	电照（元/m^2）	水泥（t）	钢材（t）	木材（m^2）	红砖（1 000 块）	玻璃（m^2）
民—1	四层住宅	混合	4 000	362.70	307.75	28.25	19.35	7.35	9.26	0.974	3.49	26.00	25.00
民—2	五层住宅	混合	4 000	433.70	378.75	28.25	19.35	7.35	11.86	1.225	3.85	32.26	24.90
民—3	三层独身宿舍	混合	3 000	399.85	297.00	21.00	17.35	4.50	19.13	1.221	3.93	26.37	20.00
民—4	二层办公楼	混合	700	371.75	325.55	35.30	—	10.90	8.44	0.737	6.16	28.76	33.52
民—5	三层办公楼	混合	3 000	361.40	323.25	18.45	8.4	11.25	9.26	1.001	14.38	28.00	26.00
民—6	三层中学教学楼	混合	3 200	337.00	309.95	13.00	1.70	12.35	9.94	1.573	4.61	22.70	26.52
民—7	四层中学教学楼	混合	3 800	366.90	317.90	26.55	10.10	13.35	10.75	1.529	3.45	23.26	29.00
民—8	二层招待所	混合	1 000	351.20	298.15	24.35	14.70	14.00	9.66	0.792	2.98	19.43	24.24
民—9	二、三层综合商店	混合	2 000	396.75	354.05	22.65	6.10	13.95	14.39	1.551	5.35	15.68	33.50
民—10	三层百货商店	混合	3 000	407.05	364.35	22.65	6.10	13.95	13.94	1.683	4.85	24.30	25.00

注：本指标均为定额直接费。

6.3.5 概算指标的编制步骤

一般按三个阶段进行：

（1）准备阶段。主要是收集图纸资料，制定编制项目，制定概算指标的有关方针、政策和技术性问题。

（2）编制阶段。主要是选定图纸，并根据图纸资料计算工程量和编制单位工程预算书，以及按着编制方案确定的指标项目对人工及主要材料消耗指标，填写概算指标的表格。

每百平方米建筑面积造价指标编制方法如下：

1）编写资料审查意见及填写设计资料名称、设计单位、设计日期、建筑面积及构造情况，提出审查和修改意见。

2）在计算工程量的基础上，编制单位工程预算书，据以确定每百平方米建筑面积及构造情况以及人工、材料、机械消耗指标和单位造价的经济指标。

①计算工程量，就是根据审定的图纸和预算定额计算出建筑面积及各分部分项工程量，然后按编制方案规定的项目进行归并，并以每百平方米建筑面积为计算单位，换算出所对应的工程量指标。

例如：计算某民用住宅的典型设计的工程量，知道其小带型基础（毛石）的工程量为 $122.6m^3$，该建筑物为 $1\,000m^2$，则 $100m^2$ 的该建筑物的带型毛石基础工程量指标为：

$$\frac{122.6}{1\,000}\times 100=12.26m^3$$

其他各结构工程量指标的计算，依此类推。

②根据计算出的工程量和预算定额等资料，编出预算书，求出每百平方米建筑面积的预算造价及工、料、施工机械费用和材料消耗量指标。

构筑物是以座为单位编制概算指标，因此，在计算完工程量，编出预算书后，不必进行换算，预算书确定的价值就是每座构筑物概算指标的经济指标。

3）审核定案及审批。概算指标初步确定后要进行审查、比较，并作必要的调整后，送国家授权机关审批。

6.3.6 概算指标的应用

1. 直接应用概算指标编制概算

（1）主要材料消耗量的计算

计算公式：材料消耗量＝拟建建筑面积×概算指标中 $100m^2$ 材料消耗量/100 （6-1）

【例 6-2】 拟建装配车间，建筑面积为 800m²。如拟建建筑物的特征和主要结构条件，与表 6-7 所依据的建筑物的条件基本相同，则可以直接利用该表的概算指标，来计算拟建建筑物的主要材料的消耗量。

【解】 钢材消耗量＝800×3.741/100＝29.928t

水泥的消耗量＝800×16.102/100＝112.816t

木材的消耗量＝800×4.805/100＝38.44m³

红砖的消耗量＝800×22.12/100＝154.96 千块

玻璃的消耗量＝800×30.02/100＝240.16m²

(2) 建筑物的造价计算

计算公式：

综合单价＝拟建建筑面积×概算指标中每 m² 单位综合造价 (6-2)

土建造价＝拟建建筑面积×概算指标中每 m² 单位土建造价 (6-3)

暖卫电造价＝拟建建筑面积×概算指标中每 m² 单位暖卫电造价 (6-4)

式(6-3)加式(6-4)，等于式(6-2)。

采暖造价＝拟建建筑面积×概算指标中每 m² 单位采暖造价 (6-5)

给排水造价＝拟建建筑面积×概算指标中每 m² 单位给排水造价 (6-6)

电照造价＝拟建建筑而积×概算指标中每 m² 单位电照造价 (6-7)

式(6-5)加式(6-6)加式(6-7)，等于式(6-4)。

【例 6-3】 拟建一个化工车间，建筑面积为 15 000m²，若工程内容与表 6-8 概算指标中的内容基本相同，可以直接套用表 6-8 的概算指标，试计算拟建化工车间的造价。

【解】 综合造价＝15 000×622.60＝9 339 000 元

土建造价＝15 000 ×576.65＝8 649 750 元

暖卫电造价＝15 000×45.95＝689 250 元

采暖造价＝15 000×30.10＝451 500 元

给排水造价＝15 000×6.50＝97 500 元

电照造价＝15 000 ×9.35＝140 250 元

2.修正概算指标编制概算

套用现成的概算指标时，常常会发现有局部工程内容不一样。这时，可以把不同的局部工程内容的单位造价，从单位综合造价中减去，然后，把顶替它的工程内容的单位造价加进单位综合造价中。

计算公式：

建筑物的造价＝拟建建筑面积×（概算指标中的建筑物单方造价－概算指标中不同工程内容的单方造价＋拟改用的工程内容单方造价） (6-8)

【例 6-4】拟建一幢六层住宅楼 1 200m^2，与表 6-10 概算指标的工程内容对照，仅地面不同。拟建住宅楼为水磨石地面，造价为 25.20 元/m^2。而概算指标中的水泥地面造价为 16.50 元/m^2，求拟建建筑物的造价。

【解】拟建六层住宅楼造价＝1 200×（600.42－16.50＋25.20）

＝1 200×609.12

＝730 944.00 元

习题

一、简答

1. 简述概算定额的作用。
2. 概算定额的内容主要包括哪几部分？
3. 简述概算定额的编制原则。
4. 如何编制概算定额？
5. 什么是概算指标？概算指标的作用是什么？
6. 简述概算指标的主要编制依据和步骤。
7. 简述概算指标的编制方法。

二、计算

1. 若拟建一个炼钢厂车间，建筑面积 20 000m^2，如果其工程内容与表 6-10 概算指标内容基本相同，试确定其概算造价。

2. 拟建一栋六层住宅楼共 1 500m^2 建筑面积，其工程内容与表6-12概算指标基本相同，仅门窗制作不同，拟建住宅门窗为塑钢门窗，造价为 55.08 元/m^2，施工企业为市集体企业，确定拟建住宅楼的建筑工程造价。

3. 参照相关预算定额，以 10m^3 为单位，编制一砖内墙墙体（双面抹灰）概算定额，其中墙体抹灰应综合石灰砂浆、水泥砂浆、混合砂浆等抹灰子目，各自所占比例分别为10%、20%、70%。

4. 某工业厂房建筑面积 1 300m^2，主要结构特征与主要构造与表 6-5、表 6-6 基本类似，其主要材料消耗量如下：钢材 49.3t，水泥 211t，木材 63.5m^2，红砖 292.6 千块，玻璃 391m^2，生石灰 55.3t，砂 421m^3，碎石 433m^3，油毡 3 126m^2，沥青 8.1t。试确定该厂房材料概算指标。

第7章 工程费用定额

学习要点

本章主要介绍了建设项目投资费用的组成及其计算程式费用定额的编制依据、原则，工程建设其他费用定额的编制方法以及建筑安装工程费用定额的组成、分类和措施项目费用定额的编制、间接费定额的编制、利润税金的确定。通过本章的学习应理解建设项目投资费用的组成、编制依据、原则，掌握建筑安装工程费用定额组成、分类，能熟练地掌握建设项目费用定额的编制方法、间接费用定额编制以及利润税金的确定。

7.1 概述

7.1.1 建设项目投资费用组成及计算程式

建设项目投资费用组成及计算程式见表7-1。

建筑安装工程费用组成及一般计算程式见表7-2、表7-3。

建设项目投资费用组成及计算程序 表7-1

序号		项目	计算方法
一		建筑安装工程费用	1+2+3+4
其中	1	直接费	直接工程费+措施费
	2	间接费	1×间接费率或人工费（人+机）×间接费率
	3	利润	（1+2）×利润率或人工费×利润率
	4	税金（包括营业税、城市维护建设税、教育费附加）	（1+2+3）×规定费率
二		设备购置费（包括备品备件）	设备购置费=设备原价+设备运杂费（包括设备成套公司的成套服务费）
三		工器具等购置费	工器具等购置费=设备购置费×费率（或按规定的金额计算）

续上表

序　号	项　目	计 算 方 法
四	单项工程费用	（一）＋（二）＋（三）
五	工程建设其他费用	按各项费用的有关规定计算
六	预备费（包括基本预备费和涨价预备费）	按规定计算
七	建设项目总费用	（四）＋（五）＋（六）
八	固定资产投资方向税	根据国家《投资方向调节税暂行条例》税目税率规定计算
九	建设期贷款利息	Σ［（七）＋（八）］×分年度贷款额×按规定的利息率
十	建设项目总造价	（七）＋（八）＋（九）
十一	铺底流动资金	

建筑安装工程费用组成及一般计算程序（定额计价法）　表 7-2

序　号	费 用 名 称	计 算 公 式
一	直接费	（一）＋（二）＋（三）
其中 （一）	直接工程费	Σ（分项工程量×定额基价），或Σ｛工程量×Σ［（定额工日消耗数量×人工单价）＋（定额材料消耗数量×材料单价）＋（定额机械台班消耗量×机械台班单价）］｝
（二）	措施费	Σ（分项工程量×定额基价），或（一）×相应费率
（三）	材料价差调整	1+2
其中 1	单调材料价差	Σ单调材料消耗数量（信息单价－预算单价），或按规定调整系数计算
2	地区材料综合调整价差	（一）×规定费率
二	间接费	（四）＋（五）
（四）	企业管理费	［（一）＋（二）］×规定费率
三	利润	［（一）＋（二）＋（四）］×利润率
（五）	规费	［（一）＋（四）＋（三）］×规定费率
四	不含税工程造价	（一）＋（二）＋（三）
五	税金（包括营业税、城市维护建设税、教育费附加）	［（一）＋（二）＋（三）］×规定税率
六	含税工程造价	（四）＋（五）

建筑安装工程费用组成及一般计算程序（清单计价法） 表7-3

序号		费用名称	计算公式
一		分部分项工程费合价	Σ（i清单项目工程量×i分项工程综合单价）
其中		i分项工程综合单价	1+2+3+4+5+6
	1	人工费	Σ（清单项目每计量单位工日消耗量×人工单价）
	2	材料费	Σ（清单项目每计量单位j材料消耗量×j材料单价）
	3	机械使用费	Σ（清单项目每计量单位k机械台班消耗量×k机械台班单价）
	4	企业管理费	（1+2+3）×管理费费率
	5	利润	（1+2+3+4）×规定费率
	6	风险	考虑施工期的差价因素
二		措施费	7+8
其中	7	模板、脚手架等措施项目	Σ（p措施项目工程量×p措施项目综合单价）
	8	其他措施项目费	（一）×措施项目费率
三		其他项目费	（一）+（二）
其中	（一）	招标人部分	9+10+11
	9	预留金	由招标人根据拟建工程实际计列
	10	工程分包及材料购置费	由招标人根据拟建工程实际计列
	11	其他	由招标人根据拟建工程实际计列
	（二）	投标人部分	12+13+14
	12	总承包服务费	由投标人根据拟建工程或参照政府等有关部门发布费率计列
	13	零星工作项目费（按零星工作清单数量计列）	Σ（q零星项目工程量×q零星项目综合单价）
	14	其他	由投标人根据拟建工程实际计列
四		规费	[（一）+（二）+（三）]×规定费率
五		不含税工程造价	（一）+（二）+（三）+（四）
六		税金（包括营业税、城市维护建设税、教育费附加）	[（一）+（二）+（三）+（四）]×规定费率
七		含税工程造价	（五）+（六）

7.1.2 费用定额的编制依据和原则

1. 费用定额的编制依据

（1）国家相关法律、法规、条例等规定。

（2）企业内部有关费用支出情况。

（3）项目相关费用支出情况。

2. 费用定额的编制原则

（1）以建设部、财政部颁发的建标【2003】206号文件规定为基础，结合企业实际编制。

（2）以企业发生的实际管理费开支，作为测定费用的基础。

（3）以企业近几年的竣工工程作为基础测定各类工程权数，以加权平均方式按工程面类别分摊公司、分公司管理费。

（4）区分工业建筑、民用建筑、构筑物等不同工程，并按工程面积、层高、跨度等划分为四种工程类型，形成建筑、安装、装饰等配套的费用定额体系。

从费用定额来看，目前各地区费用定额中的各类工程的费率是综合反映该地区该类工程所发生的平均费用水平，而各个企业由于其管理模式的不同、企业大小不同、体制不同等，其在施工中发生的费用是不同的。因此，企业只有建立能真实反映企业实际费用的企业费用定额，才能准确计价。

（5）细算粗编，在编制费用定额时，收集相关资料要细、内容要全，计算要仔细、认真；编制成册时，要粗放，以保证费用定额的涵盖性。

7.2 工程建设其他费用定额

7.2.1 工程建设其他费用定额的编制方法

工程建设其他费用是指根据有关规定，应在基本建设投资中支付并列入建设项目总概算或单项工程综合概算的，除建筑安装工程费用和设备、工器具购置费以外的一些费用。根据国家有关规定包括：国家建设征用土地补偿费、建设单位管理费、研究试验费、生产职工培训费、联合试运转费、勘察设计费、供电贴费、施工机构迁移费、矿山巷道维修费、引进技术和设备等其他费用、国家固定资产投资方向调节税、建设期投资贷款利息、铺底流动资金、其他等。各项工程建设其他费用的含义及定额的编制方法如下：

1. 国家建设征用土地补偿费

国家建设征用土地补偿费指按照国家和地方有关规定，应支付的土地补偿费、青苗补偿费、被征用土地上的房屋、水井、树木等附着物补偿费，迁坟费和安装补助费以及土地使用税、征地事务费等。编制办法：

（1）根据批准的建设用地、临时用地面积和地方政府制订颁发的各项补偿费、安置补助费标准计算；大中型水利水电工程建设移民的安置，按有关部门规定执行。

（2）此项费用除预备费外，不作其他费用计算的基础。

2. 建设单位管理费

建设单位管理费指建设单位为进行建设项目筹建、建设、联合试运转、验收总结等工作所发生的管理费用。不包括应计入设备、材料预算价格的建设单位采购及保管设备、材料所需的费用。

费用内容包括：工作人员的工资、工资附加费、劳保支出、差旅费、办公费、工具用具使用费、固定资产使用费、劳动保护费、零星固定资产购置费、招募生产工人费、技术图书资料费、合同公证费、工程质量监理监督监测费、完工清理费、建设单位的临时设施费和其他管理费用性质的开支。

建设单位管理费的编制方法：以单项工程费用总和为基础，按照工程项目的不同规模分别制定的建设单位管理费率计算，或以管理费用金额总数表示。对于改、扩建项目应适当降低费率。

3. 研究试验费

研究试验费指为本建设项目提供或验证设计数据和资料所进行的必要的研究试验以及按照设计规定，在施工过程中必须进行试验所需的经费，以及支付科技成果、先进技术的一次性技术转让费。不包括：

（1）应由科技三项费用（即新产品试制费、中间试验费和重要科学研究补助费）开支的项目。

（2）应由间接费开支的施工企业对建筑材料、构件和建筑物进行一般鉴定、检查所发生的费用及技术革新的研究试验费。

（3）应由勘察设计费、勘察设计单位的事业费或基本建设投资中开支的项目。

研究试验费的编制方法：按设计提出的研究试验内容和要求进行计算。

4. 生产职工培训费

生产职工培训费是指：①新建企业或新增生产能力的扩建企业在交工验收前自行培训或委托其他厂矿培训技术人员、工人和管理人员所支出的费用；②生产单位为参加施工、设备安装、调试等以熟悉工艺流程、机器性能等需要提前进厂人员所支出的费用。费用内容包括：培训人员和提前进厂人员的工资、工资附加费、差旅费、实习费和职工培训费定额等。

生产职工培训费的编制方法：根据初步设计规定的培训人员数，提前进厂人数，培训方法、时间和职工培训费定额计算。

5. 办公和生活家具购置费

办公和生活家具购置费是指为保证新建、改建、扩建项目初期正常生产、使用和管理所必须购置的办公和生活家具、用具的费用。改、扩建项目所需的办公和生活用具购置费，应低于新建项目的费用。

费用内容包括：办公室、会议室、资料档案室、阅览室、文娱室、食堂、浴室、理发室、单身宿舍和设计规定必须建设的托儿所、卫生所、招待所、中小学校等的家具用具的购置费用。应本着勤俭节约的精神，严格控制购置范围。

办公和生活家具购置费的编制方法：按照设计定员和办公生活用具综合费用定额和中学、小学、招待所、托儿所、卫生所六项费用定额计算，包干使用。

6. 联合试运转费

联合试运转费是指新建企业和新增加生产工艺过程的扩建企业，在竣工验收前，按照设计规定的工程质量标准，进行整个车间的负荷或无负荷联合试运转所发生的费用支出大于试运转收入的亏损部分；必要的工业炉烘炉费。不包括应由设备安装费用开支的试车费用。

费用内容包括：试运转所需的原料、燃料、油料和动力的消耗费用，机械使用费用，低值易耗品及其他物品的费用和施工单位参加联合试运转人员的工资等。

联合试运转费的编制方法：以单项工程费用总和为基础，按照工程项目的不同规模分别规定的试运转费率计算或以试运转费的总金额包干使用。

7. 勘察设计费

勘察设计费是指：①委托勘察设计单位进行勘察设计时，按规定应支付的工程勘察设计费；②为本建设项目进行可行性研究而支付的费用；③在规定范围内由建设单位自行勘察设计所需的费用。

勘察设计费的编制方法：项目建议书、可行性研究报告按国家颁布的收费标准计算；工程勘察、设计费按国家颁布的工程勘察设计收费标准计算。

8. 施工机构迁移费

施工机构迁移费指施工机构根据建设任务的需要，经有关部门决定，承建置地（指公司或公司所需的工程处、工区）由原驻地迁移到另一地区所发生的一次性搬迁费用。不包括：①应由施工企业自行负担的，在规定距离范围内调动施工力量以及内部平衡施工力量所发生的迁移费用；②由于违反基建程序，盲目调迁队伍所发生的迁移费用；③因中标而引起施工机构迁移所发生的费用。

施工机构迁移费用的内容包括：职工及随同家属的差旅费、调迁期间的工资，施工机械、设备、工具、用具和周转性材料的搬运费。

编制方法：初步设计概算的编制，应经过建设项目的主管部门同意，按建筑安装工程费用的百分比或类似工程预算计算。施工图预算根据主管部门批准的施工队伍调迁计划进行计算。

9. 矿山巷道维修费

矿山巷道维修费指锚喷支护巷道、木支架巷道、钢筋混凝土支架建成后至移交生产前，由施工企业代管期间所发生的维修费。

编制方法：按照国务院主管部门规定执行。

10. 引进技术和设备等其他费用

引进技术和设备等其他费用是指为本项目引进软件、硬件而应聘来华的外国工程技术人员的生活和接待费用；派出人员到国外培训，进行设计联络，以及设备、材料检验所需的差旅费、国外生活费、制装费用等；国外设计、技术专利、技术保密、延期付款或分期付款利息；进口设备、材料检验费；引进设备投产前应支付的保险费用等。

引进技术和设备等其他费用内容及编制方法：

（1）应聘来华外国工程技术人员（包括随同家属）来华期间的工资、生活补助、往返旅费、交通费、医药费等。应按与外方签订的合同或协议规定的人数、期限，依据国家规定标准计算。

（2）国外设计、技术资料、技术专利及技术保密等；包括国外设计及国内配合费用，国外图纸、资料翻译、复制、模型制作费用；引进样机、备品备件测绘费用；按合同或协议规定支付的专利、技术保密费用等。

（3）国外贷款、国内银行承担的经济担保费、银行手续及保险费用等。应按中国人民银行、国家计委、财政部、对外经济贸易部及中国人民保险公司等有关部门的规定和标准计算。

11. 国家固定资产投资方向调节税

对在我国境内进行固定资产投资（包括国家预算资金、国内外贷款、借款、赠款、各种自有资金、自筹资金和其他资金）的单位和个人，征收固定资产投资方向调节税。根据国家产业政策和项目规模，实行差别税率，以固定资产投资项目的实际完成投资额为基数计征。目前暂停征收。

固定资产投资方向调节税列入项目投资额，参与进行项目的经济和财务评价。固定资产投资方向调节税计算方式是：

固定资产投资方向调节税＝$\sum$（单位工程实际完成或投资额×适用税率）

计征办法是：按单位工程固定资产投资年度计划额预缴，年度终了后，按年度实际完成投资额结算，多退少补；项目竣工后，按全部单位工程那个实际完成投资额清算，多退少补。

12. 建设期投资额贷款利息

建设期投资额贷款利息是指基本建设项目投资的资金来源，由国家预算拨款改为银行贷款后，建设期间贷款应付银行的利息。此项利息，按规定应列入建设项目投资之内。

项目投资贷款的利息，根据国家产业政策实行差别利率。应按建设项目概算和建设期各年度投资计划所列年度投资额并扣除自有资金及自筹资金部分，作为贷款额，以银行规定的适用利率计算。

13. 铺底流动资金

铺底流动资金是指生产或经营项目为保证其投产或经营初期正常生产或经营活动，确保其所需流动资金有可靠来源，按其所需流动资金定额的一部分（现行规定30%）列入建设项目投资并计入建设项目概算。

14. 其他

如工程质量监督费、编制施工图费等。

上述建设工程其他费用项目（二）至（十）项及计算方法，是根据国家《关于工程建设其他费用项目划分暂行规定》的规定制定的。但是关于建设工程其他费用和编制方法各地和各部门还没有完全统一起来。

7.2.2 工程建设其他费用定额编制实例

1. 实例概况

本节选择北京市颁布的建设工程其他费用定额编制为例，对建设工程其他费用定额取费标准作一个介绍。

建设工程其他费用，是指建设工程建造费和设备购置费以外的费用，是根据有关规定应在基本建设投资中支付，并应列入建设项目总概算或单项工程综合概算的费用。编列的指导性金额作为编制建设项目设计任务书、可行性研究及初步设计总概算或单项工程综合概算建设工程其他费用的参考。建设工程其他费用有以下223个项目。

（1）国家建设征用土地补偿费。指国家建设征用集体所有土地补偿费、青苗补偿费。包括被征用土地上的树木补偿费，水井、机井补偿费，迁坟费，附属物补偿费，拆迁农民自住房屋补助费，拆除城市私房补助费，拆迁城市居民住房安置费，拆迁安置房屋移交房管部门管理的费用，农业人口安置补助费，被拆迁企、事业单位停产、停业补助费，征地事务费，城市临时用地费，临时使用农村土地补助费，临时使用农村土地恢复费，耕地占用税，城镇建设土地使用税。

（2）建设基金。包括“四源”建设费，分散建设市政公用设施建设费，分散建设住宅生活服务设施建设费，住宅区绿化建设费，居住区公园或小区公园建设费，电源建设集资（用电权费），用户外部供电及配电工程贴费，供电及配电报装检验手续费。

（3）建设单位管理及其他费用。建设单位管理费，土地荒芜费，研究试验费，生产职工培训费，办公和生活家具购置费，交通工具购置费，联合试运转费，工器具及生产家具购置费，公证费，鉴证费，投资方向调节税，建设期贷款利息，电话初装费，建设工程许可证执照费，竣工图费，勘察费，民用建设工程设计费，原有建筑装饰设计费，园林工程设计费，市政工程设计费，标底编制费，合同预算审查费，招投标管理费，未中标企业投标书编制补偿费，质量监督费，工程监督费，三通一平，房屋拆除费，建设场地完工清理费，建设工程设计概算预调指标，建设工程提前竣工奖（罚），聘用外国工作人员接待费，进口材料、设备关税。

2. 北京市颁布的建设工程其他费用项目及费用标准

北京市颁布的建设工程其他费用项目及费用标准

（1）土地、青苗补偿费 表 7-4

编号	项目			单位	金额（元）
1	国家建设征用集体所有土地补偿费	耕地、菜地、鱼塘、果园、苗圃地、苇塘、林地、砂石地等有收益的土地征用		亩	24 000～60 000
2				亩	22 000～55 000
3		宅基地、积肥地、场院地		亩	20 000～50 000
4	青苗补偿费	蔬菜	播种初期	亩	6 000
5			发育期间	亩	8 000
6			成熟期间	亩	10 000
7		粮田作物	播种初期	亩	4 200
8			发育期间	亩	5 400
9			成熟期间	亩	6 000

（2）新菜地开发建设基金 续表

编号	项目			单位	金额（元）
10	新菜地开发建设基金	国家机关、团体、部队企、事业单位征用菜地	近郊区和大兴县南郊农场	亩	30 000
11			门头沟区和其他远郊县	亩	10 000
12		市政基础设施和中、小学、幼儿园征用菜地	近郊区和大兴县南郊农场	亩	15 000
13			门头沟区和其他远郊县	亩	5 000
14		乡（镇）村企业建设使用菜地	近郊区和大兴县南郊农场	亩	5 000
15			门头沟区和其他远郊县	亩	2 000
16		乡镇机关、事业单位建设使用菜地		亩	1 000
17		临时占用菜地超过 6 个月的，分别按编号 10 至 16 缴纳			50%

（3）树木补偿费 续表

编号	项目	树木种类	规格	单位	金额（元）
18	被征用土地上的树木补偿费（木材归原树木所有者）	快长落叶乔木	胸径 $\phi<10$cm	株	28
19			胸径 10cm$\leqslant\phi<20$cm	株	102
20			胸径 $20\leqslant\phi<30$cm	株	162
21			胸径 $\phi\geqslant30$cm	株	360
22		慢长落叶乔木	胸径 $\phi<10$cm	株	42
23			胸径 10cm$\leqslant\phi<20$cm	株	204
24			胸径 $20\leqslant\phi<30$cm	株	324
25			胸径 $\phi\geqslant30$cm	株	810
26		长绿乔木	胸径 $\phi<10$cm	株	140
27			胸径 10cm$\leqslant\phi<20$cm	株	510
28			胸径 $20\leqslant\phi<30$cm	株	660
29			胸径 $\phi\geqslant30$cm	株	1 520
30		果树（除赔偿外另计三年产量）	胸径 $\phi<10$cm	株	42
31			胸径 10cm$\leqslant\phi<20$cm	株	204
32			胸径 $20\leqslant\phi<30$cm	株	264
33			胸径 $\phi\geqslant30$cm	株	684
34		落叶灌木	高度 $H=1.0$m	株	10
35			高度 $H=1.0\sim1.8$m	株	20
36			高度 $H>1.8$m	株	30
37		草地栏杆	高度 $H<80$cm	株	30～50
38			高度 $H=80\sim100$cm	株	70～80
39			高度 $H>1.0$m	株	100
40		长绿灌木		株	40
41		绿篱		株	40
42		草坪		m^2	6～8

（4）地上物补偿费 续表

编号	项目	单位	金额（元）
43	水井、机井补偿费	眼	70 000～150 000
44	迁坟费	座	800～2 000
45	棚子	间	120～560

续上表

编号	项目		单位	金额（元）
46	附着物补偿费	猪圈（窝）	个	80～320
47		门楼	个	120～400
48		围墙	米	80～120
49		厕所	间	4500
50		鸡、兔窝	个	30～120
51		锅台	个	100～300
52		甬路	m^2	10～15

（5）安置费 续表

编号	项目		单位	金额（元）
53	拆迁农民自住房屋补助费		m^2	100～400
54	拆迁城市私房补助费		间	500～800
55	拆迁城乡居民住房安置费		m^2	2 200～2 600
56	拆迁安置房移交房产管理部门的费用	房屋维修补贴费	m^2	120
57		供暖设备维修管理费	m^2	451
58		高层电梯维修管理费	栋	1 060 000
59		高压水泵维修管理费	栋	240 000
60		取暖补贴费	m^2	65
61	农业人口安置补助费		人	24 000～80 000
62	农业户转为非农业劳动力安置补助费	朝阳、海淀、丰台、石景山远郊区县	人	15 000～20 000
63			人	12 000～15 000
64	超转人员生活补助费（补助期限不足100个月的按100个月计算）	有人赡养	人·年	900～1 300
65		无人赡养	人·年	2 200～3 400
66	被拆迁人补助费	搬家补助费	间·次	50～100
67		提前搬家奖励费	天	20
68		临时安置补助费	月·人	30
69		过渡期间取暖费	年·人	15
70		临时安置需购买的公共交通补贴费	月·人	7～10
71	被拆除企、事业单位停产、停业补助费	职工工资	按上一年度该单位职工工资总额计算	
72		职工劳保福利费用	按上一年度实际支付费职工个人的劳保福利费用和职工劳动保护费用计算	
73		搬运及机器设备拆装费	按协议补偿	

(6) 征地事务费 续表

编　号	项　　目		单　　位	金 额(元)
74	征地事务费	包干不可预见按编号1～73发生项的总和	征地费	5%
75		管理费按编号1～74发生项目的总和提取	征地费	5%

(7) 临时土地使用费 续表

编　号	项　　目		单　　位	金 额(元)
76	城市临时用地费(以用地面积或建筑面积按日计算)	城区、近郊区	m^2	0.15
77		远郊区	m^2	0.10
78	临时使用农村土地补偿费(m^2/日)		m^2	0.05～0.10
79	临时使用农村土地恢复费		亩	25 000～50 000

(8) 土地税 续表

编　号	项　　目		单　　位	金 额(元)
80	耕地占用税(临时占用耕地超过一年的减半征税,超过二年的从第三年起全额征税)	朝阳区、海淀区、丰台区、石景山区	m^2	9
81		门头沟、房山、昌平、大兴、通县、顺义	m^2	8
82		密云县、怀柔县、平谷县、延庆县	m^2	7
83	城市建设土地使用税(纳税等级分级范围详见京政发【1988】115号通知附件)	一级土地	m^2 年	7
84		二级土地		5
85		三级土地		4
86		四级土地		3
87		五级土地		1
88		六级土地		0.5

(9) “四源”建设费 续表

编　号	项　　目			单　　位	金额(元)
89	“四源”建设费	非住宅项目	自来水厂	t·日	830
90			污水处理厂	t·日	800
91			煤气厂	m^3·日	600
92			供热厂	10^6 kcal·h	350 000
93		住宅项目	自来水厂	m^2	9
94			污水处理厂	m^2	8
95			煤气厂	m^2	22
96			供热厂	m^2	23

(10)公用设施建设费 续表

编号	项目		单位	金额(元)
97	分散建设市政公用设施建设费	非住宅	投资额	15%
98		多层住宅	纯住宅建筑面积	450×15%=60
99		高层住宅	纯住宅建筑面积	600×15%=90
100	分散建设住宅的生活服务设施建设费		m^2	150
101	住宅区绿化建设费	新建多层住宅	m^2	8
102		新建高层住宅	m^2	20
103	居住区公园或小区公园建设费		m^2	40

(11)电源建设集资、供电贴费 续表

编号	项目			单位	金额(元)
104	电源建设集资(用电权费)	单位新增用电		kW	2 000
105		住宅新增用电		m^2	20
106	用户外部供电及配电工程贴费(110kV以下)	架空线路	320/220kV	kV·A	180
107			10kV	kV·A	140
108			35kV	kV·A	100
109		电缆线路	380/220kV	kV·A	290
110			10kV	kV·A	250
111			35kV	kV·A	200
112	供电及配电报装检验手续费	电压35kV及以上小区供电方		次	350
113		案电压10kV容量560kV·A		次	300
114		以上电压10kV容量560kV·A		次	200
115		以下低压380V以下		次	70

(12)建设单位管理费及其他 续表

编号	项目		单位	金额(元)
116	建设单位管理费		投资额	1%~2%
117	土地荒芜费(征用后一年以上无正当理由未建设的)		亩	25 000~50 000
118	研究试验费	按照建设单位提出的研究试验内容和要求进行编制		
119	生产职工培训费	本市培训	人·月	250~300
120		外地培训	人·月	400~550

续上表

编号	项目			单位	金额（元）
121	办公和生活家具购置费	办公用具购置费		人	350～450
122		生活用具购置费		人	150～250
123		计算机、打字机、复印机		套	20 000～80 000
124	交通工具购置费	现行市场价格加运杂费计算		项	50 000～300 000
125	联合试运转费	上级批准计划，预计支出大于试运转收入的亏损部分			
126	工器具及生产家具购置费			设备费	2%～3%
127	公证费	证明经济合同企业承包经营合同标的总额	≤10 万元	份	10～50
128			＞10 万元≤50 万元	份	100
129			＞50 万元≤100 万元	份	300
130			＞100 万元≤200 万元	份	600
131			＞200 万元≤300 万元	份	1 000
132			＞300 万元≤400 万元	份	2 000
133			＞400 万元	份	3 000
134		证明招标		份	100～250
135		证明劳务合同		份	5
136	鉴证费	购销合同、订货合同		合同价	0.2%
137		建筑安装工程承包合同		概算	0.2‰
138		加工承揽、勘察设计、科技协作及其他经济合同		合同价	1‰
139	投资方向调节税	按国家规定不纳入计划管理，投资额不满 5 万元的固定资产投资项目，暂免征收投资方向调节税		投资额	0%
140		一般民用住宅（包括商品住宅）		投资额	5%
141		更新改造项目		投资额	10%
142		61 号通知中税率表未列出的更新改造投资以外的其他固定资产投资项目		投资额	1%
143		公费建设超标准独门独院、别墅式住宅、经有权单位批准允许建设的楼堂馆所		投资额	30%
144	建设期贷款利息			贷款额	银行规定利率
145	电话初装费	普通程控电话		每号线	5 000
146		普通机电制电话		每号线	3 500
147		用户交换机中断线程控电话		每号线	15 000

续上表

编　号	项　　目			单　　位	金额（元）
148	电话初装费	用户交换机中断线机电制电话		每号线	9 000
149		专线、占用局间中断线		每号线	5 000
150		界外线路费（每对公里）		每号线	500
151		程控电话服务功能开户费		每号线	10
152		国内户加装郊区、国内、国际长途直拨开户费		每号线	15
153		国际户加装郊区、国内、国际长途直拨开户费		每号线	200
154	建设工程许可证执照费	设计概算额≤20 万元		概算	3‰
155		设计概算额>20 万元≤200 万元		概算	2‰
156		设计概算额>200 万元≤1 000 万元		概算	1.5‰
157		设计概算额>1 000 万元		概算	1‰
158	竣工图费	I类工程：国家、省级重点建设项目		设计费	8%～10%
159		II类工程：高级大型技术要求复杂项目；民用建筑1级工程		设计费	7%～8%
160		III类工程：中高级、大中型工程；民用建筑2、3级工程		设计费	6%～7%
161		每增加一套竣工图			10%
162	勘察费			概算	0.30%～0.80%
163	民用建筑工程设计费	特级	多层	m^2	25～30
164			高层	m^2	26～31
165		一级	多层	m^2	16～21
166			高层	m^2	17～22
167		二级	多层	m^2	12～14
168			高层	m^2	13～15
169		三级		m^2	8～9
170		四级		m^2	3～5
171		五级		m^2	1～3
172	原有建筑物装饰设计费			概算	3%～5%
173	园林工程设计费	一般		概算	3%～5%
174		复杂		委托合同约定	
175	市政工程设计费	市政工程水厂设计		t·日	1.0～8.5
176		给排水工程		概算	1.4%～2.5%
177		城市道路		概算	1.0%～1.5%
178		城市桥梁		概算	1.6%～2.4%
179		立体交叉		概算	1.7%～2.1%
180		路口		概算	1.7%～1.9%
181		停车场		概算	1.2%～1.8%
182		广场		概算	0.8%～1.4%

续上表

编号	项目			单位	金额（元）
183	市政工程设计费	煤气工程	煤气制厂	m^3·日	5～8
184	市政工程设计费	煤气工程	油煤气厂、可燃余气利用工程	m^3·日	3～5
185	市政工程设计费	煤气工程	煤气灌站	m^3	1～13
186	市政工程设计费	煤气工程	液化石油气贮配站	年吨	7～72
187	市政工程设计费	煤气工程	煤气调压站	元	3 500～5 600
188	市政工程设计费工	市政给水排水管线	建成区干线	概算	1.0～1.6
189	市政工程设计费工	市政给水排水管线	建成区次干线	概算	0.8～1.5
190	市政工程设计费工	市政给水排水管线	郊区规划线	概算	1.0～1.4
191	市政工程设计费工	市政给水排水管线	郊区区间	概算	1.0～1.3
192	市政工程设计费工	市政给水排水管线	厂区	概算	1.0～1.3
193	市政工程设计费	市政煤气热力管线	地沟敷设	概算	1.3～1.9
194	市政工程设计费	市政煤气热力管线	架空敷设	概算	1.4～2.0
195	市政工程设计费	市政煤气热力管线	无沟敷设	概算	1.2～1.8
196	市政工程设计费	市政煤气热力管线	热力点	概算	1.8～2.3
197	市政工程设计费	市政煤气热力管线	煤气管线无沟敷设	概算	1.2～1.8
198	市政工程设计费	设计前期工作	线路	概算	0.06～0.15
199	市政工程设计费	设计前期工作	桥梁	概算	0.08～0.30
200	市政工程设计费	设计前期工作	厂站	概算	0.08～0.40
201	标底编制费	中标造价＜500 万元	概算		2‰
202	标底编制费	中标造价 500 万元≤1 000 万元	概算		1.5‰
203	标底编制费	中标造价＞1 000 万元	概算		1‰
204	合同预算审查费			概算	0.5‰
205	招标管理费			概算	0.6‰
206	未中标企业投标书编制补偿费（每户不超过 1 000 元）			概算	0.1‰
207	质量监督费	房屋建筑、设备安装等工程		概算	2.5‰
208	质量监督费	市政工程		概算	2‰
209	工程监理费（含设计、施工阶段）			概算	0.03%～2.5%
210	三通一平	按建设工程概算定额标准及相应合同条款规定计算			
211	房屋拆除费	拆除一般平房		m^2	39～55
212	房屋拆除费	拆除单层砖混结构厂房		m^2	78～87
213	房屋拆除费	拆除单层其他结构厂房		m^2	125～126
214	房屋拆除费	拆除多层砖混结构厂房		m^2	57～77
215	房屋拆除费	拆除多层其他结构厂房		m^2	78～135
216	建设场地完工清理费			m^2	8
217	建设工程设计概算预调系数		按市造价处公布的数据及办法计算		

续上表

编号	项目	单位	金额（元）
218	建设工程提前竣工奖（罚）	概算	≤3%
219	聘用外国工作人员接待费	聘用期按照合同和国家有关规定计算	
220	出国考察费	考察期按照国家有关规定计算	
221	引进技术和进口设备项目其他费	按照合同和国家有关规定计算	
222	引进成套设备建设项目保险费	中国人民保险公司规定的保险费率计算	
223	进口材料、设备关税	按国家规定的关税税率计算	

7.3 建筑安装工程费用定额

建筑安装工程费用定额项目由措施项目费、间接费（包括企业管理费和规费）、安全文明施工费、利润和税金组成。

7.3.1 措施项目费用定额的编制

措施项目费是指为完成工程项目施工，发生于该工程施工前和施工过程中的技术、生活等方面的非工程实体项目所需费用。其内容包括：措施费、技术措施项目费、大型机械安拆及场外运费、垂直运输机械基础安拆费、其他四项费用。

1.措施费

措施费内容包括：临时设施费、冬雨季施工增加费、夜间施工增加费、二次搬运费、工程定位复测、点交及场内清理费、环境保护费、总包服务费七项费用。

（1）临时设施费，指施工企业为进行建筑工程施工所必须的生活和生产用临时建筑物、构筑物和其他临时设施等的搭设、维修、拆除费或摊销费。

临时设施包括：临时生活设施、办公室、文化娱乐用房、构筑物、仓库、加工棚及规定范围内供水、供电（用电设施除外）、排水管道等。

临时设施费总额为周转性临建费、一次性临建费、其他费用三项之和。其中：

周转性临建费＝Σ（拟临建工程数量×相应单价）/周转次数＋一次性拆除费

一次性临建费＝Σ［拟临建工程数量×相应单价×（1－残值率）］＋一次性拆除费

（2）冬雨季施工增加费，指在冬、雨季施工期间，为保证工程质量，采取保温、防护措施所增加的费用，以及因工效和机械作业效率降低所增加的费用。其中：

冬季施工增加费＝拟建工程合同工期内，冬季施工采取保温措施所需的人工费＋材料费＋人工降效费＋施工机械降效费＋施工规范规定的

技术措施费

雨季施工增加费＝拟建工程合同工期内，雨季施工采取防护及排水措施所需的人工费＋材料费＋人工降效费＋机械降效费

（3）夜间施工增加费，指因工程结构及施工工艺要求，必须进行夜间施工所发生的降低工效、夜餐补助、施工照明等费用。

夜间施工增加费＝拟建工程生产工人夜间施工降效费＋夜餐补助费＋施工照明费（元）

（4）二次搬运费，指因施工现场场地窄小，施工用主要材料需二次倒运所发生的费用。

二次搬运费＝拟建工程主要材料人工装卸费＋搬运工具（机械）摊销费十材料搬运损耗费（元）

（5）工程定位复测、点交及场内清理费，指工程开工前的定位、施工过程中的复测及竣工时的点交，施工现场内清理费用。

工程定位复测、点交及场内清理费＝人工费＋仪器仪表摊销费＋工具材料摊销费

（6）环境保护费，指为保护施工现场周围环境，防止对自然环境造成不应有的破坏，防止和减轻粉尘、噪音、震动对周围环境的污染和危害，竣工后修整和恢复在工程施工中受到破坏的环境等所需的费用。

环境保护费＝为保护拟建工程周围环境所需的各项费用＋对已破坏环境修复所需发生的各项费用（元）

（7）总包服务费，指为配合、协调工程发包人另行专业分包所发生的费用。

总包服务费＝为配合分包单位施工、管理所需人工费＋交叉施工的人工降效等费用

2.技术措施项目费

技术措施项目费内容包括：脚手架费、垂直运输机械费及超高增加费、混凝土及钢筋混凝土的模板和支架费、构件运输及安装费、施工降水费等五项费用。

（1）脚手架费，指施工需要的各种脚手架搭拆费用及摊销（或租赁）费用。

脚手架费＝按工程量计算规则计算出的面积×脚手架摊销（或租赁）单价＋搭拆费（元）

（2）垂直运输机械费及超高增加费，指工程施工需要的垂直运输机械使用费和建筑物高度超过20米时，人工、机械降效等所增加的费用。

垂直运输机械费计算方法如下：

1）建筑物±0.00以下垂直运输机械费

垂直运输机械费＝机械消耗数量×机械台班单价

2）建筑物 20 米以下垂直运输机械费

垂直运输机械费＝机械消耗数量×机械台班单价

3）建筑物 20 米以上垂直运输机械费

垂直运输机械费＝垂直运输机械（及垂直运输所含机械）消耗数量×相应机械台班单价

4）构筑物垂直运输机械费

垂直运输机械费＝机械消耗数量×机械台班单价

超高增加费计算方法如下：

1）人工降效

人工降效增加费＝建筑物 20m 以上全部人工消耗数量×降效系数×人工单价

2）机械降效

机械降效增加费＝建筑物 20m 以上全部机械（除垂直运输机械及所含机械）消耗数量×降效系数×相应机械台班单价

（3）混凝土、钢筋混凝土模板及支架费，指混凝土、钢筋混凝土工程施工中所用模板和支架的搭拆费用及摊销（或租赁）费用。

混凝土、钢筋混凝土模板及支架费＝按工程量计算规则计算出的模板接触面积×模板、支架摊销（或租赁）单价＋一次性安拆费（元）

（4）构件运输及安装费，指混凝土、金属构件、门窗等自堆放地或构件加工厂至施工吊装点的运输费用，以及混凝土、金属构件的吊装费用。其中：

构件运输费＝构件装卸费＋构件运输材料费＋运输机械消耗数量×机械台班单价

构件安装费＝构件安装人工费＋构件安装材料费＋构件安装机械消耗数量×机械台班单价＋构件制作费（或成品构件费）＋构件灌缝费

（5）施工降水费，指为了保证工程的正常施工，降低地下水位所需的费用。

施工降水费＝拟建工程降水所需人工费＋材料费＋机械使用费（元）

3. 大型机械安拆及场外运费、垂直运输机械基础安拆费

（1）大型机械安拆费，指大型施工机械在施工现场进行安装、拆卸所需的人工费、材料费、机械费、试运转费和安装所需的辅助设施的折旧、搭设、拆除等费用；场外运费指施工机械整体或分体自停放地运至施工现场或由一施工地点至另一施工地点的运输、装卸、辅助材料及架线等费用。其计算公式：

一次安拆费＝大型机械一次安装、拆卸费＋机械试运转费＋辅助设施摊销费

场外运费＝大型机械一次运输费＋装卸费＋辅助材料费＋架线费等

（2）垂直运输机械基础安拆费，是指固定式垂直运输机械混凝土基础的浇筑、养护及拆除等费用。

基础安拆费＝混凝土基础浇筑、养护费＋基础拆除费

4. 其他

其他，指上述未包括的费用项目。

7.3.2 间接费定额的编制

建筑安装工程间接费指虽然不直接由施工的工艺过程所引起，但却与工程的总体条件有关的，建筑安装企业为组织施工和进行经营管理以及间接为建筑安装生产服务的各项费用，由企业管理费、规费组成。下面分别阐述间接费中各项费用定额的编制。

1. 企业管理费

企业管理费指施工现场和企业组织施工生产管理和经营管理所需费用。包括：

(1) 管理人员工资，指为施工现场和企业从事管理工作的人员支付的有关费用。包括管理人员的基本工资、辅助工资、工资性津贴、福利费、住房公积金、工会经费、教育经费及现场管理人员的劳动保护费等。

(2) 办公费，指企业办公用的文具、纸张、账表、印刷、邮电、书报、会议、水电燃气等费用。

(3) 差旅交通费，指职工因公出差的差旅费、住勤补助费、市内交通费和误餐补助费、职工探亲路费、劳动力招募费、工伤人员就医路费，工地转移费及管理部门使用的工具油料、燃料、养路费及牌照费等。

(4) 固定资产使用费，指属于固定资产的房屋、设备、仪器等的折旧、大修、维修和摊销费用等。

(5) 工具用具使用费，指不属于固定资产的工具、器具、家具、交通工具、检验用具、消防用具等的购置、维修和摊销费用等。

(6) 保险费，指企业财产、管理用车辆等保险费用。

(7) 财务费，指企业经营期间为筹集资金发生的各种财务费用支出等。

(8) 其他，指上述费用以外的其他费用开支。包括：技术开发费、业务招待费、广告费、公证费、土地使用税、印花税、法律顾问费、审计费、咨询费等。

施工管理费以拟建工程的人工费、材料费、机械费（装饰工程以人工费）合计为计算基础，乘以施工管理费费率计算而成。计算公式为：

施工管理费＝Σ（拟建工程的人工费＋材料费＋机械费）（或拟建装饰工程人工费）×施工管理费费率（元）

施工管理费费率＝［某年度施工管理费支出总额/某年度（人工费＋材料费＋机械费）］$\times n \times 100\%$

n 为年度工程分摊系数，$n>0$。取定时应考虑工程规模、施工难易及年度完成工程数量等因素。

计算装饰工程管理费时，分母为拟建装饰工程人工费合计，其他不变。

2. 规费

规费指政府和有关权力部门规定的必须缴纳的费用。包括：工程排污费、工程定额测定费、社会保障费、住房公积金、危险作业意外伤害保险。其中工程定额测定费，是指按规定支付工程造价（定额）管理部门的定额编制管理费及劳动定额管理部门的定额测定费等。

规费＝计算基础×规定费率

3. 建筑企业劳动保险费、安全文明施工费

建筑企业劳动保险费、安全文明施工费指在新建、扩建、改建工程中，应发生的专项费用。

（1）建筑企业劳动保险费，指按政府规定，为解决建筑行业企业之间劳保费用不均衡的问题，使建筑企业在社会主义市场经济中平等竞争，由建筑劳保机构代建筑企业收取的养老保险、医疗保险、工伤保险、生育保险、供养直系亲属保险和失业保险、企业职工六个月以上的病假工资、职工死亡丧葬补助费以及支付给离休干部的各项经费等。

建筑企业劳动保险费＝（分部分项工程费＋措施项目费＋其他项目费）×规定费率

（2）安全文明施工费，指为保证施工生产安全和文明施工而发生的费用。包括施工现场围挡、在建建筑物或构筑物除主体结构防护外的安全围挡设施、施工现场道路及砂石散状材料堆放地的硬化、消防设施、施工现场医疗和急救设施及其他必备的安全设施所需费用。

安全文明施工费＝（分部分项工程费＋措施项目费＋其他项目费）×规定费率

7.3.3 利润和税金定额的编制

1. 利润

利润是指施工企业完成所承包工程应收取的利润。利润是根据拟建单位工程类别确定的，即按其建筑性质、规模大小、施工难易程度等因素实施差别利率。建筑业企业可根据企业经营管理水平和建筑市场供求情况，自行确定本企业的利润水平。

利润＝（直接工程费＋管理费）×利润率或人工费×利润率

2. 税金

税金是指国家税法规定的应计入建筑工程造价内的营业税、城市维护建设税及

教育费附加。简称两税一费。国家为了集中必要的资金，保证重点建设，加强基本建设管理，控制固定资产投资规模，对各施工企业承包工程的收入征收营业税，以及对承建工程单位征收的城市建设维护税和教育附加费。该费用由施工企业代收，与税务部门进行结算。

$$税金=税前造价\times税率$$

7.3.4 工程类别划分标准及费率

1. 工程类别划分标准

工程类别划分标准，是根据不同的单位工程，按其施工难易程度，结合建筑工程市场的实际情况确定的。工程类别划分标准是根据工程施工难易程度、计取有关费用的依据；同时也是企业编制招投标报价的参考。建筑工程的工程类别按工业建筑工程、民用建筑工程、装饰工程、构筑物工程、单独土石方工程、桩基础工程分列，并分若干类别。例如某省的工程类别划分标准及使用说明如下：

（1）类别划分标准

1）工业建筑工程，指从事物质生产和直接为物质生产服务的建筑工程。一般包括：生产（加工、储运）车间、试验车间、仓库、民用锅炉房和其他生产用建筑。

2）民用建筑工程，指直接用于满足人们物质和文化生活需要的非生产性建筑物。一般包括：住宅及各类公用建筑工程。

3）装饰工程，指建筑物主体结构完成后，在主体结构表面进行抹灰、镶贴、铺挂面层等工作，以达到建筑设计效果的装饰工程。

4）构筑物工程，指工业与民用建筑配套、且独立于工业与民用建筑工程的构筑物，或独立具有其功能的构筑物。一般包括：独立烟囱、水塔、仓类、池类等。

5）单独土石方工程，指除建筑物、构筑物、市政设施等基础土石方以外的，且单独编制概预算的土石方工程。包括土石方的挖、填、运等。

6）桩基础工程，指天然地基上的浅基础不能满足建筑物和构筑物的稳定要求，而采用的一种深基础。主要包括各种现浇和预制混凝土桩和其他桩基。

（2）使用说明

1）工程类别的确定，以单位工程为划分对象。

2）与建筑物配套使用的零星项目，如化粪池、检查井等按照其相应建筑物的类别确定工程类别。其他附属项目，如围墙、院内挡土墙、庭院道路、室外管沟、按建筑工程Ⅲ类标准确定类别。

3）建筑物、构筑物高度自设计室外地坪算起，至屋面檐口高度。高出屋面的电梯间、水箱间、塔楼等不计算高度。建筑物的面积，按建筑面积计算规则的规定计算。建筑物的跨度，按设计图示尺寸标注的轴线跨度计算。

4）非工业建筑的钢结构工程，参照工业建筑工程的钢结构工程确定工程类别。

5）居住建筑的附墙轻型框架结构，按砖混结构的工程类别套用。

6）工业建筑的设备基础，单体混凝土体积大于 1 000m^3，按构筑物 I 类工程计算；单体混凝土体积大于 600m^3，按构筑物 II 类工程计算；单体混凝土体积小于 600m^3 大于 50m^3，按构筑物 III 类工程计算；小于 50m^3 的设备基础，按相应建筑物或者构筑物的工程类别确定。

7）同一建筑物结构形式不同时，按建筑面积的结构形式确定工程类别。

8）新建建筑工程中的装饰工程，按下列规定确定其工程类别：

①每平方米建筑面积装饰计费价格合计在 100 元以上的，为 I 类工程。

②每平方米建筑面积装饰计费价格合计在 50 元以上 100 元以下的，为 II 类工程。

③每平方米建筑面积装饰计费价格合计在 50 元以下的，为 III 类工程。

④单独外墙装饰，每平方米外墙装饰面积装饰计费价格在 50 元以上的，为 I 类工程；装饰计费价格在 50 元以下，20 元以上的，为 II 类工程。装饰计费价格在 20 元以下的，为 III 类工程。

⑤单独招牌、灯箱、美术字为 III 类工程。

（3）建筑工程类别划分标准

建筑工程类别划分标准见下表 7-5。

建筑工程类别划分标准表 表 7-5

工程名称			单位	工程类别		
				I	II	III
钢结构		跨度	m	＞30	＞18	≤18
		建筑面积	m^2	＞16 000	＞10 000	≤10 000
其他结构	单层	跨度	m	＞24	＞18	≤18
		建筑面积	m^2	＞10 000	＞6 000	≤6 000
	多层	檐高	m	＞50	＞30	≤30
		建筑面积	m^2	＞10 000	＞6 000	≤6 000
公用建筑	砖混结构	檐高	m		30＜檐高＜50	≤30
		建筑面积	m^2		6 000＜面积＜10 000	≤6 000
	其他结构	檐高	m	＞50	＞30	≤30
		建筑面积	m^2	＞12 000	＞8 000	≤8 000
居住建筑	砖混结构	层数	层		8＜层数＜12	≤8
		建筑面积	m^2		8 000＜面积＜1 200	≤8 000
	其他结构	层数	层	＞17	＞8	≤8
		建筑面积	m^2	＞12 000	＞8 000	≤8000
烟囱		混凝土结构高度	m	＞100	＞60	≤60
		砖结构高度	m	＞60	＞40	≤40

续上表

工程名称		单位	工程类别		
			I	II	III
水塔	高度	m	＞60	＞40	≤40
	容积	m^3	＞100	＞60	≤60
筒仓	高度	m	＞35	＞20	≤20
	容积（单体）	m^3	＞2 500	＞1 500	≤1 500
贮池	容积（单体）	m^3	＞3 000	＞1 500	≤1 500
单独土石方工程	单独挖、填土石方	m^3	＞15 000	＞10 000	5 000＜体积≤10 000
桩基础工程	桩长	m	＞30	＞12	≤12

2. 建筑工程费率

建筑工程费率见表 7-6。

建筑工程费率表 表 7-6

工程名称及类别 / 费用名称		工业、民用建筑工程（%）			装饰工程（%）			构筑物工程（%）			桩基础工程（%）			大型土石方工程（%）		
		I	II	III	I	II	III	I	II	III	I	II	III	I	II	III
施工管理费		8.5	7.3	4.2	165	140	80	6.6	5.8	4.0	5.5	4.4	3.3	12	9.0	6.5
措施费		3.7	3.4	2.9	72	66	57	3.2	2.9	2.5	2.5	2.3	2.1	4.8	3.9	3.4
安全文明设施费		1.3	1.0	0.8	26	21	17	1.1	0.9	0.7	1.0	0.8	0.6	1.3	1.0	0.8
利润		5.7	3.7	1.5	99	63	25	5.1	3.3	1.4	4.5	3.0	1.2	9.0	5.9	2.5
税金	市区	3.41														
	县城、城镇	3.35														
	市县镇以外	3.22														

习题

1. 建设项目投资费用有哪些组成？
2. 工程建设其他费用包括哪些内容？
3. 利润、税金如何确定？

第8章 投资估算指标和建设工期定额

学习要点

本章详细讲解了投资估算指标的作用、内容、编制原则、依据和编制方法，并列举了投资估算指标编制实例与应用；阐述了建设工期定额的概念、作用、内容、编制原则、依据和方法，举例说明了建设工期定额的应用。通过本章学习应理解投资估算指标的作用以及建设工期定额的概念、作用和内容，掌握投资估算指标的编制方法和工期定额的应用，具备投资估算指标编制及建设工期定额应用的实际操作能力。

8.1 投资估算指标

8.1.1 投资估算指标的概念、作用及内容

1. 投资估算指标的概念

投资估算是建设项目前期编制项目建议书、可行性研究报告的重要组成部分，主要包括项目投资总额、资金筹措和投资使用计划，同时也包括了投资预测、投资效益分析及确定工程造价等内容。按照现行项目建议书和可行性研究报告审批的要求，其中的投资估算一经批准即为建设项目投资的最高限额，一般情况下不得随意突破。因此投资估算的准确与否不仅影响到建设前期的投资决策，而且也直接关系到下一阶段设计概算、施工图预算的编制及项目建设期的造价管理和控制。

投资估算指标是编制和确定项目建议书和可行性研究报告投资估算的基础和依据，与概预算定额相比较，估算指标以独立的建设项目或单项工程为对象，综合项目全过程投资和建设中的各类成本和费用，反映出其扩大的技术经济指标，既是定额的一种表现形式，但又不同于其他的计价定额。投资估算指标作为其项目前期服务的一种扩大的技术经济指标，具有较强的综合性、概括性。

2. 投资估算指标的作用

由于投资估算指标是国家对固定资产投资由直接控制转变为间接控制的一项重

要经济指标，具有宏观指导作用，另一方面，它又为编制项目建议书投资估算提供依据，具有实用性。

(1) 在编制项目建议书阶段，它是项目主管部门审批项目建议书的依据之一，并对项目的规划、规模起参考作用。

(2) 在可行性研究报告阶段，它是项目决策的重要依据，也是多方案比选、优化设计方案、正确编制投资估算、合理确定项目投资额的重要基础。

(3) 投资估算指标对工程设计概算起控制作用，当可行性研究报告被批准以后，设计概算就不得突破批准了的投资估算额，并应控制在投资估算额以内。

(4) 在建设项目评价、决策过程中，它是评价建设项目投资可行性、分析投资效益的主要经济指标。

(5) 在实施阶段，它是限额设计和工程造价确定与控制的依据。

(6) 投资估算指标是核算建设项目建设投资需要额和编制建设投资计划的重要依据。

(7) 合理准确地确定投资估算指标是进行工程造价管理改革，实现工程造价事前管理和主动控制的前提条件。

投资估算指标除了具有上述作用外，在我国实行计划经济时期，由于绝大部分建设项目是由国家投资，因此国家制定的各类建设项目投资估算指标，在国家控制固定资产投资规模、引导投资方向、制定中长期投资计划的工作中发挥了重要的作用。随着我国社会主义市场经济体制的逐步建立、固定资产投资体制改革的深化，建设项目投资主体已趋于多元化，投资风险责任已趋于分散。因此在项目投资决策和实施阶段，利用估算指标强化投资项目的管理已经受到各类业主的普遍重视。在实际工作中也正在加强投资估算指标性质、表现形式、编制方法等方面的研究和实践，以更好地适应新形势的需要。

3. 投资估算指标的内容

投资估算指标是确定和控制建设项目全过程各项投资支出的技术经济指标，其范围涉及建设前期、建设实施期和竣工验收交付试用期等各个阶段的费用支出，内容因行业不同而各异，一般可以分为：建设项目综合指标、单项工程指标和单位工程指标三个层次。

(1) 建设项目综合指标

指按规定应列入建设项目投资的从立项筹建开始至竣工验收交付使用的全部投资额，包括单项工程投资、其他费用和预备费等。

建设项目综合指标一般以项目的综合生产能力单位投资表示，如元/t、元/kW；或以使用功能表示，如医院床位：元/床。

(2) 单项工程指标

指按规定应列入能独立发挥生产能力或使用效益的单项工程内的全部投资额，包括：建筑工程费、安装工程费、设备及生产工具购置费和其他费用。

1）单项工程的类别划分

①主要生产设施。指直接参加生产产品的工程项目，包括生产车间或生产装置。

②辅助生产设施。指为主要生产车间服务的工程项目，包括集中控制室、中央实验室、机修、电修、仪器仪表修理及木工等车间，原材料、半成品、成品及危险品等仓库。

③公用工程。包括给排水系统、供电及通讯系统以及热电站、热力站、煤气站、空压站、冷冻站、冷却塔和全厂管网等。

④环境保护工程。包括废气、废渣、废水等的处理和综合利用设施及全厂性绿化。

⑤总图运输工程。包括厂区防洪、围墙大门、传达及收发室、汽车库、消防车库、厂区道路、桥涵、厂区码头及厂区大型土石方工程。

⑥厂区服务设施。包括厂部办公室、厂区食堂、医务室、浴室、哺乳室、自行车棚等。

⑦生活福利设施。包括职工宿舍、住宅、生活区食堂、职工医院、俱乐部、托儿所、幼儿园、子弟学校、商业服务点以及与之配套的设施。

⑧厂外工程。包括水源工程、厂外输电、输水、排水、通信、输油等管线以及公路、铁路专用线等。

2）单项工程指标组成（如图 8-1）

单项工程投资
- 建筑工程费
- 安装工程费
- 设备购置费
- 工器具及生产家具购置费
- 工程建设其他费用

图 8-1　单项工程指标组成图

①建筑工程费：包括场地平整、竖向布置土石方工程及厂区绿化工程；各种厂房、办公及生活福利设施等及建筑物给排水、采暖、通风空调、煤气等管道工程、电气照明、防雷接地等工程费用。

②安装工程费：包括主要生产、辅助生产、公用工程的设备、机电设备、仪表、各种工艺管道、电力、通信电缆等安装以及设备、管道保温、防腐等工程费用。

③设备、工器具及生产家具购置费：包括需要安装和不需要安装的专用设备、机电设备、仪器仪表及配合试生产所需工、模、量、卡、刃具等和试验台、化验

台、工作台、工具箱，更衣柜等生产家具购置费。

④工程建设土地、青苗等补偿费和土地出让金、建设单位其他费用：包括管理费、研究试验费、生产职工培训费、办公及生活家具购置费、联合试运转费、勘察设计费、供电贴费、施工机构迁移费、引进技术和设备项目的其他费用。

单项工程指标一般以单项工程生产能力单位投资如元/t 或其他单位表示，如：变配电站：元/（kV·A）；锅炉房：元/蒸汽吨；供水站：元/m^3；办公室、仓库、宿舍、住宅等房屋则区别不同结构形式，以元/m^2 表示。

（3）单位工程指标

指按规定应列入能独立设计、施工的工程项目的费用，即建筑安装工程费用。

单位工程指标一般以如下方式表示：

房屋：区别不同结构形式，以元/m^2 表示；

道路：区别不同结构层、面层，以元/m^2 表示；

水塔：区别不同结构、容积，以元/座表示；

管道：区别不同材质、管径，以元/m 表示。

8.1.2 投资估算指标的编制原则、依据和方法

1. 投资估算指标的编制原则

（1）内容和典型工程的取定，必须遵循党和国家的技术经济政策，符合国家技术发展方向。对建设项目的建设标准、工艺标准、建筑标准以及占地标准、劳动定员标准等的确定，既要尽可能地采用代表科技发展方向的最新成果，提高生产能力和使用功能，又要从我国国情和现阶段承受能力出发，同时还应充分考虑当前和近期设计、施工的实际能力，坚持技术上的先进、可行和经济上的低耗、合理，力争以较少的投入获得最大的效益。

（2）要与项目建议书、可行性研究报告的编制深度相适应。这是由于投资估算的编制也和其他工作一样，要经历一个由浅入深、由对项目认识不够全面到逐渐地全面认识的过程，其间要受到很多内外部条件的限制，比如技术方案上设想的一些定性的概念尚难以作出定量的判断，大量的模糊性、随机性的不确定因素要靠人的判断能力和经验估计确定，随着设计的深化，工作越深入，准确度越高，从而越接近实际。而这些大量的不确定因素就需要在编制投资估算指标过程中，运用定性分析和定量分析相结合的方法，在个别事物中找出带有规律性的东西来加以概括，并综合或列入不同条件下的不同调整办法和参考数值，以保证投资估算指标的完整、确切、可靠。

（3）要反映不同行业、不同项目和不同工程的特点。由于投资估算指标要适应项目前期工作深度的需要，并且具有更大的综合性，实践证明综合程度越高，适用

的范围越窄，体现不同行业、不同使用功能的特点越鲜明。所以投资估算指标的编制必须密切结合不同行业、不同用途进行，这样才能使其更有指导意义。

（4）要充分考虑动态诸多因素的影响。由于建设条件、实施时间、建设期限等的不同，导致指标的量差、价差、利息差、费用差等动态诸多因素对投资估算的影响。实践证明条件完全相同的工程是不存在的，对众多的动态因素给予必要的调整办法和调整参数，是扩大投资估算指标的覆盖面使其适应性更强所不可少的条件。

由于投资估算指标反映的是建设项目从决策直到竣工交付使用全过程所需投资，其编制依据也必须是全过程所发生和实际支付的费用，但实际支付的不一定是必要的、合理的；过去发生的不一定今后必然发生；这一项发生的，那一项也不一定发生，这就要求对这些实际资料和数据进行必要的定性、定量分析，去伪存真地进行整理，应源于实践而不消极地反映实践。

2.投资估算指标的编制依据

投资估算指标的编制工作，是一项涉及面广、情况复杂而又十分具体、细致的技术经济基础工作，具有较强的政策性。其编制工作除必须依据国家发展国民经济的中长期规划、技术发展政策和国家规定的建设标准，如规模标准、工艺标准、占地标准、定员标准等以外，还必须依照指标的编制内容、不同的层次确定具体的编制依据。由于行业、产品方案、工艺流程、建设规模和建设条件各不相同，编制依据也有所不同，主要有：

（1）依照不同的产品方案、工艺流程和生产规模，确定建设项目主要生产、辅助生产、公用设施及生活福利设施等单项工程内容、规模、数量以及结构形式，选择相应具有代表性、符合技术发展方向、数量足够的已经建成或正在建设的并具有重复使用可能的设计图纸及其工程量清册、设备清单、主要材料用量表和预、决算资料，经过分类，筛选、整理。

（2）国家和主管部门制订颁发的建设项目用地定额、建设项目工期定额、单项工程施工工期定额及生产定员标准等。

（3）编制年度现行全国统一、地区统一的各类工程概预算定额、各种费用标准。

（4）编制年度的各类工资标准、材料预算价格及各类工程造价指数，应以所处地区的标准为准。

（5）设备价格可分别按以下情况处理：

1）通用设备、定型产品，以国家或地区主管部门规定的产品出厂价格及有关规定计算。

2）非定型及非标准设备按生产厂家报价或已到货的合同价计算。

3）施工企业自行加工的非标准设备，应按有关加工定额计算，其价格应略低于外购价格。

4）进口设备以到岸或离岸价计算，即：进口设备原价＝到岸价＋关税＋增值税＋调节税＋进出口公司手续费＋银行财务费。

3.投资估算指标的编制方法

投资估算指标的编制工作，涉及到产品规模、产品方案、工艺流程、设备选型、工程设计和技术经济等各个方面，既要考虑到现阶段技术状况，又要展望近期技术发展趋势和设计动向，才能用以指导以后建设项目的实践。投资估算指标是工艺、建筑、结构、设备及技术经济等各个专业共同协作的成果，因此，编制一开始就必须成立具有较高层次的专业人员参加的专业齐全的编制小组，通力协作，以保证投资估算指标的编制质量。

从一定意义上讲，投资估算指标的编制也是一个系统工程，应当制订一个从编制原则、编制内容、指标的层次相互衔接、项目划分、表现形式、计量单位、计算、复核、审查程序到相互应有的责任制等内容的编制方案或编制细则，以指导具体的编制工作。

编制工作一般可以分为三个阶段进行：

（1）调查收集整理资料阶段。调查收集与编制内容有关的已经建成或正在建设的工程设计图纸资料、施工资料以及概、预、决算资料，这些资料是编制工作的基础，资料收集得越多，反映出的问题越多，编制工作考虑得越全面，越有利于提高指标的实用性和覆盖面。同时对调查收集到的资料要抓住投资比重大、相互关联多的项目进行认真地分析整理，由于已建成或正在建设的工程的设计意图、建设的时间和地点、资料的基础等不同，其差异是很大的，需要经过去粗取精、去伪存真的加工过程，才能重复利用。将整理后的数据资料按项目划分栏目归类，并按编制年度的现行定额、费用标准和价格，调整成编制年度的造价水平及相互比例。

（2）平衡调整阶段。由于调查收集的资料来源不同，虽经过必要的分析整理，但仍难以避免由于设计方案、建设条件和建设时间上的差异所带来的影响，会出现数据反常现象以及重复、漏项和水平上的较大变化，因此，需要将这些资料进行适当平衡、调整。

（3）测算审查阶段。测算是将新编的指标和选定工程的概预算，在同一价格条件下进行比较，检验其量差的偏离程度是否在允许偏差的范围内，如偏离过大要查找原因，进行修正，以保证指标的确切、实用。测算同时也是对指标编制质量进行的一次系统检查，应由专人进行，以保持测算口径的统一，在此基础上组织有关专业人员予以全面审查定稿。

8.1.3 投资估算指标的应用

投资估算指标为编制建设项目投资估算提供了必要的编制依据，但使用时一定要根据建设项目实施的时间、建设地点自然条件和工程的具体情况等进行必要的调整、换算，切忌生搬硬套，以保证投资估算确切可靠。

1.时间差异

投资估算指标编制年度所依据的各项定额、价格和费用标准及项目实施年度可能会随时间的推移而有所变化。这些变化对项目投资的影响，因工期长短而异，时间越长影响越大，越不可忽视。项目投资估算一定要预计计算至实施年度的造价水平，否则将给项目投资留下缺口，使其失去控制投资的意义。时间差异对项目投资的影响，一般可按下述几种情况考虑：

（1）定额水平的影响。各项定额的修订、新旧定额水平变化所引起的定额差，一般表现为人工、材料、施工机械台班消耗的量差，可相应调整投资估算指标内的人工、材料和施工机械台班数量，也可用同一价格计算的新、旧定额直接费之比调整投资估算指标的直接费。即：

调整后的直接费＝指标直接费×［1＋（新定额直接费－旧定额直接费）/旧定额直接费］

（2）价格差异如投资估算指标编制年度至项目实施期年度，仅设备、材料有所变化，可按指标内所列设备、材料用量调整其价差或以价差率调整。价差率可按下式计算：

设备（材料）差价率（%）＝［设备（材料）用量×（编制年度价格－指标编制年度价格）/指标设备（材料）费总额］×100%

也可先求得设备、材料价格每年的平均递增率，按下式调整后列入项目投资估算预备费中设备材料差价项下。即：

$$E=\sum_{i=1}^{n}F_i\left[(1+\rho)^i-1\right] \tag{8-1}$$

式中：E——设备（材料）价差；

n——指标编制年度至项目实施期的年度数；

F_i——项目实施期间第 i 年度设备（材料）投资额；

ρ——设备（材料）价格年平均递增率。

（3）费用差异。指标编制年度即实施期年度之间如建安工程各项费用定额有变化，可将新建安工程费用定额中的不同计算基数的费率，换算成同一计算基数的综合费率形式进行调整。

为简化计算，也可将上述定额水平差、设备材料价格差、费用差，分别以不同类型的单项工程综合测算出工程造价年平均递增率，运用上式计算工程造价的价格差异，借以调整建安工程费。

2. 建设地点差异

建设地点的变化（如水文、地质、气候、地震以及地形地貌等）必然要引起设计、施工的变化，由此引起对投资的影响，除在投资估算指标中规定相应调整办法外，使用指标时必须依据建设地点的具体情况，研究具体处理方案，进行必要的调整。

3. 设计差异

由于投资估算指标的编制是取材于已经建成或正在建设的工程设计和施工资料，而设计是一种创造活动，完全一样的工程几乎是不存在的。设计对投资的影响是多方面的，编制时应对投资影响比较大的下列设计差异进行必要的调整。

（1）影响建筑安装工程费的设计因素。如建筑物层数、层高、开间、进深、平面组合形式、工业建筑的跨度、柱距、高度吊车吨位等变化引起的结构形式、工程量和主要材料的改变。

（2）工艺改变、设备选型引起对投资的影响。

8.1.4 投资估算指标编制实例——彩色显像管总装厂工程建设投资估算指标

1. 编制说明

（1）编制依据

1）国家计划委员会“印发《关于做好工程建设投资估算指标制订工作的几点意见》的通知”（计标【1986】1620 号）。

2）原机械电子工业部“《机械电子工业建设项目投资估算指标》编制大纲（初稿）”（机建【1988】405 号文附件二）。

（2）投资估算指标作用

1）是编制彩色显像管总装厂项目建议书、可行性研究报告投资估算的依据。

2）供管理部门制订长远规划时参考。

（3）典型项目的生产规模和指标包括的范围

1）估算指标项目规模：根据国家计委、建设部 1993 年批准发布的《彩色显像管总装厂建设标准》规定的典型生产线，年产 54 cm 的 FS 管 80 万只。本估算指标是按一条典型生产线和二条典型生产线，即年产彩色显像管 80 万只及 160 万只的两种建设规模进行编制的。

估算指标反映的生产工艺，由荫罩加工、屏加工、锥加工、总装配、调试等工序组成，连续性生产线。工艺设备装备水平接近国际80年代中期的水平，以单机自动化为主的半自动化装配生产线。主要工序间采用传送带运送在制品，人工装卸。

2）本指标按照《彩色显像管总装厂建设标准》确定的建设项目规模，并按照国家有关规定，包括从筹建至竣工验收所有的全部建筑安装工程费、设备及工器具购置费以及部分工程建设其他费用。

建筑安装工程费包括直接费、其他直接费、间接费、计划利润、税金等。

3）本估算指标是假定建设项目厂址在北京郊区，地质条件一般，地形条件较好，厂区煤气及给水排水管线、供电线路、道路等与城市管网线路连接较短的条件下进行编制的。

（4）本估算指标不包括如下内容：

1）厂外工程建设费，如厂外道路工程、给水排水工程、煤气工程、供电工程、通信信息工程等。

2）生活区工程建设费，如宿舍、住宅、托儿所、幼儿园、食堂等。

3）市政公用设施建设费。

4）供电贴费，供水、煤气、通信增容费，排污费。

5）国家固定资产投资方向调节税。

6）建设期贷款利息。

7）建材发展补充基金。

（5）有下列情况投资需另行增加：

1）本估算指标供电按10 kV进线考虑。若供电按35 kV进线，则需设35/10.5 kV降压站，投资需另行增加。

2）本估算指标未考虑柴油发电机投资。若供电电源可靠程度不高，需配备一定容量的带有起动装置的柴油发电机组时，投资需另行增加。

3）本估算指标未包括厂区倒班宿舍投资，若需要，投资另行增加。

4）本估算指标按《彩色显像管总装厂建设标准》规定的工期施工，未包括缩短工期所需增加的奖励费和赶工技术措施费。

5）综合动力站（冷冻站、空压站、氮氧站、变配电站），用电设备均按380 V电压配电考虑。如需6 kV以上电压配电时，应相应增加变压配电设备投资。

6）成品库、变配电所按一般消防设计，若改为自动消防设计，需另增加费用。

7）本估算指标中未考虑不良地质条件下基础的特殊处理，如需要，另增加投资。

（6）编制方法及有关费用的确定

1）本估算指标根据《彩色显像管总装厂建设标准》所确定的内容进行有关主

要工程量计算。套用的定额是假定建设地点在北京，所以按北京市城乡建设委员会颁布的《1989 年北京市建筑安装工程概算定额》、《建筑安装市政工程间接费用及其他费用定额》、《材料设备预算价格》编制。同时参照了近几年建成投产的陕西彩色显像管总装厂二期工程、上海永新彩色显像管有限公司、华飞彩色显像管系统有限公司、北京松下彩色显像管有限公司提供的预决算资料和设备价格等建厂资料加以综合分析调整编制的。

2）本估算指标根据《彩色显像管总装厂建设标准》所确定的生产技术水平及提供的数据，结合国内近期彩色显像管生产厂建设的实际情况编制，具有通用性。

3）本估算指标按照国家有关政策、规定编制，符合国家技术发展方向，反映了正常建设条件下的造价水平，并适当留有余地。

（7）关于取费

1）国内设备运杂费按设备原价的 7%计算。

2）引进设备及生产技术所用外币，美元折算人民币按 1990 年 8 月外汇管理局公布的 1∶4.7221 计算。

3）土地补偿和安置补助费按 7 万元/亩计算。

4）勘察费按全厂建筑面积 4 元/m^2 计算。

5）设计费根据国家计委（设【1984】596 号）《工程设计收费》规定计算。

6）其他费用包括建设单位管理费、办公及生活家具费、国内生产职工培训费、国外技术人员接待费、环保评价费、厂区绿化费、建设期保险费、设计联络费、国外技术培训费、技术转让费、技术服务费等。

7）预备费，根据国家计委、中国人民建设银行计标【1985】352 号文，按单项工程费用总计和工程建设其他费用（不包括本项费用）之和的 10%计算。

2.使用说明

（1）本估算指标既有整个项目的投资估算指标，又有单项和单位工程投资估算指标，还编制了工艺设备、电气设备、给水排水设备、气体动力设备等投资估算比例。人工及主要材料工程量指标，须注意区别使用。

（2）使用本估算指标需仔细阅读有关说明，了解清楚指标包括的内容。

（3）由于建设项目在建厂规模、厂址、内容、价格水平、取费规定等方面存在差异，使用本估算指标时应对建设项目进行分析，分情况测算，并换算调整。

（4）估算指标换算调整办法：估算指标是按 1989 年北京价格编制的。使用时对影响造价主要因素，如人工费、材料费按当年当地价格对估算指标进行换算。由于调整方法较多，应根据工程情况掌握，现将估算指标中建筑工程、设备购置费及其他费用逐项分别进行换算。具体换算方法如下：

建筑工程（包括土建安装工程）投资估算指标换算方法：根据工程建设项目或

单项工程的建筑安装工程主要材料消耗量和工日量，对新建工程建设项目所在不同地区的材料价格和人工工资差别进行换算调整。

确定建设地区主要材料及人工价差换算调整系数 K：

$$K=\frac{\text{建设地区主要材料及人工费合计}}{\text{本指标中主要材料及人工费合计}}$$

1）确定建设地区单位造价：

建设地区单位造价＝按本指标计算的项目估算投资×K

2）设备购置费的换算调整：根据国家有关部门提供的有关设备物价指数进行换算，调整指标中的设备购置费。

3）工程建设其他费用的换算调整：根据新的其他费用定额对所列费用项目逐项进行换算调整或重新计算。

3. 投资估算指标

彩色显像管总装厂建设项目投资估算指标见表 8-1，其建筑安装工程人工费、材料费、机械台班费投资估算指标见表 8-2。

建设项目投资估算指标 表 8-1

序号	项目名称	单位	数量	
			生产量 80 万只/年	生产量 610 万只/年
1	年产量	万只	80	160
2	基建总投资	万元	51 366.78	82 573.18
	（含外汇）	（万美元）	4 271.97	6 671.41
	占总投资	%	100	100
	基建总投资中含环保投资	万元	1 102	1 298
	占全厂工程费	%	3.05	2.15
	基建总投资中含安全及工业卫生投资	万元	324	444
	占全厂工程费	%	0.90	0.74
2.1	建筑工程	万元	7 585.92	10 653.10
	（含外汇）	（万美元）	175.15	271.28
	占总投资	%	14.77	12.90
2.2	设备购置费	万元	26 394.87	45 913.54
	（含外汇）	（万美元）	2 400.42	4 152.26
	占总投资	%	51.39	55.61

续上表

序　号	项目名称	单　位	数　量	
			生产量 80万只/年	生产量 610万只/年
2.3	设备安装费	万元	700.93	1 187.43
	占总投资	%	1.36	1.44
2.4	工器具费	万元	1 499.28	2 620.40
	占总投资	%	2.92	3.17
2.5	其他费	万元	15 185.78	22 198.71
	（含外汇）	（万美元）	1 696.40	2 247.87
	占总投资	%	29.56	26.88
3	职工总人数	人	1 274	1 827
	其中工人人数	人	1 003	1 428
4	设备总数	台（件）	5 301	7 345
	其中工艺设备总数	台（件）	1 201	1 870
5	总建筑面积	m^2	50 865	74 813
6	厂区占地面积	万m^2	13.00	17.60
7	用水量	m^3/年	232.80	291
8	全厂变压器安装容量	kV·A	11 800	15 800
9	全厂耗电量	万kW·h/年	3 210	4 580
10	全厂用电量（需用有功功率）	kW	5 740	8 200
11	主要材料消耗量			
11.1	土建工程			
11.1.1	钢材	t	5 819.35	8 489.96
11.1.2	木材	m^3	1 381.94	2 001.87
11.1.3	水泥	t	15 976.05	22 797.32
11.2	建安工程			
11.2.1	薄钢板	t	335.50	503.95
11.2.2	钢管	t	959.35	1 339.04
11.2.3	不锈钢管	t	35.96	42.94
11.2.4	型钢	t	481.56	632.52
11.2.5	铸铁管	t	201.61	366.16
11.2.6	导线	t	8.93	11.89
11.2.7	电缆	t	151.75	208.56

建设项目建筑安装工程人工费、材料费、机械台班费投资估算指标　　表 8-2

序号	工程或费用名称	估算指标									
		生产量 80 万只/年					生产量 160 万只/年				
		单位	数量	百分率（%）	每平方米		单位	数量	百分率（%）	每平方米	
					单位	数量				单位	数量
1	土建工程										
1.1	人工费	万元	239.62	8.40	元	47.11	万元	340.56	8.25	元	45.52
1.2	材料费	万元	2 317.70	81.21	元	455.66	万元	3 375.04	81.79	元	451.13
1.3	机械费	万元	296.69	10.39	元	58.33	万元	411.14	9.96	元	54.96
1.4	小计（直接费）	万元	2 854.01	100	元	561.10	万元	4 126.74	100	元	551.61
1.5	人工	工日	406 702		工日	8.00	工日	576 948		工日	7.71
2	安装工程										
2.1	人工费	万元	123.08	6.08	元	24.20	万元	162.64	6.22	元	21.74
2.2	材料费	万元	1 890.73	93.83	元	373.29	万元	2 448.28	93.69	元	327.25
2.3	机械费	万元	1.88	0.09	元	0.37	万元	2.21	0.09	元	0.30
2.4	小计（直接费）	万元	2 015.69	100	元	397.86	万元	2 613.13	100	元	349.29
2.5	人工	工日	201 021		工日	3.95	工日	267 268		工日	3.57
3	建筑安装工程（土建加安装）										
3.1	人工费	万元	362.70	7.44	元	71.31	万元	504.73	7.49	元	67.47
3.2	材料费	万元	4 216.43	86.44	元	828.95	万元	5 821.79	86.38	元	778.18
3.3	机械费	万元	298.57	6.12	元	58.70	万元	413.35	6.13	元	55.25
3.4	小计（直接费）	万元	4 877.70	100	元	958.96	万元	6 739.87	100	元	900.90
3.5	人工	工日	607 723		工日	11.59	工日	844 216		工日	11.28

8.2 建设工期定额

8.2.1 建设工期定额的概念、作用及内容

建设工期定额和概、预算定额一样，是工程建设定额管理体系中的重要组成部分。我国开展建设工期定额编制和管理工作始于 80 年代初，开始主要是编制建筑安装工程工期定额。80 年代中期以后，国家有计划地组织制订了各类大中型工业交通项目、市政设施项目的建设工期定额，到目前建设工期定额体系中已包括一般

建筑安装工程、市政工程，电力、煤炭、铁道、冶金、化工、电子、邮电等行业建设工期定额 2 000 余项。

1. 建设工期定额的概念

所谓工期定额，是指各类工程规定的施工期限的定额天数，包括建设工期定额和施工工期定额两个层次。建设工期定额是指建设项目或独立的单项工程从开工建设起到全部建成投产或交付使用时止所需要的额定时间，不包括由于决策失误而停（缓）建所延误的时间，一般以月数或天数表示。施工工期定额一般是指单项工程或单位工程从正式开工起至完成承包工程全部设计内容并达到国家验收标准所需要的额定时间。施工工期是建设工期中的一部分。因不可抗拒的自然灾害或重大设计变更造成的停工，经签证后，可顺延工期。

建设工期定额是加强建设工程管理的一项基础工作，具有如下特性：

（1）法规性是指建设工期定额是考核工程项目工期的客观标准和对工期实施宏观控制的必要手段，建设工期定额由建设行政主管部门或授权有关行业主管部门制订、发布。它作为确定建设项目工期和工程承发包合同工期的规范性文件，未经主管部门同意，任何单位或个人无权修改或解释，建设工期的执行与监督工作也由发布部门或授权部门进行日常管理。

（2）普遍性是指建设工期定额的编制是依据正常的建设条件和施工程序，综合大多数企业施工技术和管理水平，因而具有广泛的代表性。

（3）科学性是指建设工期定额的制订、审查等工作采用科学的方法和手段进行统计、测定和计算等。

2. 建设工期定额的作用

建设工期是评价投资效果的重要指标，直接标志着建设速度的快慢。在工期定额中已经考虑了季节性施工因素对工期的影响、地区性特点对工期的影响、工程结构和规模对工期的影响、工程用途对工期的影响以及施工技术与管理水平对工期的影响。因此，工期定额是评价工程建设速度、编制施工计划、签订承包合同、评价全优工程的可靠依据。可见，编制和完善工期定额是很有积极意义的。

3. 建设工期定额的内容

建设工期定额的主要内容有：

（1）编制作用、依据及使用的说明。建设工期定额在建设前期主要作为项目评估、决策、设计时按合理工期组织建设的依据，还可作为编审设计任务书和初步设计文件时确定建设工期的依据。对于编制施工组织设计。进行项目投资包干和工程招标投标及签订合同工期具有指导作用，此外也可作为提前和延误工期进行奖罚、工程结算、竣工期调价的依据。根据上述作用，建设工期定额在总说明部分还应说明编制的有关依据和定额水平确定的原则。

(2) 建设工期定额中时间的说明。建设工期定额的起止时间一般是指从设计文件规定的工程正式破土动工到全部工程建成交付使用所需的时间，定额中大都以月计算、表示，工期较短的也可以天计算、表示。还应对定额所考虑国家规定的法定有效工作天数或月数，以及冬季施工、开始动工的季节等做出说明。

(3) 建设工期定额的项目构成。各类建设工期定额按项目的组成划分为两个层次。

建设项目的定额工期。例如钢铁厂、有色金属冶炼厂、石油化工厂、化肥厂、发电厂、水泥厂、机械厂、纺织厂、制糖厂、铁路、公路、通信工程等。

主要单项工程的定额工期。指一个建设项目中具有独立设计，可以单独发挥效益或对整个建设项目起重要控制作用的工程，如钢铁厂中的矿山采选、烧结、焦化、炼铁、炼钢、轧钢等工程。各行业项目建设规模以及建设项目或单项工程的划分，由计量单位按照国家有关的规定进行。

工业项目建设工期定额表现形式有土建施工阶段、设备安装阶段和试生产阶段组成，三个阶段相互交叉，分别表现。例如建材工业浮法玻璃工厂 500 吨/年项目的建设工期为 20 个月，同时还分别列出土建工程 15 个月、安装工程 13.5 个月和试生产阶段 1.3 个月。

建筑安装工程工期定额主要是各类型住宅、医院、学校等一般民用建设项目，只包括土建和电梯、锅炉房等设备安装，不包括试生产阶段。

8.2.2 建设工期定额的编制原则、依据和方法

1. 建设工期定额的编制依据与原则

(1) 适合国家建设的需要，体现国家建设的方针、政策。建设工期定额编制项目应是国家中长期规划发展的项目，且技术先进、经济效益好、建设的项目多。

(2) 适合国家生产力发展的水平。建设工期定额要反映当前和今后一个时期或定额使用期内建筑业生产力的水平，考虑到今后建筑业管理水平和施工技术装备水平适度提高的可能性。

(3) 建设工期定额的编制还要同有关的经济政策、劳动法规、施工验收标准以及安全规程相匹配。

(4) 应采用先进科学的方法进行编制。编制过程中需要对大量的资料和数据进行科学合理的分析，剔除不合理因素。

(5) 建设工期定额的项目划分要根据不同建设项目的规模、生产能力、工程结构、层数等合理分档，便于定额的使用。

(6) 要考虑气候、地理高寒、高原等自然条件的差异对建设工期的影响，分别

利用系数进行相应地调整换算，以扩大定额的适用范围。

2. 以平均合理的原则确定定额水平

建设工期定额水平确定应以正常的施工条件、合理的施工工艺和劳动组织条件下的平均水平为基础，并适当考虑缩短工期的可能性，概括起来就是以平均合理为原则。确定平均合理原则的基础是：

（1）建设工期定额应以社会必要劳动时间为基础确定。社会必要劳动时间是指在正常的生产条件下，多数企业在合理的劳动组织及管理条件下，生产某种产品所需要的必要劳动时间。建设工期定额应是建成某项工程的社会必要劳动时间的直接表现。

1）建设工期定额编制的各个阶段、各个环节，诸如数据资料收集的范围、取舍、统计分析等都应以合理确定定额水平并能指导工程实践为前提。

2）采用不同的方法编制建设工期定额时，涉及到不同数据的选取时，也应对定额水平分别进行分析，找出差异的原因，做必要的修正。

3）建设工期定额编制完成后还需经过评审和审查，审查中的一个重要工作就是对定额的水平同相应的已完工程实际建设工期进行对比分析，以验证新编工期定额水平是否符合施工实际后方可发布实施。

4）建设工期定额发布实施后，能否起到应有的指导工程施工的作用，是否有利于建筑管理水平和劳动生产率的提高，应进行跟踪管理和信息反馈，为修订工作提供基础资料。

（2）建设工期定额应反映社会劳动生产力发展水平。由于建设工期定额水平反映了一定时期建筑业管理和生产力发展的水平；同时，管理水平与劳动生产力的发展水平是相互影响并相互促进的，因此定额的制定既要考虑地区和企业之间的不平衡性，又要考虑提高管理促进生产力发展的可能性。

（3）建设工期定额要适应我国建筑业改革发展的水平。随着我国招投标体制普遍推行，建筑企业在市场中参与竞争的强度不断增大，为提高建筑企业的竞争力，客观上要求施工企业不断地采用先进技术和强化内部管理实行项目管理、目标管理以及先进的施工技术手段。建设工期定额已成为考核其成果的客观标准，以鼓励先进，鞭策落后。

（4）与国际先进的建设水平相比我国目前仍存在着施工技术装备水平不高、全员劳动生产率较低的现实，表现在同类型项目建设工期较国外相比还有差距，因此国内建筑企业在不断开放的建筑市场和对外工程承包中，客观要求企业不但要达到国内工期定额的水平，还应赶超世界先进水平。为此在确定定额水平时，既要从我国建筑业目前实际水平出发，也应考察赶超国际水平的可能性。

3. 建设工期定额的编制方法

建设工期定额与传统的劳动定额、预算定额等有一定的联系，但也有较大的区别。与其他定额编制方法相比，建设工期定额的编制有下列特点：

第一，建设工期涉及的是时间范围，且跨度大，其间变化因素多，涉及的单位也多，包含了许多管理的因素。

第二，工业建设项目特点突出，工程类型多、建设规模大、工程量也较大，且施工工艺和技术复杂程度高，因此难以用一般的或单一的建设工期定额编制方法来概括。

第三，编制建设工期定额所需要的数据资料繁杂，一般情况下，资料收集困难，而且可靠性较差。

第四，定额编制原则的具体化、量化比较困难，比如正常的建设条件（经济的、自然的）就很难量化，加上我国地域辽阔、经济条件发展不平衡，自然条件差异也大，所以编制全国统一或行业、地区统一的建设工期定额都会遇到类似的问题。要使定额具有普遍性，又要适当考虑不同的特殊性，矛盾较突出。

在建设工期定额编制的实践中，根据以上特点采取了多种方法，但主要的方法可以概括为以下三种：

（1）施工组织设计法

施工组织设计法是对某项工程按工期定额划分的项目，采取施工组织设计技术，建立横道图或建立标准的网络图来进行计算。标准网络法由于可采用电子计算机进行各种参数的计算和工期一成本、劳动力、材料资源的优化，因此使用的较为普遍。

应用标准网络法编制建设工期定额的基本程序如下：

1）建立标准网络模型，以此揭示项目中各单位工程、单项工程之间的相互关系和施工程序以及搭接程度。

2）确定各工序的名称，选定适当的施工方案。

3）计算各工序对应的综合劳动定额。

4）计算各工序所含实物工程量。

5）计算工序作业时间。工序作业时间是网络技术中最基本的参数，它同工序的划分、劳动定额和实物工程量都为函数关系，同时工序作业时间计算是否准确也影响整个建设工期的计算精度。工序作业时间计算公式为：

$$D = Q/P \tag{8-2}$$

式中：D——工序作业时间；

Q——工序所含实物工程量；

P——综合劳动定额。

6）计算初始网络时间参数，得到初始工期值，确定关键线路和影响整个工期值的各工序组合；

7）进行工期一成本、劳动力、材料资源的优化后，得出最优工期；

8）根据网络计算的最优工期，考虑其他影响因素，进行适当调整后即为定额工期。

（2）数理统计法

数理统计法是把过去的有关工期资料按编制的要求进行分类，然后用数理统计的方法，推导出计算式求得统计工期值的方法。这种方法虽然简单，理论上可靠，但对数据的处理要求严格，要求建设工期原始资料完整、真实，剔除各种不合理的因素，同时要合理选择统计资料和统计对象。

数理统计法是编制工期定额较为通用的一种方法，具体的统计对象和统计对象预测的范围，根据编制工作的要求而确定，这里仅作简单介绍。

（3）专家评估法（Delphi 法，以下简称 D 法）

D 法是在问题难于用定量的数学模型、难于用解析方法求解时而采用的一种有效的估计预测的方法，属于经验评估的范围。通过调查建设工期问题专家、技术人员，对确定的工期目标进行估计和预测。采取 D 法首先要确定好预测的目标，目标可以是某项工程的建设工期，也可以是某个工序的作业时间或编制建设工期定额中的某个具体条件、某个数值等等。所选专家、技术人员必须经验丰富、有权威、有代表性，按照专门设计的征询表格，请专家填写，表格栏目要明确、简捷、扼要，填写方式尽可能简单，再经过数轮征询和轮回信息反馈，将各轮的评估结果作统计分析。如此不断修改评估意见，最终使评估结果趋于一致，才可作为确定定额工期的依据。

以上是建设工期定额的几种主要的编制方法，在实际工作中，可根据具体的建设项目采用一种或几种办法综合使用。对于某些项目，利用这几种基本方法已总结出了一套经验公式或表格来编制其建设工期定额，这些公式或表格有的已在建设工期定额使用、修订工作中发挥作用。

8.2.3 工期定额简介及应用

1.全国统一建筑安装工程工期定额简介及应用

《全国统一建筑安装工程工期定额》是在原城乡建设环境保护部 1985 年制定的《建筑安装工程工期定额》基础上，依据国家建筑安装工程质量检验评定标准、施工及验收规范等有关规定，按正常施工条件、合理的劳动组织，以施工企业技术装备和管理的平均水平为基础，结合各地区工期定额执行情况，在广泛调查研究的基础上本着平均先进、经济合理的原则修编而成。其工期定额总说明如下：

（1）全国统一建筑安装工程工期定额总说明及部分工期定额

1）本定额是编制招标文件的依据，是签订建筑安装工程施工合同、确定合理工期及施工索赔的基础，也是施工企业编制施工组织设计、确定投标工期、安排施工进度的参考。

2）由于我国幅员辽阔，各地气候条件差别较大，故将全国划分为I、II、III类地区，分别制定工期定额。

I类地区：上海、江苏、浙江、安徽、福建、江西、湖北、湖南、广东、广西、四川、贵州、云南、重庆、海南。

II类地区：北京、天津、河北、山西、山东、河南、陕西、甘肃、宁夏。

III类地区：内蒙、辽宁、吉林、黑龙江、西藏、青海、新疆。

同一省、自治区内由于气候条件不同，也可按工期定额地区类别划分原则，由省、自治区建设行政主管部门在本区域内再划分类区，报建设部批准后执行。

设备安装和机械施工工程不分地区类别，执行统一的工期定额。

3）本定额是按各类地区情况综合考虑的，由于各地施工条件不同，允许各地有15%以内的定额水平调整幅度，各省、自治区、直辖市建设行政主管部门可按上述规定，制定实施细则，报建设部备案。

4）单项工程工期是指单项工程从基础破土开工（或原桩位打基础桩）起至完成建筑安装工程施工全部内容，并达到国家验收标准之日止的全过程所需的日历天数。

5）本定额工期以日历天数为单位。对不可抗力的因素造成工程停工，经承发包双方确认，可顺延工期。

6）因重大设计变更或发包方原因造成停工，经承发包双方确认后，可顺延工期。因承包方原因造成停工，不得增加工期。

7）施工技术规范或设计要求冬季不能施工而造成工程主导工序连续停工，经承发包双方确认后，可顺延工期。

8）本定额项目包括民用建筑和一般通用工业建筑。凡定额中未包括的项目，各省、自治区、直辖市建设行政主管部门可制定补充工期定额，并报建设部备案。

9）有关规定：

①单项（位）工程中层高在2.2m以内的技术层不计算建筑面积，但计算层数。

②出屋面的楼（电）梯间、水箱间不计算层数。

③单项（位）工程层数超出本定额时，工期可按定额中最高相邻层数的工期差值增加。

④一个承包方同时承包2个以上（含2个）单项（位）工程时，工期的计算：以一个单项（位）工程的最大工期为基数，另加其他单项（位）工程工期总和乘相应系数计算：加一个乘系数0.35；加2个乘系数0.2；加3个乘系数0.15；4个以

上的单项（位）工程不另增加工期。

⑤坑底打基础桩，另增加工期。

⑥开挖一层立方后，再打护坡桩的工程，护坡桩施工的工期承发包双方可按施工方案确定增加无数，但最多不超过50天。

⑦基础施工遇到障碍物或古墓、文物、流砂、溶洞、暗滨、淤泥、石方、地下水等需要进行基础处理时，由承发包双方确定增加工期。

⑧单项工程的室外管线（不包括直埋管道）累计长度在100 m以上，增加工期10天；道路及停车场的面积在500 m^2 以上，在1 000 m^2 以下者增加工期10天；在5 000 m^2 以内者增加工期20天；围墙工程不另增加工期。

10）本定额凡注明“×××以内（下）”者，均包括“×××”本身，注明“×××以外（上）”者，则不包括“×××”本身。

表8-3、表8-4为摘录的部分单项工程工期定额。

±0.000以下工程有地下室部分工期定额 表8-3

序号	类别	定额编号	层数或名称	建筑面积或规格	1、2类土	3、4类土
1	A12	1-10	1	500以内	75	80
2	A12	1-11	1	1 000以内	90	95
3	A12	1-12	1	1 000以外	110	115
4	A12	1-13	2	1 000以内	120	125
5	A12	1-14	2	2 000以内	140	145
6	A12	1-15	2	3 000以内	165	170
7	A12	1-16	2	3 000以外	190	195
8	A12	1-17	3	3 000以内	195	205
9	A12	1-18	3	5 000以内	220	230
10	A12	1-19	3	7 000以内	250	260
11	A12	1-20	3	10 000以内	280	290
12	A12	1-21	3	15 000以内	310	320
13	A12	1-22	3	15 000以外	345	355
14	A12	1-23	4	5 000以内	255	270
15	A12	1-24	4	7 000以内	285	300
16	A12	1-25	4	10 000以内	315	330
17	A12	1-26	4	15 000以内	345	360
18	A12	1-27	4	2 000以内	380	395
19	A12	1-28	4	20 000以外	415	430

±0.000以上综合楼工程部分工期定额 表8-4

序号	类别	定额编号	层数或名称	建筑面积或规格	结构类型（装修标准）	I类	II类	III类
19	A15	1-667	6	3 000以内	砖混结构	200	210	240
20	A15	1-668	6	5 000以内	砖混结构	215	225	255
21	A15	1-669	6	7 000以内	砖混结构	235	245	275
22	A15	1-670	6	7 000以外	砖混结构	255	265	295
23	A15	1-671	7	3 000以内	砖混结构	225	235	265
24	A15	1-672	7	5 000以内	砖混结构	240	250	280
25	A15	1-673	7	7 000以内	砖混结构	260	270	300
26	A15	1-674	7	7 000以外	砖混结构	285	295	325
27	A15	1-675	8以下	5 000以内	全现浇结构	230	240	275
28	A15	1-676	8以下	7 000以内	全现浇结构	245	255	290
29	A15	1-677	8以下	10 000以内	全现浇结构	265	275	310
30	A15	1-678	8以下	15 000以内	全现浇结构	285	295	330
31	A15	1-679	8以下	15 000以外	全现浇结构	305	320	355
32	A15	1-680	10以下	7 000以内	全现浇结构	275	285	320
33	A15	1-681	10以下	10 000以内	全现浇结构	295	305	340
34	A15	1-682	10以下	15 000以内	全现浇结构	310	325	360
35	A15	1-683	10以下	20 000以内	全现浇结构	335	350	390
36	A15	1-684	10以下	20 000以外	全现浇结构	360	375	415

（2）单位工程工期定额有关规定及说明

1）单位工程工期定额子目是按用途、结构、面积和层数划分的。

2）多用途的单位工程工期，分别套用不同用途的定额工期，按面积加权平均值计算。

3）多种结构的单位工程工期，分别套用不同结构的定额工期，按面积加权平均值计算。

4）不同层数组成的单位工程工期，当高层数部分的面积占30%及以上时，按高层数的定额计算工期；不足30%时，按低层数计算工期。凡按不同层数计算工期的，不再执行2、3条规定。

5）定额中地下室、地下车库工程的工期应和带地下室、地下车库工程的工期合并计算，不单独使用。独立的地下车库工期按地下车库工期乘系数2.5。

6）影剧院的层数指观众厅层数；锅炉房的层数指锅炉间的层数。

7）定额中的现浇框架结构指全现浇（梁、柱、板）。如部分现浇、部分预制，其工期按现浇框架乘系数0.96。

8）单身宿舍的工期按住宅的工期乘系数0.90。

9）带站台的仓库（不含冷库工程）其工期乘系数1.15。

10）带裙房的住宅、办公、教学、旅馆、医疗、科研楼，其工期另增30天。

11）本定额砖木、砖混结构的抗震设防按7度制定的，如为8度时，其工期乘系数1.02。

表8-5为摘录的部分单位工程工期定额。

±0.000以上结构工程部分工期定额 表8-5

序号	类别	定额编号	层数或名称	建筑面积或规格	结构类型（装修标准）	I类	II类	III类
1	A22	2-100	20以下	25 000以内	内浇外挂结构	300	310	340
2	A22	2-101	20以下	30 000以内	内浇外挂结构	305	320	355
3	A22	2-102	20以下	30 000以外	内浇外挂结构	320	335	370
4	A22	2-103	8以下	5 000以内	全现浇结构	185	190	210
5	A22	2-104	8以下	7 000以内	全现浇结构	195	200	220
6	A22	2-105	8以下	10 000以内	全现浇结构	205	215	235
7	A22	2-106	8以下	15 000以内	全现浇结构	220	230	255
8	A22	2-107	8以下	15 000以外	全现浇结构	240	250	275
9	A22	2-108	10以下	7 000以内	全现浇结构	210	220	245
10	A22	2-109	10以下	10 000以内	全现浇结构	225	235	260
11	A22	2-110	10以下	15 000以内	全现浇结构	240	250	275
12	A22	2-111	10以下	20 000以内	全现浇结构	255	265	295
13	A22	2-112	10以下	20 000以外	全现浇结构	275	285	315
14	A22	2-113	12以下	10 000以内	全现浇结构	250	260	290
15	A22	2-114	12以下	15 000以内	全现浇结构	265	275	305
16	A22	2-115	12以下	20 000以内	全现浇结构	280	290	320
17	A22	2-116	12以下	25 000以内	全现浇结构	295	305	335
18	A22	2-117	12以下	25 000以外	全现浇结构	310	325	360
19	A22	2-118	14以下	10 000以内	全现浇结构	275	285	315
20	A22	2-119	14以下	15 000以内	全现浇结构	290	300	330
21	A22	2-120	14以下	2 000以内	全现浇结构	300	315	345
22	A22	2-121	14以下	25 000以内	全现浇结构	315	330	365

续上表

序号	类别	定额编号	层数或名称	建筑面积或规格	结构类型（装修标准）	I类	II类	III类
23	A22	2-122	14以下	25 000以外	全现浇结构	335	350	385
24	A22	2-123	16以下	10 000以内	全现浇结构	295	310	340
25	A22	2-124	16以下	15 000以内	全现浇结构	310	325	360
26	A22	2-125	16以下	20 000以内	全现浇结构	325	340	375
27	A22	2-126	16以下	25 000以内	全现浇结构	340	355	390
28	A22	2-127	16以下	25 000以外	全现浇结构	360	375	415
29	A22	2-128	18以下	15 000以内	全现浇结构	335	350	385
30	A22	2-129	18以下	20 000以内	全现浇结构	350	365	405

（3）群体住宅工期计算

1）群体住宅工程指两栋及两栋以上具备流水施工条件的住宅工程，不包括区配套的文化、商业公共设施和各种管线、绿化、道路工程。

2）多层住宅和多层群体住宅指8层以下的住宅和群体住宅；9层及9层以上的住宅和群体住宅称为高层住宅和高层群体住宅。

3）本定额多层群体住宅以7栋30 000m^2、高层群体住宅以3栋或5栋60 000m^2为限；超过以上规定，其工期按最相邻数、面积和栋数的工期差递增。

4）群体住宅工程中，高层住宅面积占总面积50%及以上时，工期按高层群体住宅工程计算，其栋数为高层住宅栋数加多层住宅折算为高层住宅的栋数；高层面积不足50%时，工期分别套用多层和高层群体住宅定额工期，按面积加权平均值计算。

【例8-1】 II类地区某7栋内浇外挂群体住宅，总面积32 000m^2，其中16层、2栋16 500m^2，6层、5栋15 500m^2，试求其工期。

【解】 高层住宅面积占总面积P＝16 500÷32 000×100%＝51.56＞50%，即套高层群体住宅定额工期；

多层住宅按面积折算成高层住宅栋数，即15 500÷8 250＝1.88≈2（栋）；

折算后为4栋16层32 000m^2，查定额32-32，工期为24.5个月。

5）高层群体住宅工程中，有两种及两种以上不同层数时，其工期分别套用不同层数住宅的定额工期，按面积加权平均值计算。

6）不同结构的群体住宅工期，分别套用不同结构的定额工期，按面积加权平均值计算。

7）单位工程定额中有关增减系数和天数的规定也适用于群体住宅工程，但不得按每栋的系数和天数累计计算。

8）群体住宅工程中单栋住宅工程的工期按施工组织设计的计划工期或合同工期考核。

2.铁路工程建设工期定额简介及应用

(1) 铁路工程建设工期定额（以下简称本定额）系根据国家计委计标【1986】619 号《关于编制建设工期定额的几点意见》等文件的要求，以现行的铁路有关技术标准、规范、定额和标准图、通用图等为主要依据，在广泛搜集分析已建成的铁路工程建设资料的基础上，以正常的建设条件为前提，根据铁路工程建设的平均管理及施工装备水平，本着切合实际、科学合理、均衡组织施工的原则，采取细算粗定的方法编制。

(2) 本定额结合铁路工程建设的特点，按项目的具体组成和工程内容不同，分为建设项目、单项工程和单位工程三个层次结构。

(3) 本定额适用于国家Ⅰ级铁路工程建设的新建单线、双线、枢纽、增建第二线和既有线电气化铁路工程等建设项目以及深水特大桥、隧道、站场改造、既有线顶进钢架式立交桥、机务段和车辆段等分项工程。其他等级和性质的铁路工程建设可结合具体情况参考使用。

(4) 本定额主要为国家铁路工程建设项目前期工作服务，是确定和评审铁路项目建议书、设计任务书建设工期的依据，对于建设工程进行投资包干、工程招投标等工作中的工期管理具有指导作用。其中部分单项工程和单位工程定额，除供建设项目综合分析确定工期外，亦可作为初步设计阶段编制施工组织设计的参考。

(5) 定额中的总工期系指从设计文件规定的正式工程破土动工，到全部工程竣工，验收合格的全过程所需的额定时间。总工期以月为计量单位，系指有效作业的月数，每月按 25.5 天折算。

(6) 本定额除特殊地区，如青藏高原、东北原始森林外，其他各种影响因素均已在定额内综合考虑，使用时不再调整。

(7) 本定额的总工期不包括施工准备工作。鉴于铁路工程建设的特点，其施工准备工作（主要指征地、拆迁和临时工程）等系贯穿于建设全过程。为使建设项目所需工期形成一个较完整的概念，除按国家计委统一规定的总工期外，还应包含具备正式工程开工条件必须完成的施工准备工作，一般情况按 4～8 个月考虑。

(8) 定额编号栏内××—××—××，根据统一规定，前两位数字系表示铁道部门编号，中间两位数字系指工程分类的章和节号，后两位数字系指每节的顺序号。

地形划分标准是按国家计委计设【1984】863号文发布的《工程勘察取费标准》中地形的困难类别划分表的五类合并为四类，具体对应关系如表8-6所示。

地形划分标准 表8-6

名　称	困难类别	地形条件
平原	I、II	地形平埠或起伏有规律，比高在20 m以内
丘陵	III	地形起伏大但有规律或比高在21～80 m的大丘陵地
一般山区	IV	地形起伏变化很大或比高在81～150 m的山地
困难山区	V	地形交错很厉害，比高在150 m以上的山地

定额中平丘为平原及丘陵两种地形的统称；多山区为一般和困难山区的统称。

当一条线路跨越几种地形时，其工期的确定方法在一般情况下可按主要代表地形选用。否则，应结合不同地形长度、施工方法、劳动组织等因素，经综合分析后选用。

（9）当线路长度在定额项目所列的档次之间时，可用内插法求得工期。

新建单线铁路工程建设工期定额见表8-7。

新建单线铁路工程建设工期定额 表8-7

类别：蒸汽、内燃牵引　　单位：月

编号	项目名称及规模			总工期	备　注		
	线路长度（km）	地形	铺架方式		施工人数（万人）	流水次数（n）	每正线公里主要工程数量及劳动量
11-01	50	平原	单向	23	0.5	0	路基土石方37.5千断面立方米；大、中桥27延长米；劳动量2.29万工天
11-02	100			24	1.0	0	
11-03	150			26	1.5	0	
11-04	200			28	2.0	0	
11-05	250			32	1.5	1	
11-06	300			36	1.5	1	
11-07	300	平原	双向	26	3.0	0	
11-08	400		单向	38	2.0	1	
11-09	400		双向	28	4.0	0	
11-10	500		单向	40	2.5	1	
11-11	500		双向	32	3.0	1	
11-12	600		单向	42	2.5	2	
11-13	600		双向	36	3.0	1	

续上表

编号	项目名称及规模			总工期	备注		
	线路长度（km）	地形	铺架方式		施工人数（万人）	流水次数（n）	每正线公里主要工程数量及劳动量
11-14	50	丘陵	单向	34	0.5	0	路基土石方 68.8 千断面立方米；大、中桥 46 延长米；3 000m 以下隧道 17 延长米；劳动量 4.63 万工天
11-15	100			36	1.0	0	
11-16	150			38	1.5	0	
11-17	200			40	2.0	0	
11-18	250			42	2.0	1	
11-19	300			48	2.0	1	
11-20	300		双向	38	3.0	0	
11-21	400		单向	52	2.5	1	
11-22	400		双向	40	4.0	0	
11-23	500		单向	56	3.0	1	
11-24	500		双向	42	4.0	1	
11-25	600		单向	61	3.0	2	
11-26	600		双向	48	4.0	1	
11-27	50	一般山区	单向	36	1.0	0	路基土石方 110.5 千断面立方米；大、中桥 71 延长米；3 000m 以下隧道 98 延长米；劳动量 10.18 万工天
11-28	100			38	2.0	0	
11-29	150			41	3.0	0	
11-30	200			43	4.0	0	
11-31	250		单向	49	3.5	1	
11-32	300		单向	56	3.5	1	
11-33	300		双向	41	6.0	0	
11-34	400		单向	66	4.0	1	
11-35	400		双向	43	8.0	0	
11-36	500		单向	74	4.5	1	
11-37	500		双向	49	7.0	1	
11-38	600		单向	82	4.5	2	
11-39	600		双向	56	7.0	1	

续上表

编号	项目名称及规模			总工期	备注		
	线路长度（km）	地形	铺架方式		施工人数（万人）	流水次数（n）	每正线公里主要工程数量及劳动量
11-40	50	困难山区	单向	37	1.5	0	路基土石方 120.8 千断面立方米；大、中桥 90 延长米；3 000m 以下隧道 210 延长米；劳动量 15.57 万工天
11-41	100			44	2.5	0	
11-42	150			49	3.5	0	
11-43	200			53	4.5	0	
11-44	250			60	4.0	1	
11-45	300			65	4.5	1	
11-46	300		双向	49	7.0	0	
11-47	400		单向	77	5.0	1	
11-48	400		双向	53	9.0	0	
11-49	500		单向	83	6.0	1	
11-50	500		双向	60	8.0	1	
11-51	600		单向	92	6.0	2	
11-52	600		双向	65	9.0	1	

注：①本定额是选用合理的流水次数 n 进行计算的。

$n=0$ 系指档次长度内工程一次全面施工。

$n=1$ 系指档次长度内工程分为两段，先开工一段，当主体工程基本完成后，再延伸至第二段施工。

$n=2$ 系指档次长度内工程分为三段，依次延伸施工。

②表中所列每正线公里劳动量包括设计文件规定的正式工程以及开工后的备料运输、临时工程等劳动量。

③应根据分期投资分段施工计算工期。当一次投资修建的线路长度超出本定额范围时，每增加 100km 按表 8-8 增加工期。

每增加 100km 增加工期　　单位：月　　表 8-8

地　形	单 向 铺 架	双 向 铺 架
平原	3	1
丘陵	4	2
一般山区	5	3
困难山区	6	4

习 题

1. 简述投资估算指标的概念。
2. 简述单项工程划分的原则。
3. 建设工期定额的编制原则主要有哪些?
4. 常用的建设工期定额编制方法有哪些?

第9章 工程定额管理信息化技术

学习要点

本章详细介绍了工程定额管理信息系统及其发展现状，并介绍了计算机应用技术和信息技术在企业定额和国家或地区消耗量定额两个方面的应用。通过本章的学习，使同学对计算机应用技术和信息技术在工程定额管理领域的应用有所了解，能够初步学习应用常用的定额生成软件，从企业定额和国家或地区消耗量定额两个方面对定额进行编制。

9.1 概述

随着计算机应用技术的飞速发展，工程定额管理工作也有了质的飞跃。人们从借助纸笔手工收集编制及运用工程定额转变为借助软件及网络平台来完成大量原始数据的处理、整合等工程定额管理工作。要深入理解工程定额管理信息化技术，必须了解工程定额管理信息系统的含义。

9.1.1 工程定额管理信息系统

管理信息系统（Management Information System，MIS）是一个由人、计算机等组成的能进行信息收集、传递、存储、加工、维护和使用的系统，它是一门综合了经济管理理论、运筹学、统计学、计算机科学的系统边缘学科。一般来说，一个管理信息系统是由信息源、信息处理器、信息用户和信息管理者四大部件组成的。

工程定额管理信息系统（Construction Ration Management Information System，CRMIS）是管理信息系统在工程定额管理方面的具体应用。它是指由人和计算机组成的，能对工程定额的编制、运用、维护及管理的有关信息进行较全面的收集、传输、加工、维护和使用的系统。它能充分积累和分析工程资料，并能有效利用过去的数据来预测未来变化和发展趋势，以期达到对工程定额实现合理确定与有效控制的目的。如图9-1所示。

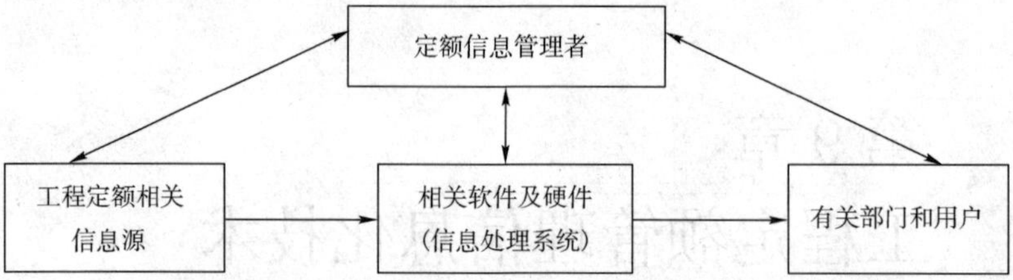

图 9-1　工程定额管理信息系统的组成

随着计算机软硬件和网络信息技术的充分利用，工程定额的生成和运用必然经历由不成熟到成熟，由实践到理论的多次反复螺旋上升的过程。在这一过程中，社会的生产技术在不断发展，管理水平和管理体制也在不断更新。因此，工程定额的管理过程也是一个互动的自我完善的过程。

9.1.2　工程定额管理信息化的现状

我国推行工程量清单计价体系后，对工程定额管理信息化提出了十分迫切的要求。目前我国的工程定额信息管理主要以国家和地方政府主管部门为主，通过各种渠道来进行工程定额信息的搜集、处理和发布；同时鼓励及指导施工企业根据本企业的实际情况建立自己的定额资料数据库。国家对工程定额的管理逐渐由强制性转变为指导性，各地区针对各自生产力水平不同编制工程消耗量定额，定期公布人工、材料、机械等价格的信息。施工企业迫切需要利用计算机软件及网络平台建立自己的企业定额，但由于大多数施工企业在规模和能力上都达不到这一要求，因此这些工作在很大程度上委托给工程造价咨询公司或工程造价软件公司去完成。

9.1.3　工程定额管理信息化目前存在的问题

（1）缺乏对定额信息的采集、加工和传播的统一规划、统一编码、系统分类，信息系统开发与资源拥有之间处于相互封闭、各自为战状态，其结果是无法达到信息资源共享的优势，更多的管理者满足于目前的表面信息，忽略信息深加工。

（2）信息网络建设有待完善。现在工程造价多为定额网站或咨询公司所建，网站内容主要为定额颁布、价格信息、相关文件转发、招投标信息发布、企业或公司介绍等，网站只是将已有造价信息在网站上显示出来，缺乏对这些信息的整理与分析。

（3）信息资料的积累和整理还没有完全实现与工程量清单计价模式的接轨。由于信息的采集、加工处理上具有很大的随意性，没有统一的模式和标准，造成了在投标报价时难以直接使用，还需要根据要求进行不断地调整，但显然仍不能满足新形势下市场定价的要求。

从以上可以看出，我国工程定额管理的信息技术应用虽然已经获得了长足的进步，但还存在很多不足，这也正是我国工程定额管理信息技术需要快速提升的地方。

9.2 建筑企业定额管理信息化技术

9.2.1 加强企业定额管理信息化对建筑企业的现实意义

1. 企业定额管理信息化有助于企业提高投标报价能力

企业定额是施工企业根据自身的技术专长、施工设备配备情况、材料来源渠道及管理水平等所规定的为完成工程实体消耗的各种人工、材料、机械和其他费用的标准。一个成功的投标商在报价时常常考虑如下策略：研究工程性质与特点，制定工程业主愿意接受的价位区间，最后根据投标经验确定投标价。依据企业定额对工程量清单实施报价，能够较为准确地体现施工企业的实际管理水平和施工水平，能保证在标价具有竞争力的条件下，获取尽可能大的经济效益。

2. 企业定额管理信息化是提升企业内部管理水平的关键

企业应该拥有一套完整的分配原则，以企业定额为基础，合理制定出一个质和量的标准，从而保证按劳分配，多劳多得。企业在按劳分配、多劳多得的分配原则基础上，还应该建立一套合理的竞争机制和激励制度。企业内部的竞争，不能只看完成任务的数量或质量等单一层面，更不能简单的以完成的工作量作为奖励标准，要综合考虑竞争参与者实际所处的客观环境的现实情况和所拥有的现实条件，确定在一种什么样的公平环境下进行奖励，这样才能调动人的积极性，才能真正做到激励有效，而这个公平的前提就是企业定额。

3. 企业定额管理信息化有利于提升企业核心竞争力

企业定额直接体现施工企业核心竞争力，其管理过程能够直接对企业的技术，经营管理水平，工期质量价格等因素进行准确的测算和控制，进而能够控制项目的成本。企业定额是本企业已完工程数据的积累和提炼，并与施工方案实现双向反馈，是衡量施工过程中人工、材料和机械消耗量是否合理的标准，是分析成本节约和超支的重要依据，对目标成本合理确定和有效控制以及对成本分析和考核都有着重要的作用，是加强施工项目成本管理必须做好的基础工作。因此，企业定额信息化管理是实现项目成本管理信息化的基础，项目成本管理信息化又会对企业定额的不断完善提供条件。由于企业定额直接反映了本企业的施工生产力水平，运用企业定额就可以更合理地组织施工生产，有效确定和控制施工中的人力和物力消耗，节约成本开支。同时，企业内部施工定额作为企业内部生产管理的标准文件，结合了企业自身技术力量，利用科学管理的方法提高企业的竞争力和经济效益，为企业进一步拓展生存的空间打下了坚实的基础。

9.2.2 企业定额管理信息系统

企业定额管理信息系统是一项庞大而复杂的系统工程，涉及到技术、物资、机械设备、财务、劳资、造价等不同的部门和专业。利用计算机软硬件和网络信息技术进行企业定额管理主要体现在三个方面：即编制、运用及其维护，见图 9-2。编制时企业要在正常的施工条件下，对某一施工过程或工序所需的人工、材料和机械

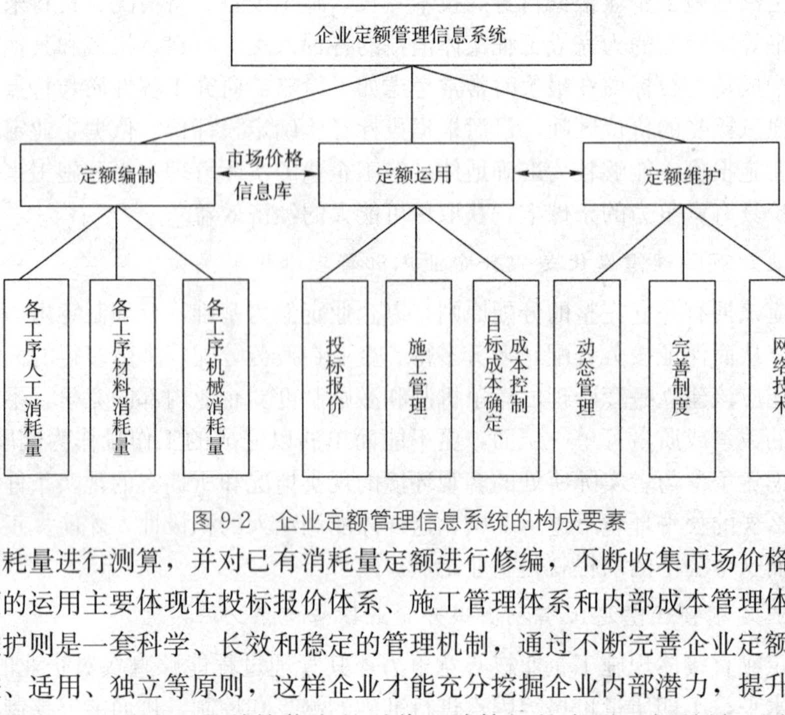

图 9-2 企业定额管理信息系统的构成要素

台班消耗量进行测算，并对已有消耗量定额进行修编，不断收集市场价格信息。企业定额的运用主要体现在投标报价体系、施工管理体系和内部成本管理体系中的作用。维护则是一套科学、长效和稳定的管理机制，通过不断完善企业定额，使其具有先进、适用、独立等原则，这样企业才能充分挖掘企业内部潜力，提升企业形象和综合实力。21 世纪，是科技信息的时代，计算机的发展日新月异，网络信息化已经进入到企业的管理层面。只有靠计算机的强大存储、自动处理和网络信息传递功能，才能提高企业的定额管理水平。此外，通过工程测算信息系统及网络技术保证定额的稳定性。企业定额编制和管理是个动态的过程，需要大量的外部信息和企业内部信息的收集、整理、分析才能完成。施工单位应利用高速发展的计算机技术建立起完善的工程测算信息系统，通过计算机网络及时获取招投标信息、材料反馈和工程造价的各种信息，从而提高企业定额的工作效率和管理效能。

9.2.3 企业定额管理信息化技术

1. 企业定额编制

企业定额是施工企业根据自身的典型工程的实际消耗测算、积累而形成的企业的人工、材料和机械台班消耗标准。它反映一个企业的施工技术和管理水平。企业定额编制的内容要基本涵盖企业施工的主要工程类型。按《建设工程工程量清单计价规范》要求，编制的内容可分为：工程实体消耗定额，即构成工程实体的分部（项）工程的工、材、机的定额消耗量；措施性消耗定额，即有助于工程实体形成的临时设施、技术措施等定额消耗量。为了尽快地适应工程量清单计价的市场竞争要求和建立相应的运行机制，企业应在国家、地区、行业发布的指导性工程消耗定额和计费方法的基础上，结合企业人员结构、装备水平、技术力量、施工能力、财务状况，选取具有代表性的分部（分项）工程为对象，有针对性地收集资料、核查补充、测算研究。同时参考相关的施工定额、劳动定额、时间定额，研究四个方面的问题，在加强管理，提高劳动生产率的情况下，人工用量能否减少；在加强管理的情况下材料损耗率能否降低；管理费用、利润、规费、税金支出及构成情况；项目划分和编制结构是否合理。通过反复地修正、补充、完善工程消耗定额和计费标准，达到建立企业定额的目的，较为实际、合理地反映本企业的计价水平。但必须注意的问题是：不能把传统工程定额或施工定额的编制方法用于编制企业定额，更不能将传统工程定额或施工定额采取折扣系数的形式把企业定额的编制简单化，而是要实实在在地反映本企业的消耗水平。

现有的企业定额生成软件，可以对企业定额进行编制和维护。软件中企业定额生成原理（如图9-3）及方法有以下几种：

（1）以现有政府定额为基础，利用复制、拖动等功能快速生成为企业定额库。在以后投标报价时，可以选择任何消耗量定额库或企业定额，作为投标报价的依据。

（2）依分包价测定定额水平，用水平系数进行维护企业定额，并能做到分包对比，对分包价按一定的规则测定定额水平，并能分摊到人为确定的定额含量上。

（3）企业可以自行测算进行调整企业定额水平，这项工作在企业应用清单组价软件的过程中由计算机自动积累生成。

（4）企业定额生成器中可以把材料厂家的供应价、数字建筑网站的材料信息价、材料管理软件中的企业制造成本的材料采购价、入库价及出库价等综合计算，得到企业用于投标报价综合材料价格信息库，并能自动对该库进行增、删、改、替等项的维护。

（5）在使用清单组价软件的过程中，不但能多方案地组价，还可以不断积累每个清单组价过程中的定额消耗量数据及组价数据，并能对每次的数据进行分析判

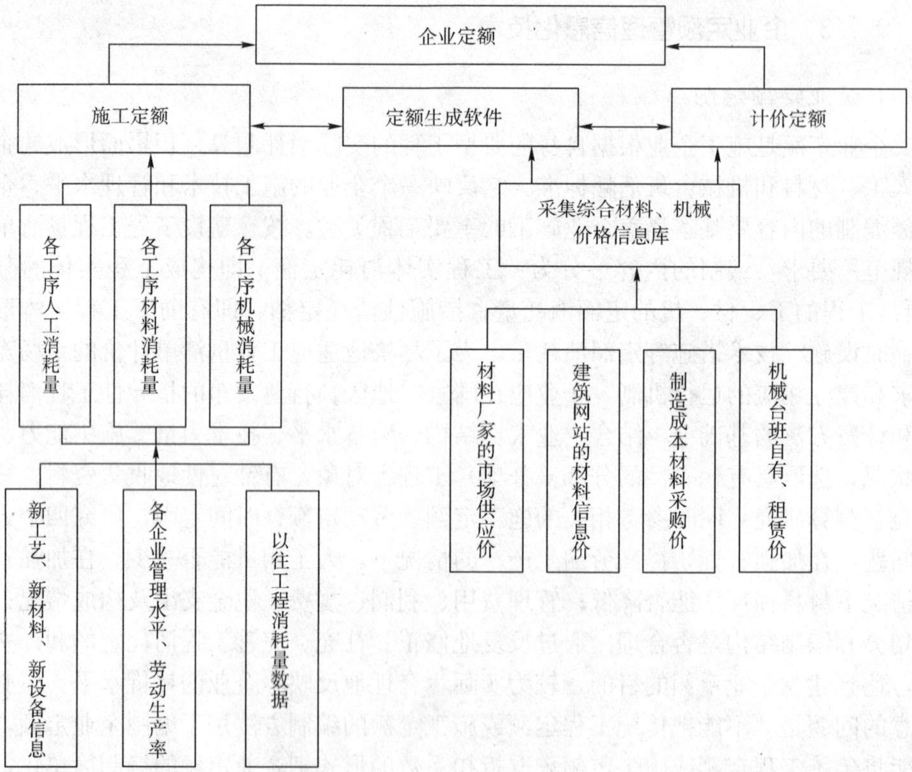

图 9-3　企业定额生成原理图

比，形成按不同工艺的工艺包。对判比结果计算机可以自动对企业定额维护，当用户再次对该清单项目进行组价时，只需要调用企业定额内的工艺包，就可以把过去输入的组价数据及定额含量全部读入。该功能可以极大提高用户组价的工作效率，也是实行工程量清单计价规范以后企业快速、准确组价的主要手段。

软件中企业定额生成系统，它能够帮助用户在各地的消耗量定额的基础上，根据企业自身的状况进行改造，比如调整定额含量、修改材料价格等，这样就能够形成一个相对简单的企业定额库，当然这只是企业定额的雏形，最主要的是要根据企业的发展进行数据积累，通过不断地积累，才能形成完善的企业定额。

2. 企业定额的运用

企业应建立法人—项目经理部—作业层三级成本管理体系，企业定额可成为落实成本目标，逐级对目标成本实施过程控制的标准。首先，企业可以在分析市场环境和内在条件的基础上，按校核过的工程量套用企业定额，确定生产要素消耗量，再根据预测的生产要素价格，计算确定施工项目成本目标。其次，编制施工项目成本计划，可按照企业定额，将整个项目成本目标逐层分解到分部分项工程中，形成具有指导性和控制性的计划体系。再次，按企业定额的细目，根据实际记录的工程进度、工程量和生产要素消耗量，对施工项目成本进行核算。最后，企业还可依赖企业定额进行核算并与计划指标对比，以发现成本偏差，进而分析产生偏差的原因，采取措施加以纠正。

项目成本管理信息系统是在项目成本管理组织、项目成本管理工作流程基础上设计的，并全面反映他们之中的信息和信息流。所以对项目成本管理组织、项目成本管理工作流程的研究是建立管理信息系统的前提，而信息标准化、工作程序化、规范化是它的基础。在图 9-4 所示的成本管理工作流程中，可以认为它不仅是一个

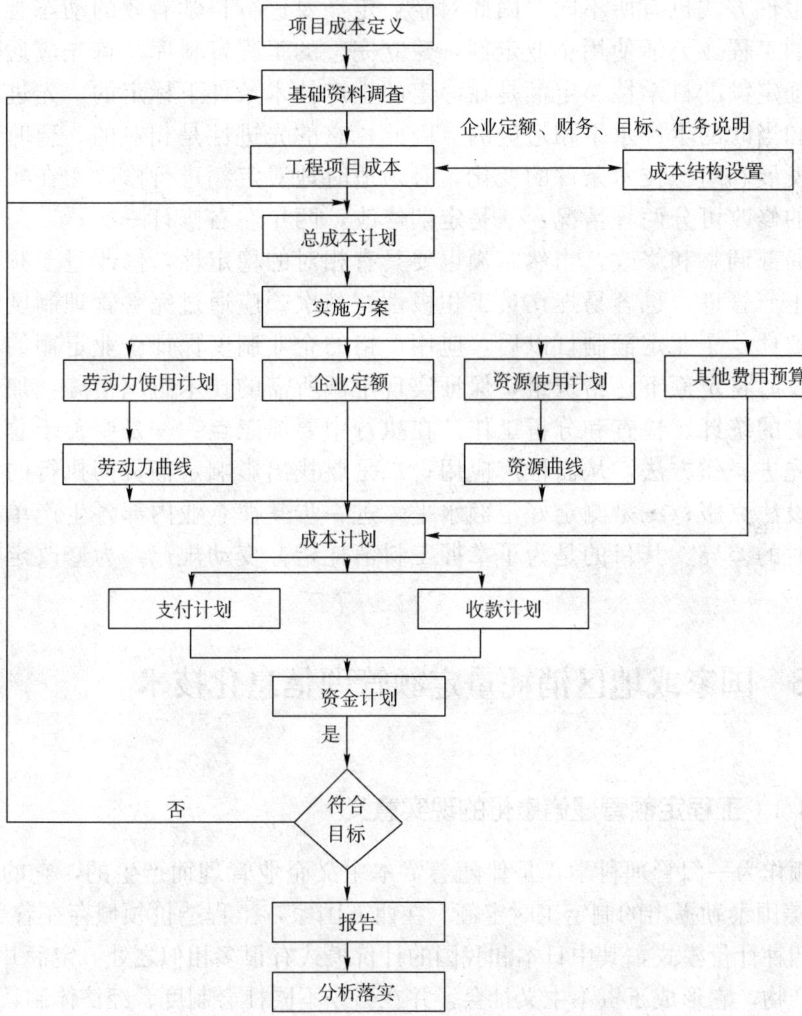

图 9-4　工程项目成本管理流程图

工作流程，而且反映了一个管理信息的流程，反映了各个工作职能之间的信息关系。为提高工程项目成本管理水平，实现工程项目成本管理信息化，必须要利用计算机以及网络技术实现项目成本管理。通过收集、存储和处理有关数据，建立项目成本管理信息系统，为项目成本管理人员提供信息，作为项目成本管理规划、决策、控制和检查的依据，以保证项目成本管理工作顺利实施。

3. 企业定额的维护

在工程量清单计价方式下，不同的工程有不同的工程特征，施工方案等等因素，报价方式也有所不同。因此对企业定额要进行科学有效的动态管理，针对不同的工程，灵活使用企业定额，建立完整的工程资料库。首先应通过动态管理保证定额的科学性。定额是在一定的生产技术条件下标定的，先进合理的定额是和当时的生产水平相适应的。因此，它的先进性是相对的、暂时的，随着生产发展和组织技术条件的变化，必须适时地对定额进行修改。在实际工作中定额的修改可分两种情况：一是定期修改，两年左右修订一次；二是不定期临时性局部调整和修改，当然定额也要具有相对的稳定性，修改过于频繁，既不利于生产管理，也容易挫伤员工积极性。其次，应通过完善管理制度保证定额的长效性。企业定额制订以后，应用严格的企业制度保证企业定额的贯彻执行。要及时将定额下达给班组，保证实现定额所需的技术组织措施，加强定额执行情况的统计、检查和分析工作。在执行中要抓三点：一是要善于总结先进经验和先进操作方法，从而推广应用；二是要找出影响定额贯彻执行的各种因素，并设法克服；三是测定好定额水平，进一步掌握企业内部各生产单位在执行定额时的差异。其目的是为了掌握工料消耗指标变动规律，为修改定额提供依据。

9.3 国家或地区消耗量定额管理信息化技术

9.3.1 工程定额管理信息化的现实意义

定额作为一门管理科学，是伴随着资本主义企业管理而产生的，它的雏形是20世纪美国泰勒提出的制定工时定额。在西方国家，工程造价领域存在着美、英、日、德四种计价模式，其中日本和我国的计价模式有很多相似之处。定额并非计划经济的产物，它形成于资本主义社会，并在当今不同社会制度、经济体制、市场机制中正发挥着积极的作用。定额的科学性包括了两重意义：一是指工程建设定额必须和生产力发展水平相适应，反映出工程建设中生产、消费的客观规律，作为国民经济建设中计划、调节、组织、预测、控制工程建设的可靠依据，实现它在管理中的作用；二是指工程建设管理在理论、方法和手段上必须科学化，以适应现代科学技术和信息发展的需要。定额的科学性是它在社会主义市场经济条件下存在的基础。在我国，工程定额管理信息化的现实意义在于：社会主义市场经济决定市场形成价格，不是取消定额，而是要加强定额的微观指导作用和宏观控制作用。它是对设计方案进行技术经济评价，对新结构、新材料进行技术经济分析的依据；是编制施工图预算、确定工程造价的依据；是编制地区单位估价表、概算定额和概算指标的基础资料。定额水平反映的是社会平均水平，体现社会必要劳动量，是在正常施工条件下多数工人和企业能够达到和超过的水平，因而对国家宏观控制有着十分重要的意义。微观上定额也是承包商控制建筑安装成本的主要依据。当今计算机的发展日新月异，网络信息化已经使信息资源共享化。只有靠计算机的强大存储、自动处理和网络信息传递功能，才能提高工程定额管理水平。

9.3.2 国家或地区消耗量定额管理信息化

在现阶段，工程定额管理必须适应社会主义市场经济体制下工程建设活动的要求，进行适当的改革和调整。

(1) 实行量价分离，建立以定额为指导、以竞争为结果的工程造价机制。为适应社会主义市场经济体制改革的需要，更好地与国际通用的工程计价办法接轨，合理确定工程项目投资，国家在工程造价管理中全面提倡应用实物法来编制项目各阶段的工程造价。实物法是指按具体项目消耗的人、材、机以及当时的市场价格来确定项目总费用。为了更好地适应这种计价方法，应当对现行工程定额的管理实行量价分离，由国务院建设行政主管部门统一制定符合国家有关标准、规范，并反映一定时期施工水平的人工、材料、机械等消耗量标准，制定国家或地区消耗量定额，实现国家对消耗量标准的宏观管理。

我国建设部标准定额研究所就是主要承担建设部所管工程建设行业标准、工程项目建设标准与用地指标、建筑工业与城镇建设产品标准、全国统一经济定额、建设工程项目可行性研究评价方法与参数的研究和组织编制与管理以及产品质量认证工作，建设部所属 18 个专业标准归口单位、4 个标准化技术委员会和建设领域国际标准化组织（ISO）国内的归口管理工作，以及标准定额的信息化和出版发行管理等工作的单位，它可以为保证建设工作项目质量和公众利益提供标准定额服务，为工程项目决策与宏观调控和工程建设实施与监督提供依据。

(2) 加强工程造价信息的收集、处理和发布，实现工程定额的动态管理。造价信息即建筑单位产品中人、材、机的消耗量以及相应市场价格。及时、准确地捕捉建筑市场价格信息以及人、材、机的消耗量，对建筑产品正确估价起着重要的作用。由于当前施工科技水平发展较快，新设备、新工艺、新材料随之不断出现，施工企业的管理水平和职工素质也在不断提高，人员的工资水平以及实物劳动生产率不断提高，国家对机械的折旧也制定了相关的加速折旧制度，这些对工程定额修编速度提出更高要求。现行的大多数国家或地区消耗量定额代表的还是以往的施工技术水平，因此很多方面不能适应目前施工水平的发展。许多新工艺、新材料、新设备定额空缺；许多定额中已有的子目施工技术水平较低，人、材、机的消耗量与目前相比较高，基础单价较低，而相互又不能得以平衡。因此，工程造价管理机构应做好工程造价资料积累工作，建立相应的信息网络系统，适当缩短定额的修编周期；由工程造价管理机构依据市场价格的变化及时发布人工、材料、机械单价等工程造价相关信息和指数，实现工程定额的动态管理。

综合以上两个方面，对于国家或地区消耗量定额信息化管理集中体现在人、材、机消耗量确定和市场价格信息化的管理上，见图 9-5。

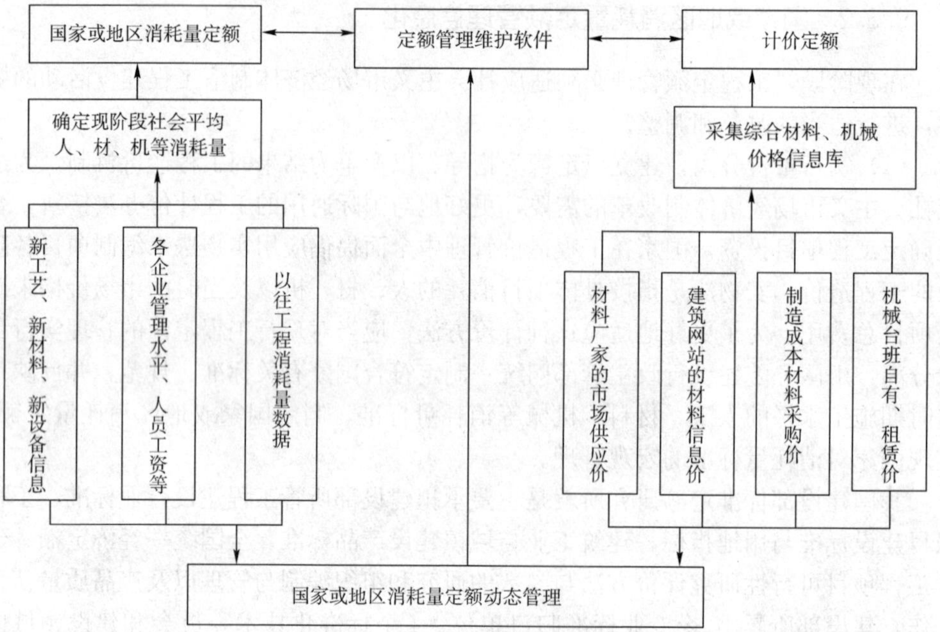

图 9-5　国家或地区消耗量定额信息化管理

9.3.3　国家或地区消耗量定额管理信息化技术

目前，互联网用于工程定额的管理，其主要功能包括：

（1）发布材料价格。提供不同类别、不同规格、不同品牌、不同产地的材料价格。另外材料价格与定额软件有机链接，在使用软件时可调出网上相关联的市场价格，进行自由组价；同时提供百余条主要材料的时间走势曲线、异地比较分析，从而方便用户实现成本控制、规避价格风险；网络上提供了全国上万条政府信息价，用户可以下载使用。

（2）发布以往积累工程历史数据资料及社会平均消耗量水平，方便用户查询类似工程，参考并审核本企业定额水平；促进提高企业工程项目管理水平。

国家发展改革委员会价格监测中心利用其有力的管理优势已连通全国 31 个省、自治区、直辖市及 32 个省会城市、自治区首府城市、计划单列市及各地方价格监测机构的网站，构成了覆盖全国的价格监测网络系统。并依托国家发展改革委员会的价格监测报告制度的实施工作，以分布在全国各地的 5 000 多个价格监测点采集上报的 2 000 余类商品及服务价格数据和市场分析预测信息为基础，经分析处理后形成丰富的信息产品，通过互联网向各级政府部门、社会用户及消费者提供价格信息及相关信息服务。

9.4 常用定额生成器软件介绍

在各种软件中的企业定额生成系统中，它能够帮助用户在各地的消耗量定额的基础上，根据企业自身的状况进行改造，比如调整定额含量、修改材料价格等，这样就能够形成一个相对简单的企业定额库，当然这只是企业定额的雏形，最主要的是要根据企业的发展进行数据积累，不断地积累过程才能形成完善的企业定额。以广联达软件中的企业定额生成器系统的应用为例，作以介绍。

（1）快速生成基本企业定额库，就是先用各地定额站颁布的消耗量定额作为参考依据，根据自身的各种条件做进一步的修改，形成能体现生产成本真实水平的定额。

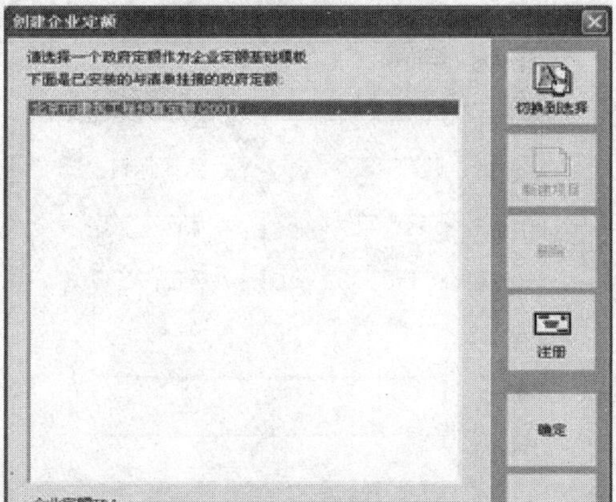

图 9-6　创建企业定额的界面

（2）无限编辑定额子目，每一条定额的定额号、名称、单位、材料的定额含量等均可按照企业的需求进行编辑修改，企业也可以向定额库中新增具有其特点的补充定额，并且对定额库按章、节、分部和分项进行管理，生成自己的定额库。

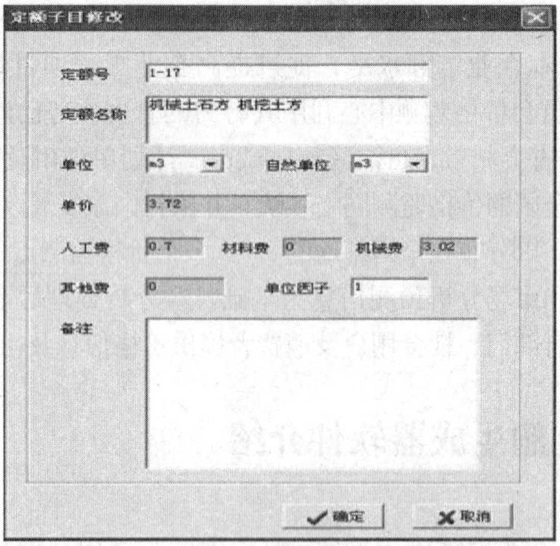

图 9-7　定额子目修改的窗口

（3）在此软件中建立了明确的材料分类系统，企业用户可以自由地修改材料的编号、名称规格、单位以及材料价格等信息，并且能够自动根据修改后的材料价格刷新定额价。

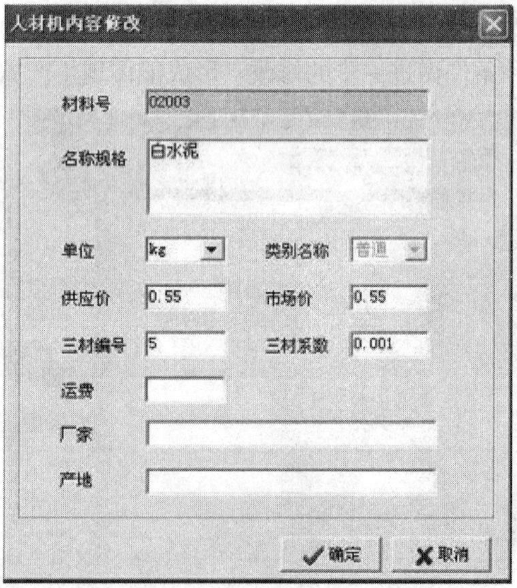

图 9-8　人材机内容修改的窗口

(4) 在清单组价软件中，按工作内容指引定额子目的选取是一个重要的功能，对于企业自己编制的企业定额的实现，软件中系统清单维护可以自己编辑清单的指引定额项，在组价软件中即可轻易的选择组价内容。

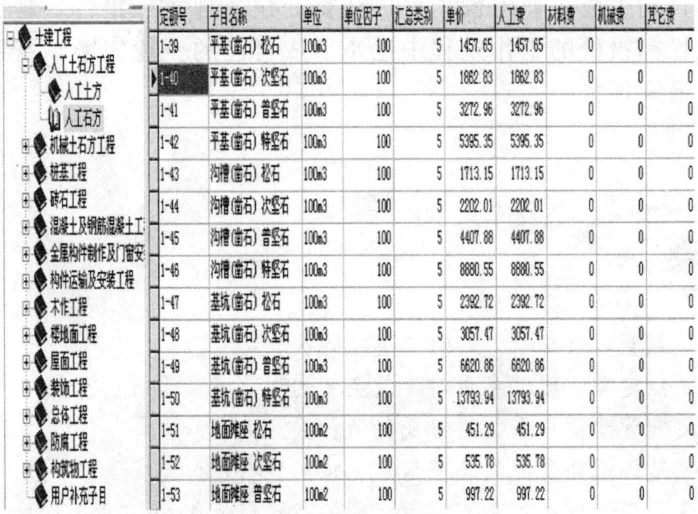

定额号	子目名称	单位	单位因子	汇总类别	单价	人工费	材料费	机械费	其它费
1-39	平基(凿石) 松石	100m3	100	5	1457.65	1457.65	0	0	0
1-40	平基(凿石) 次坚石	100m3	100	5	1862.83	1862.83	0	0	0
1-41	平基(凿石) 普坚石	100m3	100	5	3272.96	3272.96	0	0	0
1-42	平基(凿石) 特坚石	100m3	100	5	5395.35	5395.35	0	0	0
1-43	沟槽(凿石) 松石	100m3	100	5	1713.15	1713.15	0	0	0
1-44	沟槽(凿石) 次坚石	100m3	100	5	2202.01	2202.01	0	0	0
1-45	沟槽(凿石) 普坚石	100m3	100	5	4407.88	4407.88	0	0	0
1-46	沟槽(凿石) 特坚石	100m3	100	5	8880.55	8880.55	0	0	0
1-47	基坑(凿石) 松石	100m3	100	5	2392.72	2392.72	0	0	0
1-48	基坑(凿石) 次坚石	100m3	100	5	3057.47	3057.47	0	0	0
1-49	基坑(凿石) 普坚石	100m3	100	5	6620.86	6620.86	0	0	0
1-50	基坑(凿石) 特坚石	100m3	100	5	13793.94	13793.94	0	0	0
1-51	地面摊座 松石	100m2	100	5	451.29	451.29	0	0	0
1-52	地面摊座 次坚石	100m2	100	5	535.78	535.78	0	0	0
1-53	地面摊座 普坚石	100m2	100	5	997.22	997.22	0	0	0

图 9-9　定额组价的界面

(5) 可与组价软件联合应用。软件可以把编制后的定额与清单专业进行关联，打包成标准的 GBQ V2.0 清单和定额安装文件，直接安装到 GBQ V2.0 中，供用户使用。

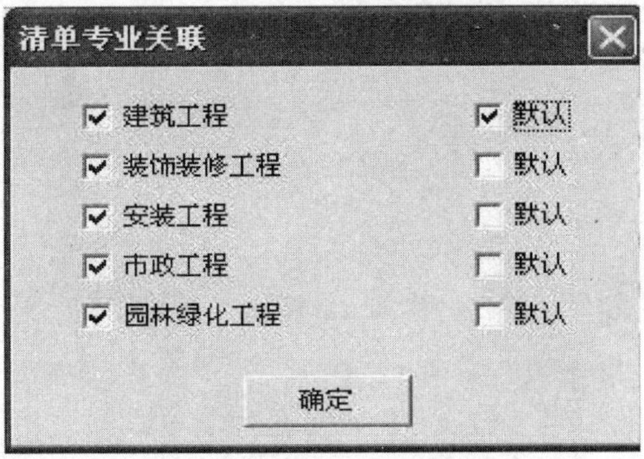

图 9-10　清单专业关联的窗口

企业定额生成器采用了量、价分离原则，这样便于企业维护，在维护定额含量时，不影响价格，在编制材料价时不影响定额含量。企业定额作为企业的造价资源，为了资源的保密性，做到了按权限管理的功能，每个使用者按自己的权限进行工作。从定额的构架按树状目录进行分类，把所有的专业融为一个定额库，结构体系层次清楚、关系明晰、操作简便快捷，并能对确定最优方案的结果自动进行人工、材料、机械含量的分摊。

综上所述，随着工程量清单报价方式和合理低价中标的逐步推广，如何在激烈的市场竞争中体现企业的竞争力，是一个很大的问题。企业定额生成系统为企业自动生成企业定额，可以让企业快速地投标报价，帮助企业通过多种方法在投标报价的工作过程中逐步形成自己的企业定额，帮助企业在未来的竞争中显露优势。

习题

1. 工程定额管理信息系统的组成包括什么？
2. 加强企业定额管理信息化对建筑企业的现实意义是什么？
3. 企业定额管理信息系统的组成包括什么？
4. 国家或地区消耗量定额管理信息化包括什么？
5. 应用企业定额生成器系统编制定额的步骤有哪些？

参考文献

[1] 胡明德．建筑工程定额原理与概预算．北京：中国建筑工业出版社，1996
[2] 李建峰．工程计价与造价管理．北京：中国电力出版社，2005
[3] 全国造价工程师执业资格考试培训教材编审委员会．工程造价计价与控制．北京：中国计划出版社，2003
[4] 闫瑾．建筑工程计价．北京：地震出版社，2004
[5] 殷惠光．建设工程造价．北京：中国建筑工业出版社，2004
[6] 陶学明．工程造价计价与管理．北京：中国建筑工业出版社，2004
[7] 田永复．基础定额与预算定额简明手册．北京：中国建筑工业出版社，1998
[8] 倪俭，刘钟莹．建筑工程造价题解．南京：东南大学出版社，2000
[9] 庞永师，陈德义．建筑工程造价手册．广州：华南理工大学出版社，2002
[10] 李景云，但霞．建筑工程定额与预算．重庆：重庆大学出版社，2002
[11] 袁建新．企业定额编制原理与实务．北京：中国建筑工业出版社，2003
[12] 康孝本，姚朝宗．定额管理．中原农民出版社，1993
[13] 林锷．定额预算与施工组织管理．北京：中国建筑工业出版社，1988
[14] 凌之帜．工程技术定额的编制．北京：中国铁道出版社，1988
[15]《建筑安装工程劳动定额的编制和管理》编写组．建筑安装工程劳动定额的编制和管理．北京：冶金工业出版社，1988
[16]《劳动定额原理与应用》编写组．建筑安装工程劳动定额原理与应用．北京：中国建筑工业出版社，1983
[17] 章也平．建筑工程定额与预算．北京：冶金工业出版社，1992
[18] 钱昆润，戴望炎，沈杰．建筑工程定额与预算．东南大学出版社，2003
[19] 武育秦，李景云．建筑工程定额与预算．重庆大学出版社，1997
[20] 高竞．建筑工程定额原理与概预算．北京：中国建筑工业出版社，1997
[21] 山东省建筑工程局．建筑工程劳动定额基础知识．山东科学技术出版社，1982
[22] 王志儒．施工定额管理与实务．北京：中国人民大学出版社，1990

图书在版编目（CIP）数据

工程定额原理/李建峰，荀志远，徐学东主编. —北京：人民交通出版社，2008.3
ISBN 978-7-114-06315-2

Ⅰ.工... Ⅱ.①李...②荀...③徐... Ⅲ.建筑工程-定额原理 Ⅳ.TU722

中国版本图书馆 CIP 数据核字（2006）第 146693 号

书　　名：**工程定额原理**
著 作 者：李建峰　等
责任编辑：王　霞（wx@ccpress.com.cn）
出版发行：人民交通出版社
地　　址：（100011）北京市朝阳区安定门外外馆斜街 3 号
网　　址：http：//www.ccpress.com.cn
销售电话：（010）59757973
总 经 销：人民交通出版社发行部
经　　销：各地新华书店
印　　刷：北京市密东印刷有限公司
开　　本：720×960　1/16
印　　张：21.25
字　　数：402 千
版　　次：2008 年 3 月　第 1 版
印　　次：2017 年 12 月　第 6 次印刷
书　　号：ISBN 978-7-114-06315-2
定　　价：36.00 元